ABITUR-TRAINING MATHEMATIK

Walter Czech

Analysis

Leistungskurs
Grundlagen und Aufgaben
mit Lösungen

STARK

Umschlagbild: Landesamt für Straßenwesen Baden-Würtemberg

ISBN 978-3-89449-245-8

D-85318 Freising · Postfach 1852 · Tel. (08161) 1790
Auflage 2007

Inhalt

(Fortsetzung nächste Seite)

Natürliche Logarithmusfunktionen

Gebrochenrationale Funktionen

Vorwort

Liebe Kollegiatin, lieber Kollegiat!

Der vorliegende Band wendet sich an alle, die sich mit einem minimalen Zeitaufwand optimal auf **Klausuren** und das **Abitur** im Leistungskurs **vorbereiten** wollen. Und es ist für die geschrieben, die zwar die Theorie verstanden haben, denen es aber an Sicherheit und Rechenfertigkeit fehlt.

Nach diesen Leitgedanken ist das Buch aufgebaut:

- Jedes Kapitel ist in sich abgeschlossen und damit als **kompakte Wiederholungseinheit** geeignet.
- Alle grundlegend wichtigen Eigenschaften der **e-, ln-** und **gebrochenrationalen Funktionen** sind auf übersichtliche und einprägsame Weise dargestellt.
- Die Übungseinheiten werden durch **ausgewählte Beispiele**, die das erforderliche **Grundwissen** beinhalten, eingeleitet.
- Ein **reichhaltiges** und **differenziertes Übungsmaterial** dient zur Einübung algebraischer Grund- sowie unerläßlicher Rechenfertigkeiten beim Lösen von Problemen in der Analysis.
- **Vollständige, ausführliche** und **schülergerechte** Lösungen dienen der Selbstkontrolle.

Dieses Buch ist weder ein Lehrbuch noch eine reine Aufgabensammlung. Es soll Ihnen Mut machen, Ihre Rechenfertigkeit erhöhen und Ihnen helfen, Verständnis- und Wissenslücken gezielt zu schließen.

Ich wünsche Ihnen viel Freude beim Arbeiten mit diesem Buch. Der Erfolg wird dann sicher nicht ausbleiben.

Mit besten Grüßen

Ihr

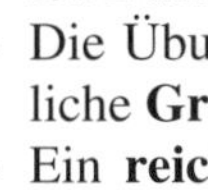

Natürliche Exponentialfunktionen

1 Grundwissen

$f\colon x \mapsto e^x;\quad x \in \mathbb{R}$

$f'\colon x \mapsto e^x;\quad x \in \mathbb{R}$

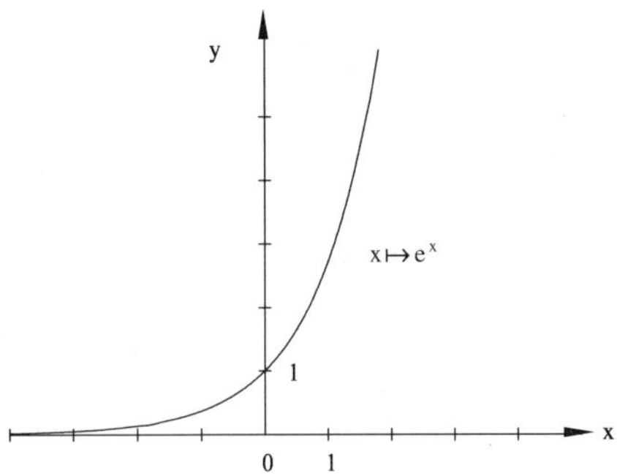

$e^x > 0$ für alle $x \in \mathbb{R}$

$e^{-x} > 0$ für alle $x \in \mathbb{R}$

$\lim\limits_{x \to \infty} e^x = \infty;\quad \lim\limits_{x \to -\infty} e^x = 0$

$\lim\limits_{x \to \infty} \frac{e^x}{x^n} = \infty;\quad \lim\limits_{x \to \infty} \frac{x^n}{e^x} = 0\ ;\ n \in \mathbb{N}$

$e^x \cdot e^y = e^{x+y};\quad x, y \in \mathbb{R}$ $\qquad e^0 = 1$

$\frac{e^x}{e^y} = e^{x-y};\quad x, y \in \mathbb{R}$

$e^x = a \iff x = \ln a$ $\qquad e^{\ln x} = x$

$e = \lim\limits_{n \to \infty} \left(1 + \frac{1}{n}\right)^n;\quad n \in \mathbb{N}$

$\int e^x\,dx = e^x + C;\quad x \in \mathbb{R},\ C \in \mathbb{R}$

Beispiele für Funktionsgraphen

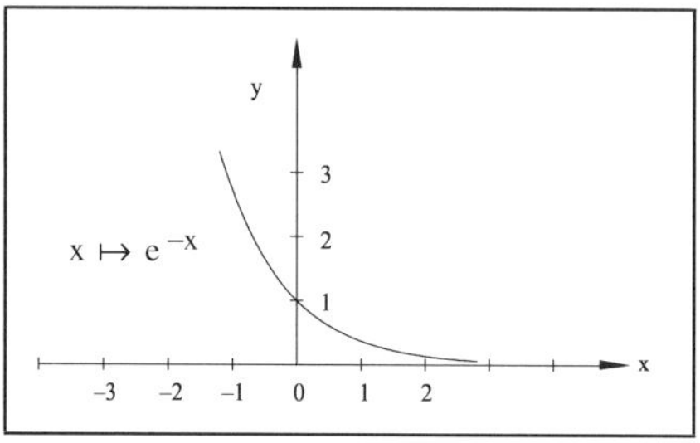

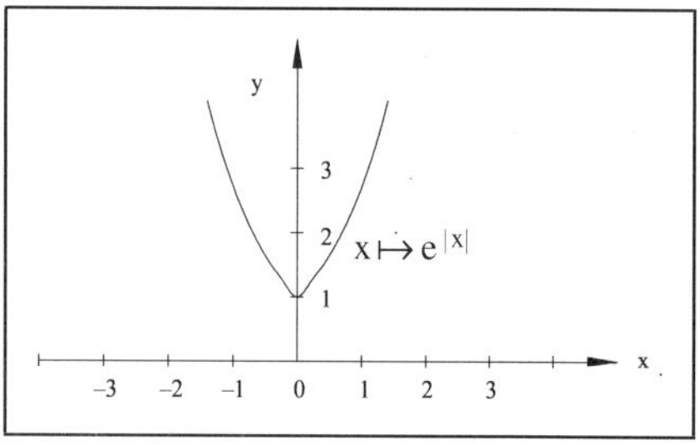

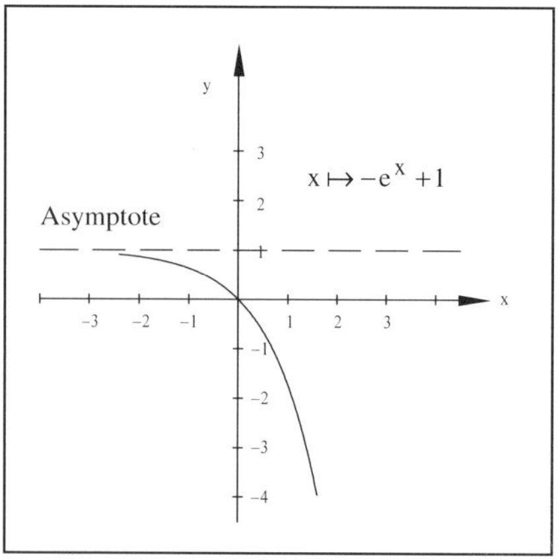

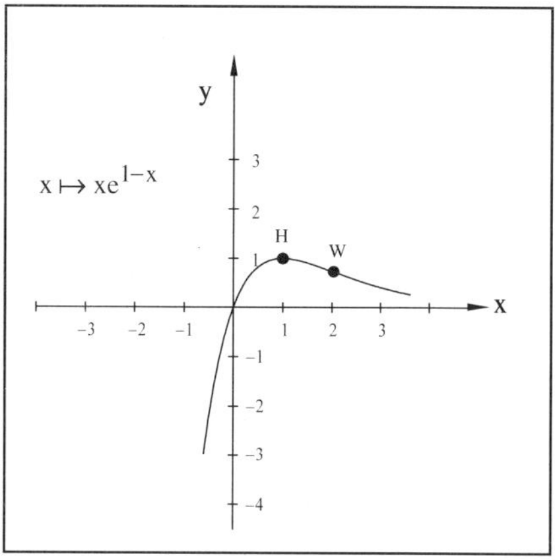

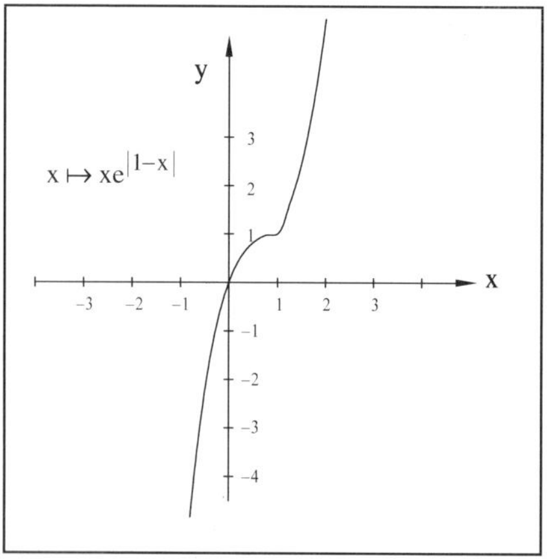

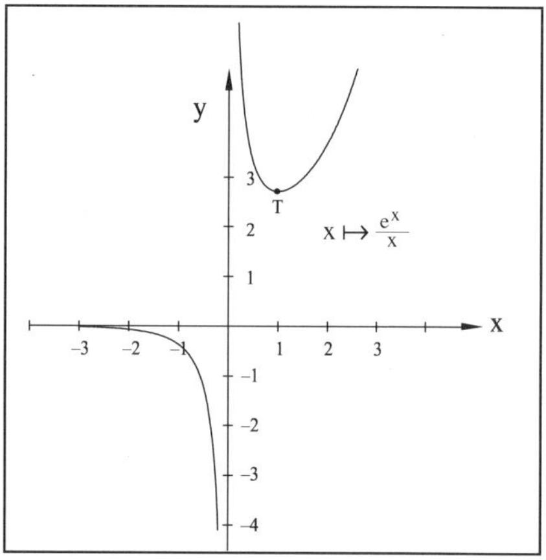

Aufgaben

1. Skizzieren Sie die Graphen der in IR definierten Funktionen mit Hilfe einer Wertetabelle:

a) $f(x) = 0{,}5\, e^{0{,}5x}$ **b)** $f(x) = |e^{x} - 1|$

2. Skizzieren Sie mit Hilfe der Graphen auf Seite 2 die Graphen der in IR definierten Funktionen:

a) $f(x) = |x|\, e^{1-x}$ **b)** $f(x) = |x|\, e^{|1-x|}$

c) $f(x) = e^{|x|} - 1$ **d)** $f(x) = \dfrac{e^{x}}{|x|}$

3. Ordnen Sie Graph und Funktionsterm einander zu!

$f\colon x \mapsto x\, e^{x};\ x \in \mathbb{R}$ $g\colon x \mapsto x\, e^{-x};\ x \in \mathbb{R}$

$h\colon x \mapsto x^{2} e^{x};\ x \in \mathbb{R}$ $p\colon x \mapsto x^{2} e^{-x};\ x \in \mathbb{R}$

a)

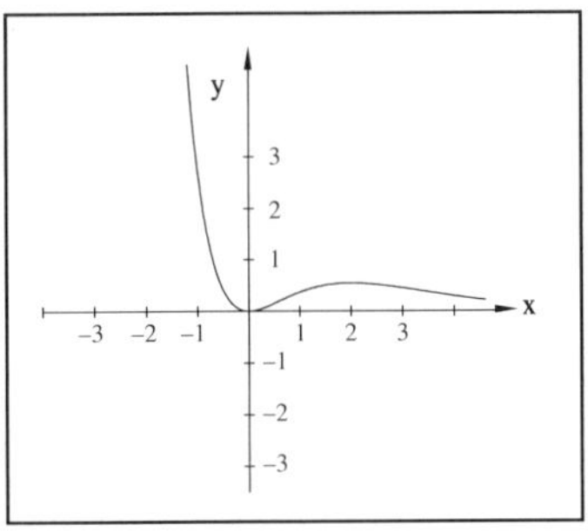

b)

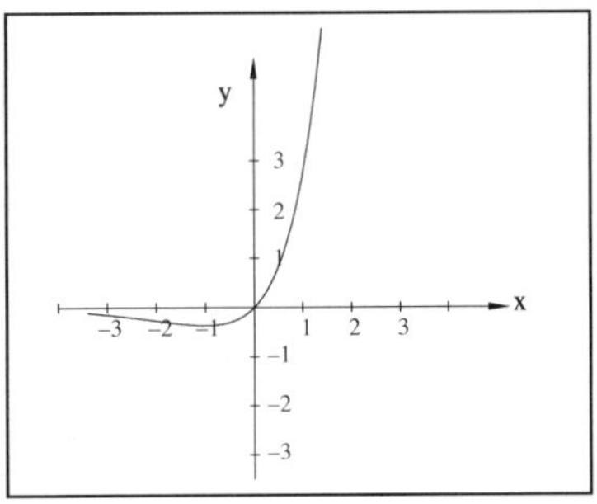

c)

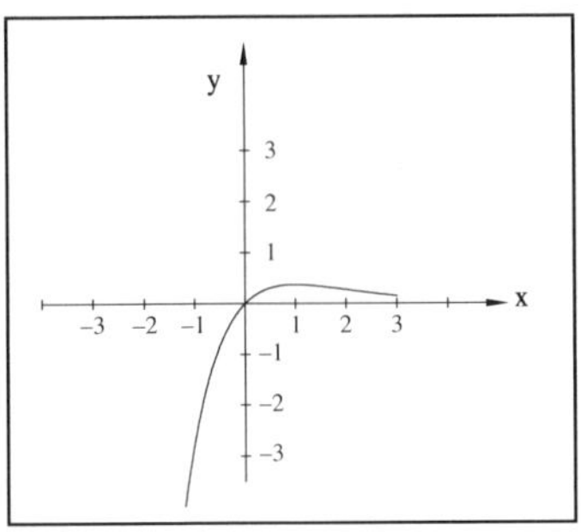

d)

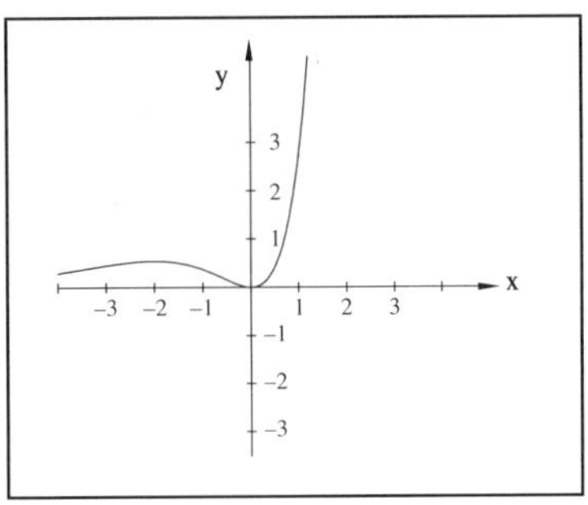

2 Algebraische Grundübungen

Beispiel 1

Berechnen Sie:

a) $e^2 \cdot e^{-2} = e^{2-2} = e^0 = 1$

b) $e^4 : (e^2 \cdot e^{-3}) = e^4 : e^{-1} = e^{4-(-1)} = e^5$

c) $e^{\ln 2} (e^{\ln 2} - 2) = 2\,(2 - 2) = 2 \cdot 0 = 0$

d) $0{,}5\,(2 - e)^2 + 2\,e = 0{,}5\,(4 - 4\,e + e^2) + 2\,e$
$= 2 - 2\,e + 0{,}5e^2 + 2e = 2 + 0{,}5\,e^2$

Beispiel 2

Fassen Sie zusammen:

a) $-(-2) \cdot e^{-2x} \cdot (x + 1{,}5) + (-e^{-2x}) = 2\,e^{-2x}\,(x + 1{,}5) - e^{-2x} =$
$= e^{-2x}\,[2\,(x + 1{,}5) - 1] = e^{-2x}\,(2x + 2) = 2\,e^{-2x}\,(x + 1)$
↑
Ausklammern des gemeinsamen Faktors e^{-2x}

b) $3 \cdot \frac{1}{e^x + 1} \cdot e^x - 2 \quad = \frac{3e^x}{e^x+1} - \frac{2\,(e^x+1)}{e^x+1} =$
↑
gleichnamig machen
$= \frac{3e^x - 2e^x - 2}{e^x + 1} = \frac{e^x - 2}{e^x + 1}$

Beispiel 3

Berechnen Sie den Funktionswert von

$f_a(x) = 4e^{-x}(a - e^{-x})$ an der Stelle $x = \ln\frac{2}{a}$!

$$f_a\left(\ln\frac{2}{a}\right) = 4e^{-\ln\frac{2}{a}}\left(a - e^{-\ln\frac{2}{a}}\right)$$

$$= 4e^{\ln\frac{a}{2}}\left(a - e^{\ln\frac{a}{2}}\right) = 4 \cdot \frac{a}{2} \cdot \frac{a}{2} = a^2$$

Nebenrechnung:
$-\ln\frac{2}{a} = -(\ln 2 - \ln a) = \ln a - \ln 2 = \ln\frac{a}{2}$

Aufgaben

4. Berechnen Sie jeweils die Funktionswerte f(0), f(1), f(–2) auf Hundertstel genau:

a) $f(x) = x\,e^{-0,5x^2}$ **b)** $f(x) = (1 - 2x)\,e^{-x}$

5. Fassen Sie zusammen:

a) $-e^{1-x} \cdot (-1) \cdot (1 + x) - e^{1-x}$ **b)** $\frac{1}{2}[e^x(e^x - 2) + e^x \cdot e^x]$

c) $-2e^{-x} + (1 - 2x)\,e^{-x} \cdot (-1)$ **d)** $\dfrac{\frac{e^x}{\sqrt{e^x-1}} \cdot e^x - e^x\sqrt{e^x-1}}{e^{2x}}$

6. Gegeben ist der Term $F(x) = -e^{-x} + x^2 e^{-x} + 2x\,e^{-x} + 2\,e^{-x}$. Berechnen Sie F(1) – F(–1).

7. Berechnen Sie den Funktionswert an der Stelle x_0:

a) $f(x) = -e\,x\,e^x - e^x$; $x_0 = -\frac{1+e}{e}$

b) $f(x) = (2 - e^x)^2 + e^{2x}$; $x_0 = \ln\frac{5}{2}$

c) $f_a(x) = 4x\,e^{-ax^2}$; $x_0 = \sqrt{\frac{1}{2a}}$

8. Vereinfachen Sie:

$$\ln(2e^2) + e^{\frac{1}{2}\ln 3} - \frac{2e^{-\ln 0,1}}{10} + 10e^{-\ln 5} - \ln\frac{e^2}{2}$$

3 Differenzieren mit der Kettenregel

Vor dem Differenzieren muß ein Funktionsterm auf seinen Aufbau hin geprüft werden. Bei zusammengesetzten Termen muß **nachdifferenziert** werden.

Kettenregel

> Die Verkettung zweier differenzierbarer Funktionen u und v ergibt eine differenzierbare Funktion f. Dabei gilt:
>
> $$f(x) = v(u(x)) \Rightarrow f'(x) = v'(u(x)) \cdot u'(x)$$

Beispiel 1

Ermitteln Sie die 1. Ableitung von $f(x) = e^{1-0,5x^2}$!

Lösung:

$f(x) = e^{1-0,5x^2}$ gegebene Funktion

$u(x) = \boxed{1-0,5x^2} \Rightarrow u'(x) = -0,5 \cdot 2x = -x$ innere Funktion mit Ableitung

$t = 1 - 0,5x^2$

$v(t) = e^t \Rightarrow v'(t) = e^{\boxed{t}}$ äußere Funktion mit Ableitung

$f'(x) = e^{1-0,5x^2} \cdot (-x)$ gemäß Kettenregel

$= -x\,e^{1-0,5x^2}$

Beispiel 2

Ermitteln Sie die 1. Ableitung von $f(x) = -2x^2 \cdot e^{x^2}$!

Lösung:

$f(x) = -2x^2 \cdot e^{x^2}$ gegebene Funktion

Wir beginnen mit der **Produktregel**

$$f'(x) = -2 \cdot 2x \cdot e^{x^2} + [-2x^2 (e^{x^2})']$$

Wir unterbrechen an dieser Stelle und leiten in einer Nebenrechnung die Funktion $x \mapsto e^{x^2}$ ab:

$$\left.\begin{array}{lcl} u(x) = x^2 & \Rightarrow & u'(x) = 2x \\ & & t = x^2 \\ v(t) = e^t & \Leftrightarrow & v'(t) = e^t \end{array}\right\} \Rightarrow (e^{x^2})' = e^{x^2} \cdot 2x$$

Wir setzen dies oben ein:

$$f'(x) = -2 \cdot 2x \cdot e^{x^2} + (-2x^2)\, e^{x^2} \cdot 2x = -4x\, e^{x^2} - 4x^3 e^{x^2}$$
$$= -4x\,(1 + x^2)\, e^{x^2}$$

Aufgaben

9. Ermitteln Sie die 1. Ableitung von:

a) $f(x) = 3e^{3x+2}$ **b)** $f(x) = e^{3x} + 2$

c) $f(x) = e^{x^2}$ **d)** $f(x) = (e^x)^2$

e) $f(x) = 1 - e^{-\sqrt{x}}$ **f)** $f(x) = (1-x) \cdot e^{\frac{x^2}{1-x}}$

g) $f(x) = (e^{\frac{2}{x}} - x)^2$ **h)** $f(x) = (1 + e^x)^2 (1 - e^x)^2$

10. Benutzen Sie die Quotientenregel und bilden Sie die 1. Ableitung von:

a) $f(x) = \frac{e^x}{x}$ **b)** $f(x) = \frac{4e^x}{(2-e^x)^2}$

c) $f(x) = \frac{x+1}{2xe^x}$ **d)** $f_k(x) = \frac{ke^x}{k-e^x}$

e) $f_k(x) = \frac{e^{kx}-k}{e^x}$ **f)** $f_a(x) = \frac{a^2 e^x}{(a-e^x)^2}$

11. Zeigen Sie, daß die Funktion $F: x \mapsto 3 \ln(e^x + 1) - 2x$; $x \in \mathbb{R}$ eine Stammfunktion von $f: x \mapsto \frac{e^x - 2}{e^x + 1}$; $x \in \mathbb{R}$ ist!

4 Auflösen von Exponentialgleichungen

Beispiel 1

Ermitteln Sie in der Grundmenge G = IR die Lösungszahlen der folgenden Gleichung:

$$e^{3x} - 2 = 0 \Leftrightarrow e^{3x} = 2$$

Lösung:

Durch Logarithmieren erhalten wir:

$$\ln e^{3x} = \ln 2$$

$$\Leftrightarrow \quad 3x = \ln 2 \Leftrightarrow x = \tfrac{1}{3}\ln 2$$

$$\boxed{\ln e^{x} = x}$$

Die Lösungszahl heißt $\frac{1}{3}\ln 2$.

Beispiel 2

Ermitteln Sie in der Grundmenge G = IR die Lösungszahlen der folgenden Gleichung:

$$2e^{-2x} - 4(x + 1)\, e^{-2x} = 0$$

Lösung:

Wir klammern zunächst den gemeinsamen Faktor $2e^{-2x}$ aus:

$$2e^{-2x}[1 - 2(x+1)] = 0$$

$$\Leftrightarrow \quad 2e^{-2x}(-2x - 1) = 0$$

Nach der Regel *"Ein Produkt wird Null, wenn mindestens einer seiner Faktoren Null ist"* erhält man die Lösungen aus

$$2e^{-2x} = 0 \quad \vee \quad -2x - 1 = 0$$

$$L = \{\ \} \quad \Leftrightarrow \quad x = -0{,}5$$

Die Lösungszahl heißt $-0{,}5$.

Aufgaben

12. Berechnen Sie die Lösungszahl in der Grundmenge $G = \mathbb{R}$:

a) $e^x - e^{2x} = 0$

b) $e^{-2x} - 10 = 0$

c) $2e^{-x}(1 - 4e^{-x}) = 0$

d) $\frac{2}{1+e^x} - 1 + \frac{2e^x}{(1+e^x)^2} = 0$

e) $\frac{1}{4e^x} = \frac{1}{e^x+a} - \frac{1}{4e^x}$; $a \in \mathbb{R}^+$

f) $e^{-x^2} = \frac{1}{4}$

g) $(e^{-x})^2 = \frac{1}{4}$

h) $\frac{2}{e^{1-\sqrt{x}}} = \frac{2}{e^2}(e^{1-\sqrt{x}})^3$

i) $e^{2x} - 3e^x + 2 = 0$

13. Berechnen Sie den Lösungsterm:

a) $a - \frac{a}{e^x} = 3$; $a < 0$

b) $(a - e^x)^2 = a^2$; $a \in \mathbb{R}^+$

14. Gegeben ist die Funktionenschar $f_k: x \mapsto x\,e^{k-x}$ mit $x \in \mathbb{R}$ und $k \in \mathbb{R}$. Bestimmen Sie k so, daß der zugehörige Funktionsgraph durch den Punkt $P(2\,;\frac{2}{e})$ geht!

15. Stellen Sie fest, ob die Funktion f *Nullstellen* hat:

a) $f: x \mapsto x\,e^x$; $x \in \mathbb{R}$

b) $f: x \mapsto (x+1)\,e^x$; $x \in \mathbb{R}$

c) $f: x \mapsto \frac{e^x - 2}{e^x + 1}$; $x \in \mathbb{R}$

d) $f: x \mapsto 6e^x - 2x\,e^x$; $x \in \mathbb{R}$

e) $f: x \mapsto e^{-x}(x - e^x)$; $x \in \mathbb{R}$

f) $f: x \mapsto e^{\frac{1}{x-3}} - 2$; $x \in \mathbb{R} \setminus \{3\}$

16. Wo schneidet der Graph von $f_a: x \mapsto 4e^{-x}(a - e^{-x})$ mit $x \in \mathbb{R}$ und $a \in \mathbb{R}^+$ die Koordinatenachsen?

17. Zeigen Sie, daß sich die Graphen der Funktionen f und g in genau einem Punkt schneiden, und geben Sie auch die Koordinaten des Schnittpunktes an!

a) $f: x \mapsto e^{-x}$; $x \in \mathbb{R}$ und $g: x \mapsto 1 - e^{-x}$; $x \in \mathbb{R}$

b) $f: x \mapsto (2 - e^x)^2$; $x \in \mathbb{R}$ und $g: x \mapsto (3 - e^x)^2$; $x \in \mathbb{R}$

5 Lösungsmengen von Ungleichungen (Monotonieverhalten)

Wenn es um Kurvendiskussionen geht, dann ist meist das *Monotonieverhalten* der Funktionen gefragt. Das bedeutet, daß Ungleichungen zu lösen sind.

Beispiel

Untersuchen Sie das Monotonieverhalten der Funktion

$$f: x \mapsto \frac{1}{2}(2-e^x)^2 \; ; \quad x \in \mathbb{R}\,!$$

Lösung:

Es gilt der Satz:

Gegeben sei eine über dem Intervall I differenzierbare Funktion f. Dann gilt:

- f ist über I streng monoton wachsend $\Leftrightarrow$ $f'(x) > 0$ für alle $x \in I$
- f ist über I streng monoton abnehmend $\Leftrightarrow$ $f'(x) < 0$ für alle $x \in I$

Wir bilden vom gegebenen Funktionsterm die 1. Ableitung

$$f'(x) = \frac{1}{2} \cdot 2(2-e^x) \cdot (-e^x) = -e^x\,(2-e^x)$$

$\uparrow$
nachdifferenzieren

Die gegebene Funktion ist für alle $x \in \mathbb{R}$ differenzierbar.

Wir berechnen zunächst die Nullstellen der 1. Ableitung

$$f'(x) = 0 \;\Rightarrow\; -e^x(2-e^x) = 0 \;\Leftrightarrow\; 2-e^x = 0 \;\Leftrightarrow\; x = \ln 2$$

Durch die Nullstelle $x = \ln 2$ wird der Definitionsbereich $\mathbb{D}_f = \mathbb{D}_{f'} = \mathbb{R}$ in zwei Teilbereiche unterteilt, in denen $f'(x)$ jeweils einheitliches Vorzeichen hat:

Bereich	Aussage über $f'(x)$	Monotonieaussage
$-\infty < x < \ln 2$	$f'(x) < 0$	f streng monoton abnehmend
$\ln 2 < x < \infty$	$f'(x) > 0$	f streng monoton wachsend

Anmerkung:
Die Vorzeichenaussage über f ' (x) in den Intervallen $]-\infty\,;\ln 2[$ und $]\ln 2\,;\infty[$ ist jeweils durch ein Zahlenbeispiel möglich. Also zum Beispiel:

$$f'(0) = -e^0\,(2-e^0) = -1 \cdot 1 < 0 \Rightarrow f'(x) < 0 \text{ für } x < \ln 2$$

$$f'(1) = -e^1\,(2-e^1) > 0 \Rightarrow f'(x) > 0 \text{ für } x > \ln 2$$

Graph der Funktion:
Anhand des Graphen der gegebenen Funktion f können Sie nochmals anschaulich die Ergebnisse der vorhergehenden Rechnung nachvollziehen.

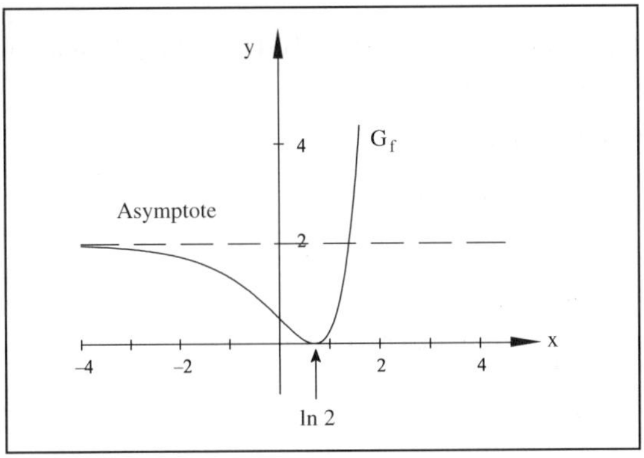

f: $x \mapsto \frac{1}{2}(2-e^x)^2$; $x \in \mathbb{R}$

Aufgaben

18. Stellen Sie mit Hilfe der 1. Ableitung fest, in welchen Teilbereichen von $\mathbb{D}_f = \mathbb{R}$ die Funktion f streng monoton zunimmt bzw. abnimmt:

a) $f\colon x \mapsto (x-1)\,e^{2-x}$ **b)** $f\colon x \mapsto (1+e^x)^2(1-e^x)^2$

c) $f\colon x \mapsto 4x\,e^{-0{,}5x^2}$ **d)** $f\colon x \mapsto \frac{e^x-2}{e^x+1}$

19. Untersuchen Sie die Scharkurven der in $\mathbb{R}$ definierten Funktionenschar f_a auf Extrempunkte in Abhängigkeit von a:

a) $f_a\colon x \mapsto 4e^{-x}(a-e^{-x})$ mit $a \in \mathbb{R}_0^+$

b) $f_a\colon x \mapsto 4x\,e^{-ax^2}$ mit $a \in \mathbb{R} \setminus \{0\}$

20. Gegeben ist die Funktionenschar

$$f_a\colon x \mapsto \frac{e^x}{(e^x+a)^2} \quad \text{mit } x \in \mathbb{R} \text{ und } a \in \mathbb{R}^+.$$

Zeigen Sie, daß gilt

$$f'_a(x) = \frac{a-e^x}{a+e^x} \cdot f_a(x),$$

und bestimmen Sie damit Art und Koordinaten eventuell vorhandener Extrempunkte!

21. In welchem Bereich sind jeweils die Graphen der in $\mathbb{R}$ definierten Funktionen konkav gekrümmt?

a) $f(x) = -e^{-x^2}$ **b)** $f(x) = e^x\,(e^{2x} - 1)$

6 Grenzverhalten und Asymptoten

6.1 Verhalten für $|x| \to \infty$

Wichtige Grenzwerte

$$\lim_{x \to +\infty} e^{-x} = \lim_{x \to +\infty} \frac{1}{e^x} = 0 \qquad \lim_{x \to -\infty} e^x = \lim_{x \to +\infty} e^{-x} = 0$$

$$\lim_{x \to \infty} \frac{x^n}{e^x} = 0; \quad n \in \mathbb{N}$$

Regel von de L'Hospital

Sind zwei Funktionen f und g mit $|f(x)| \to \infty$ für $x \to \infty$ und $|g(x)| \to \infty$ für $x \to \infty$ in einem gemeinsamen rechtsseitig unbeschränkten Intervall $]a; \infty[$ differenzierbar und existiert $\lim\limits_{x \to \infty} \frac{f'(x)}{g'(x)}$, so gilt:

$$\lim_{x \to \infty} \frac{f(x)}{g(x)} = \lim_{x \to \infty} \frac{f'(x)}{g'(x)}$$

Entsprechendes gilt für $\lim\limits_{x \to -\infty} \frac{f(x)}{g(x)}$

Beispiel

Bestimmen Sie das Verhalten von $f(x) = \frac{e^x - 1}{e^x + 1}$ für $|x| \to \infty$!

Lösung:

Wir unterscheiden die Fälle $x \to \infty$ und $x \to -\infty$.

1. Fall: $x \to \infty$

$$\lim_{x\to\infty} \frac{e^x - 1}{e^x + 1} = \lim_{x\to\infty} \frac{e^x\left(1-\frac{1}{e^x}\right)}{e^x\left(1+\frac{1}{e^x}\right)} = \lim_{x\to\infty} \frac{1-\frac{1}{e^x}}{1+\frac{1}{e^x}}$$

$$= \frac{\lim\limits_{x\to\infty}\left(1-\frac{1}{e^x}\right)}{\lim\limits_{x\to\infty}\left(1+\frac{1}{e^x}\right)} = \frac{1-0}{1+0} = 1$$

Oder mit Hilfe der L'Hospitalschen Regel:

$$\lim_{x\to\infty} \frac{e^x - 1}{e^x + 1} = \lim_{x\to\infty} \frac{e^x}{e^x} = \lim_{x\to\infty} 1 = 1$$

2. Fall: $x \to -\infty$

$$\lim_{x\to-\infty} \frac{e^x - 1}{e^x + 1} = \lim_{x\to+\infty} \frac{e^{-x} - 1}{e^{-x} + 1} = \lim_{x\to\infty} \frac{\frac{1}{e^x}-1}{\frac{1}{e^x}+1}$$

$$= \frac{\lim\limits_{x\to\infty}\left(\frac{1}{e^x}-1\right)}{\lim\limits_{x\to\infty}\left(\frac{1}{e^x}+1\right)} = \frac{0-1}{0+1} = -1$$

Aufgaben

22. Bestimmen Sie das Verhalten von $f(x)$ für $x \to \infty$ und $x \to -\infty$!

a) $f(x) = \frac{2}{1+e^x}$

b) $f(x) = \frac{-2e^x}{(1+e^x)^2}$

c) $f(x) = \frac{e^{3x}+e^{2x}}{2e^{3x}+1}$

d) $f(x) = x\,e^{2-x}$

e) $f(x) = (2-e^x)^2 + e^{2x}$

f) $f(x) = \frac{1}{x} - \frac{1}{e^x - 1}$

23. Bestimmen Sie, falls nötig, mit einer geeigneten Fallunterscheidung bezüglich a das Verhalten von $f_a(x)$ für $x \to +\infty$ und $x \to -\infty$!

a) $f_a(x) = \frac{a\,e^x}{a-e^x}$; $a \in \mathbb{R}\setminus\{0\}$

b) $f_a(x) = \frac{5e^{ax}}{1+e^{ax}}$; $a \in \mathbb{R}\setminus\{0\}$

c) $f_a(x) = a\,e - a\,e^{-x}$; $a \in \mathbb{R}\setminus\{0\}$

d) $f_a(x) = 1 - \frac{2e^x}{a+e^x}$; $a \in \mathbb{R}^+$

24. Rechnen Sie nach!

a) $\lim\limits_{x\to\infty} \frac{x+x^2}{e^x} = 0$

b) $\lim\limits_{x\to\infty} \frac{2\sqrt{e^x}}{x^2} = \infty$

c) $\lim\limits_{|x|\to\infty} (x-1)\,e^{-|x|} = 0$

d) $\lim\limits_{|x|\to\infty} 4x\,e^{-ax^2} = 0$; $a > 0$

e) $\lim\limits_{x\to-\infty} \left[(2-2x+x^2)\,e^{x-a} - 2e^{-a}\right] = -2e^{-a}$; $a > 0$

6.2 Verhalten für $x \to a$

Regeln von de L'Hospital

Sind zwei an der Stelle a stetige Funktionen f und g mit $f(a) = g(a) = 0$ und $g'(a) \neq 0$ in einer gemeinsamen Umgebung von a differenzierbar und existiert $\lim\limits_{x\to a} \frac{f'(x)}{g'(x)}$, so gilt:

$$\lim_{x\to a} \frac{f(x)}{g(x)} = \lim_{x\to a} \frac{f'(x)}{g'(x)}$$

Sind zwei Funktionen f und g mit $|f(x)| \to \infty$ für $x \to a$ und $|g(x)| \to \infty$ für $x \to a$ in einer gemeinsamen punktierten Umgebung von $x = a$ differenzierbar und existiert $\lim\limits_{x\to a} \frac{f'(x)}{g'(x)}$, so gilt:

$$\lim_{x\to a} \frac{f(x)}{g(x)} = \lim_{x\to a} \frac{f'(x)}{g'(x)}$$

Beispiel

Berechnen Sie:

a) $\lim\limits_{x\to 0} \frac{\ln(e^x + x)}{x}$

b) $\lim\limits_{x\to 0} \left(\frac{1}{x} - \frac{1}{e^x - 1}\right)$

Lösung:

a) Ersetzen wir x durch 0, so entsteht der nicht definierte Term $[\frac{0}{0}]$. Hier hilft eine der L'Hospitalschen Regeln:

$$\lim_{x\to 0} \frac{\ln(e^x + x)}{x} = \lim_{x\to 0} \frac{\frac{1}{e^x+x}\cdot(e^x+1)}{1} = \frac{\frac{1}{1}\cdot 2}{1} = 2$$

b) Ersetzen wir x durch 0, so entsteht der nicht definierte Ausdruck $[\infty - \infty]$. Wir formen deshalb in der Klammer zunächst um:

$$\lim_{x\to 0}\left(\frac{1}{x} - \frac{1}{e^x - 1}\right) = \lim_{x\to 0} \frac{e^x - 1 - x}{x(e^x-1)}$$

$$= \underset{\substack{\uparrow \\ \text{L'Hospital}\left[\frac{0}{0}\right]}}{\lim_{x\to 0}} \frac{e^x - 1}{1\cdot(e^x-1) + x e^x} = \underset{\substack{\uparrow \\ \text{L'Hospital}\left[\frac{0}{0}\right]}}{\lim_{x\to 0}} \frac{e^x}{e^x + 1e^x + x e^x} = \frac{1}{2}$$

Aufgaben

25. Berechnen Sie, falls vorhanden, folgende Grenzwerte:

a) $\lim\limits_{x\to 0} \frac{e^{2x} - 1}{\ln(1+x)}$

b) $\lim\limits_{x\to 0+} \frac{e^{2x} - e^x}{e^x + \sqrt{x}}$

c) $\lim\limits_{x\to 0+} \frac{e^{-\frac{1}{x}}}{x}$

d) $\lim\limits_{x\to 1+} e^{\frac{x}{1-x}}$

e) $\lim\limits_{x\to 1-} e^{\frac{x}{1-x}}$

f) $\lim\limits_{x\to 3-} (e^{\frac{1}{x-3}} - 2)$

26. Rechnen Sie nach!

a) $\lim\limits_{x\to 0} \frac{e^x - 1}{x} = 1$

b) $\lim\limits_{x\to 0} \frac{e^{2x} - 1}{3x}$

c) $\lim\limits_{x\to 0} \frac{e^{x^2} - \cos x}{x^2} = \frac{3}{2}$

d) $\lim\limits_{x\to 0+} x e^{\frac{1}{x}} = \infty$

6.3 Asymptoten

Eine große Hilfe beim Zeichnen von Funktionsgraphen sind Asymptoten. Unter einer Asymptote versteht man eine Gerade, der sich der Graph der Funktion immer mehr annähert. Man unterscheidet bei den Asymptoten drei Typen: die vertikalen, die waagrechten und die schrägen Asymptoten. Ihr Nachweis ist unterschiedlich.

Vertikale Asymptote:
Besitzt eine Funktion für $x = x_0$ eine Polstelle (Unendlichkeitsstelle), so gehen die Funktionswerte bei Annäherung an diese Stelle x_0 gegen $+\infty$ oder $-\infty$.
$x = x_0$ ist vertikale Asymptote des Graphen.
Wir unterscheiden dabei Pole mit und ohne Zeichenwechsel (siehe Seite 89).

Horizontale Asymptote:
$y = k$ ist horizontale Asymptote des Graphen von f, wenn

$$\lim_{|x|\to\infty} f(x) = k \quad \text{oder} \quad \lim_{|x|\to\infty} |f(x) - k| = 0$$

Beispiel

$$f: x \mapsto \frac{e^x + e}{e^x - e}\,; \quad x \in \mathbb{R} \setminus \{1\}$$

1 ist Pol 1. Ordnung mit Zeichenwechsel;
$x = 1$ ist vertikale Asymptote;
$y = 1$ und $y = -1$ sind horizontale Asymptoten.

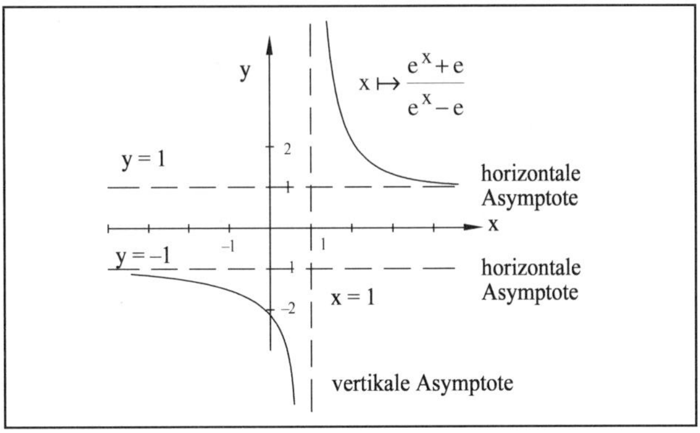

Schräge Asymptote:
y = mx + t ist schräge Asymptote des Graphen von f, wenn gilt:

$$\lim_{|x|\to\infty} |f(x)-(mx+t)| = 0$$

Beispiel

$$f:\ x \mapsto x+2+\frac{x}{e^x}\ ;\ x \in \mathbb{R}$$

x = x + 2 ist schräge Asymptote.

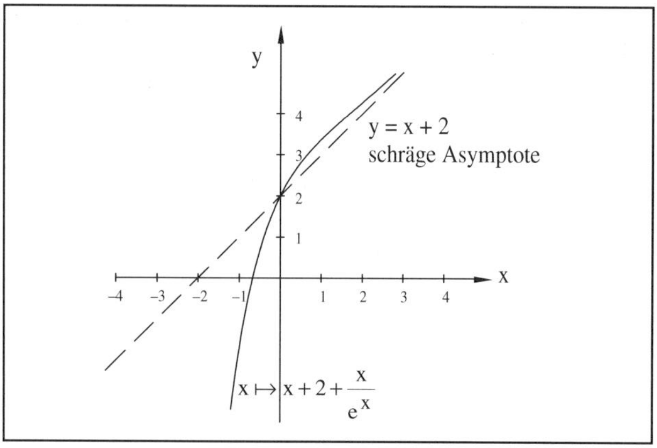

Aufgaben

27. Ermitteln Sie die Gleichungen sämtlicher Asymptoten des Graphen der Funktion $f:\ x \mapsto \frac{e^x+1}{2e^x-1}$ mit $x \in \mathbb{D}_{max}$!

28. Zeigen Sie, daß die Gerade g für $x \to -\infty$ schräge Asymptote des Graphen von f ist:

a) $f:\ x \mapsto \frac{e^x - x^2}{x}\ ;\ x \in \mathbb{R}\setminus\{0\}$ g: $y = -x$

b) $f:\ x \mapsto |x-2| + x e^x\ ;\ x \in \mathbb{R}$ g: $y = -x + 2$

29. Der Graph der Funktion f hat für $x \to \infty$ eine schräge Asymptote. Weisen Sie dies rechnerisch nach!

a) $f\colon x \mapsto \frac{-0{,}5x\,e^x + 1}{0{,}5e^x}$; $x \in \mathbb{R}$

b) $f\colon x \mapsto x + 2 + \frac{x}{e^x}$; $x \in \mathbb{R}$

30. Prüfen Sie nach!

Funktionsterm	Asymptote senkrecht	Asymptote waagrecht
$y = e^{\frac{x}{1-x}}$	$x = 1$	$y = \frac{1}{e}$ für $\lvert x \rvert \to \infty$
$y = e^{1-x^2}$		$y = 0$ für $\lvert x \rvert \to \infty$
$y = ke - ke^{-x}$; $k > 0$		$y = ke$ für $x \to \infty$
$y = \frac{e^x}{(1-e^x)^2}$	$x = 0$	$y = 0$ für $\lvert x \rvert \to \infty$

31. Untersuchen Sie das Verhalten an den Grenzen des maximal möglichen Definitionsbereichs und geben Sie die Gleichungen aller Asymptoten des Graphen G_{f_a} an! Fallunterscheidung!

a) $f_a\colon x \mapsto 1 - \frac{2e^x}{a + e^x}$; $x \in \mathbb{D}_{max}$; $a \in \mathbb{R} \setminus \{0\}$

b) $f_a\colon x \mapsto \frac{a e^x}{a + e^{2x}}$; $x \in \mathbb{D}_{max}$; $a \in \mathbb{R} \setminus \{0\}$

7 Stetigkeit und Differenzierbarkeit

Definitionen

Die Funktion f sei in einem Intervall definiert, das die Stelle x_0 enthält.

- Die Funktion f heißt dann **an der Stelle x_0 stetig**, wenn gilt:

$$\lim_{x \to x_0} f(x) = f(x_0) \quad \text{oder}$$

$$\lim_{h \to 0} f(x_0 + h) = \lim_{h \to 0} f(x_0 - h) = f(x_0)$$

- Die Funktion f heißt dann **an der Stelle x_0 differenzierbar**, wenn die folgenden Grenzwerte existieren und übereinstimmen:

$$\lim_{x \to x_0+} \frac{f(x) - f(x_0)}{x - x_0} = \lim_{x \to x_0-} \frac{f(x) - f(x_0)}{x - x_0} = f'(x_0) \quad \text{oder}$$

$$\lim_{h \to 0} \frac{f(x_0 + h) - f(x_0)}{h} = \lim_{h \to 0} \frac{f(x_0 - h) - f(x_0)}{-h} = f'(x_0)$$

Beachten Sie:
Eine Funktion, die an einer Stelle **nicht stetig** ist, ist dort auch **nicht differenzierbar**.
Ist eine Funktion an einer Stelle **stetig**, so muß sie dort **nicht unbedingt** auch **differenzierbar** sein.
Ist eine Funktion **differenzierbar** an einer Stelle, so ist sie dort auch **stetig**.

Beispiel

Untersuchen Sie $f(x) = (x - 1)\, e^{-|x|}$ an der Stelle $x = 0$ auf Stetigkeit und Differenzierbarkeit!

Lösung:

$$f: x \mapsto \begin{cases} (x-1)\, e^{-x} & \text{für } x \geq 0 \\ (x-1)\, e^{-(-x)} = (x-1)\, e^{x} & \text{für } x < 0 \end{cases}$$

Stetigkeit an der Stelle x = 0:

$$\lim_{h\to 0}\left[(0-h-1)\,e^{0-h}\right]=\lim_{h\to 0}-(h+1)\,e^{-h}=-1\cdot 1=-1$$

$$\lim_{h\to 0}\left[(0+h-1)\,e^{-(0+h)}\right]=\lim_{h\to 0}(h-1)\,e^{-h}=-1\cdot 1=-1$$

$$f(0)=(0-1)\,e^{-0}=-1\cdot 1=-1$$

Ergebnis: f ist an der Stelle x = 0 stetig.

Differenzierbarkeit an der Stelle x = 0:

$$f':\ x\mapsto\begin{cases}1\cdot e^{-x}+(x-1)\,e^{-x}\cdot(-1)=e^{-x}(2-x) & \text{für } x>0\\ 1\cdot e^{x}+(x-1)\,e^{x}=x\,e^{x} & \text{für } x<0\end{cases}$$

$$\lim_{x\to 0+}f'(x)=\lim_{x\to 0+}\left[(2-x)\,e^{-x}\right]=2\cdot 1=2$$

$$\lim_{x\to 0-}f'(x)=\lim_{x\to 0-}x e^{x}=0\cdot 1=0$$

Ergebnis: f ist an der Stelle x = 0 nicht differenzierbar.

Der Übersicht halber ist der Graph der Funktion f hier abgebildet:

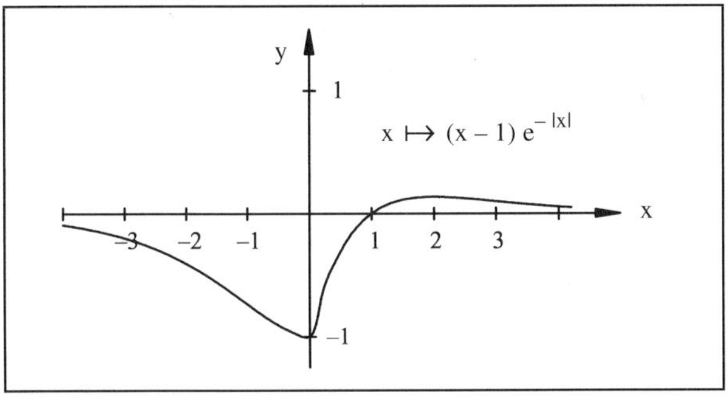

f ist an der Stelle x = 0 nicht differenzierbar.

Aufgaben

32. Untersuchen Sie $f(x) = |x-1|\, e^{|x|}$ an der Stelle $x = 0$ auf Stetigkeit und Differenzierbarkeit!

33. Ermitteln Sie die 1. Ableitung von f und untersuchen Sie insbesondere, ob die 1. Ableitung an der Stelle $x = 0$ existiert:

$$f:\ x \mapsto \begin{cases} e^x & \text{für } x \le 0 \\ \frac{e^x}{2-e^x} & \text{für } 0 < x < \ln 2 \end{cases}$$

34. Gegeben ist die abschnittsweise definierte Funktion

$$f:\ x \mapsto \begin{cases} 4(1-x)\,e^{x-1} & \text{für } x \le 1 \\ -\frac{4\ln x}{x} & \text{für } x > 1 \end{cases}$$

a) Zeigen Sie, daß die 1. Ableitung an der Stelle $x = 1$ existiert und -4 beträgt!

b) Berechnen Sie die 2. Ableitung von f für $x \neq 1$, und ermitteln Sie den links- und rechtsseitigen Grenzwert der 2. Ableitung an der Stelle $x = 1$!

8 Symmetrie

8.1 Achsensymmetrie

Der Graph einer Funktion f heißt achsensymmetrisch bezüglich der y-Achse, wenn gilt:

$f(x) = f(-x)$

für alle $x \in \mathbb{D}_f$

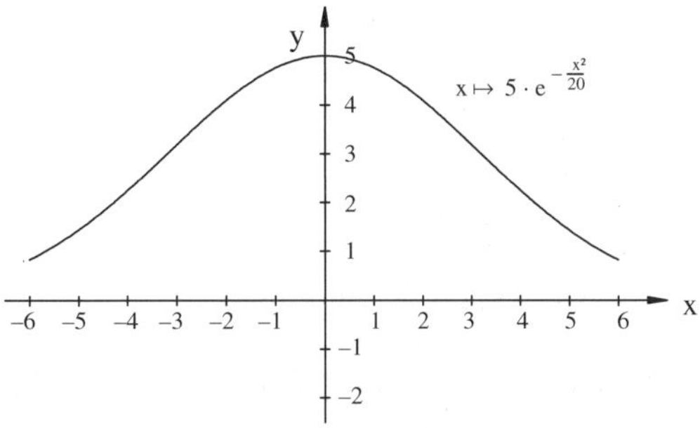

achsensymmetrisch zur y-Achse

Der Graph einer Funktion f heißt achsensymmetrisch bezüglich einer Parallelen zur y-Achse, wenn gilt:

$f(a + x) = f(a - x)$
für alle $x \in \mathbb{D}_f$;

Symmetrieachse $x = a$

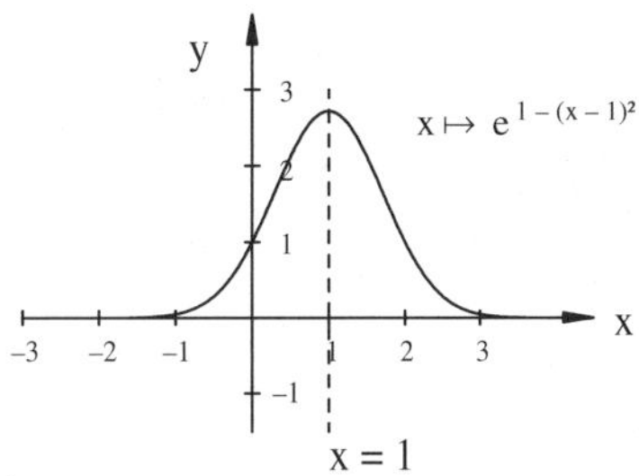

achsensymmetrisch zu x = 1

Beispiel

Weisen Sie nach, daß $f(x) = e^{-x^2 + 2x}$ achsensymmetrisch zur Geraden $x = 1$ liegt!

Lösung:

$$f(1+x) = e^{-(1+x)^2 + 2(1+x)} = e^{-1-2x-x^2+2+2x} = e^{-x^2+1}$$

$$f(1-x) = e^{-(1-x)^2 + 2(1-x)} = e^{-1+2x-x^2+2-2x} = e^{-x^2+1}$$

Ergebnis:
$f(1 + x) = f(1 - x)$ für alle $x \in \mathbb{R}$
Der Graph von f ist achsensymmetrischzur Geraden $x = 1$.

8.2 Punktsymmetrie

Der Graph einer Funktion f heißt punktsymmetrisch zum Ursprung, wenn gilt:

$f(x) = -f(-x)$

für alle $x \in \mathbb{D}_f$

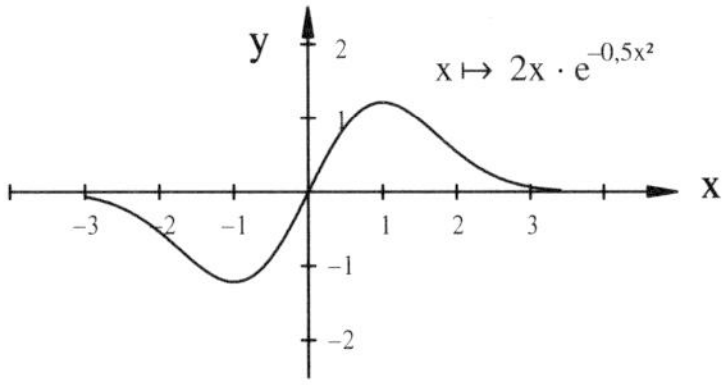

punktsymmetrisch zum Ursprung

Der Graph einer Funktion f heißt punktsymmetrisch zum Punkt Z $(x_0 ; y_0)$, wenn gilt:

$f(x_0 + x) - y_0 = -[f(x_0 - x) - y_0]$

für alle $x \in \mathbb{D}_f$

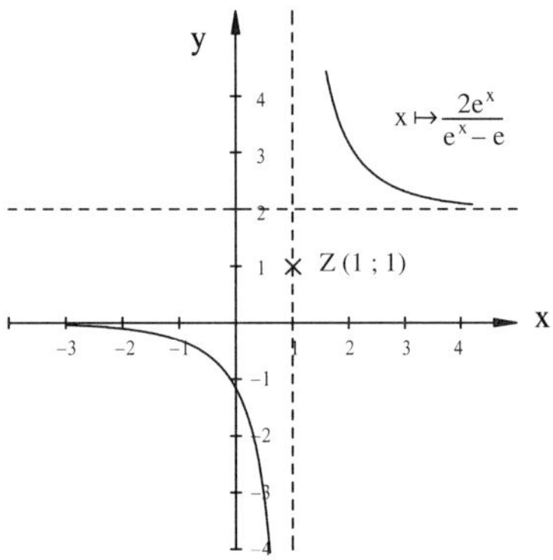

punktsymmetrisch zum Punkt Z (1 ; 1)

Beispiel

Weisen Sie nach, daß $f(x) = \frac{4}{1+e^x}$ punktsymmetrisch zum Punkt Z (0 ; 2) ist!

Lösung:

$$f(0+x)-2 = \frac{4}{1+e^x} - 2 = \frac{4-2-2e^x}{1+e^x} = \frac{2-2e^x}{1+e^x};$$

$$-[f(0-x)-2] = -\frac{4}{1+e^{-x}} + 2$$

$$= -\frac{4}{1+\frac{1}{e^x}} + 2 = -\frac{4e^x}{e^x+1} + 2$$

$$= \frac{-4e^x+2e^x+2}{e^x+1} = \frac{2-2e^x}{1+e^x},$$

womit die Behauptung bewiesen ist.

Aufgaben

35. Untersuchen Sie den Graphen der Funktion f auf Symmetrieeigenschaften:

a) $f\colon x \longmapsto 3e^{-x^2}$; $x \in \mathbb{R}$ **b)** $f\colon x \longmapsto x\,e^{x^2}$; $x \in \mathbb{R}$

36. Betrachten Sie die folgenden Graphen! Welches Symmetrieverhalten vermuten Sie? Beweisen Sie Ihre Vermutung durch Rechnung!

a)

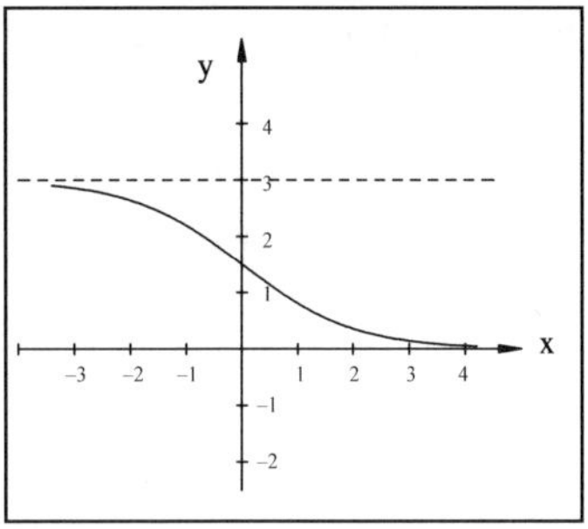

$f(x) = \frac{3}{1+e^x}$

b)

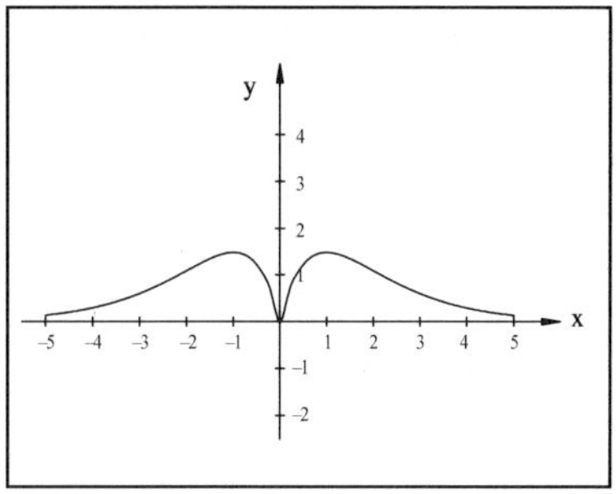

$f(x) = 4|x|e^{-|x|}$

c)

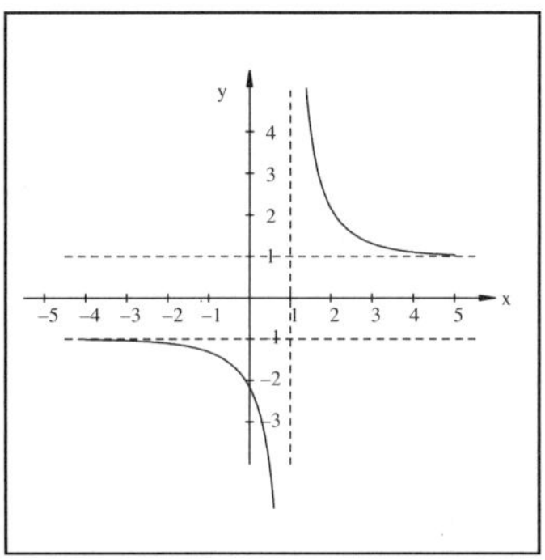

$f(x) = \frac{e^x+e}{e^x-e}$

d)

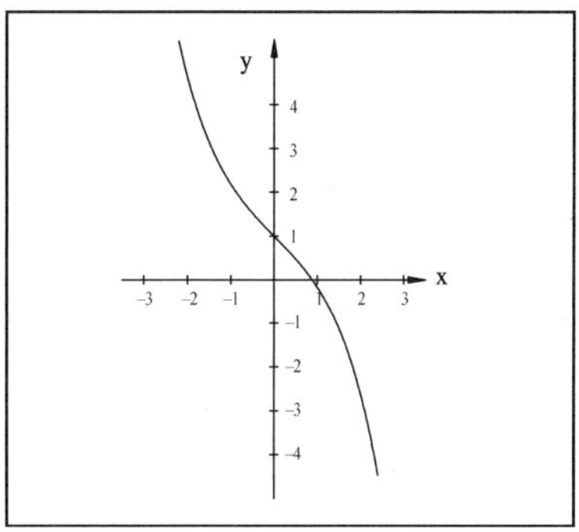

$f(x) = 1 - \frac{e^x - e^{-x}}{2}$

37. Gegeben ist die Funktionenschar

$$f_a\colon x \mapsto \frac{e^x}{(e^x+a)^2} \quad \text{mit } a \in \mathbb{R}^+ \text{ und } x \in \mathbb{R}.$$

Beweisen Sie, daß gilt: $f_a(\ln a + t) = f_a(\ln a - t)$ für $t \in \mathbb{R}$! Welche geometrische Bedeutung hat diese Gleichung für den Graphen von f_a?

38. Gegeben ist die Funktion

$$f:\ x \mapsto 1-\frac{8}{e^{2x}+4} \quad \text{mit } x \in \mathbb{R}.$$

Zeigen Sie, daß $f(\ln 2 - t) = -f(\ln 2 + t)$ für alle $t \in \mathbb{R}$! Geometrische Bedeutung?

39. *Symmetrieverhalten und Differenzierbarkeit:*
Untersuchen Sie die folgenden Funktionen auf Symmetrieverhalten, und stellen Sie außerdem fest, ob die Funktionen an der Stelle $x = 0$ differenzierbar sind!
(Hinweis: $\lim\limits_{x \to 0} x e^{\frac{1}{x}} = \infty$ darf ohne Beweis verwendet werden)

a) $f:\ x \mapsto \begin{cases} \frac{1}{x^2} e^{-\frac{1}{|x|}} & \text{für } x \in \mathbb{R} \setminus \{0\} \\ 0 & \text{für } x = 0 \end{cases}$

b) $f:\ x \mapsto \begin{cases} \frac{1}{x^3} e^{-\frac{1}{|x|}} & \text{für } x \in \mathbb{R} \setminus \{0\} \\ 0 & \text{für } x = 0 \end{cases}$

40. Ordnen Sie Graph und Funktionsterm einander zu!

$f:\ x \mapsto \frac{1}{x} e^{-\frac{1}{|x|}}$ $\qquad$ $g:\ x \mapsto \frac{1}{x^2} e^{-\frac{1}{|x|}}$

$h:\ x \mapsto \frac{1}{x^3} e^{-\frac{1}{|x|}}$ $\qquad$ $p:\ x \mapsto \frac{1}{|x|} e^{-\frac{1}{|x|}}$

a)

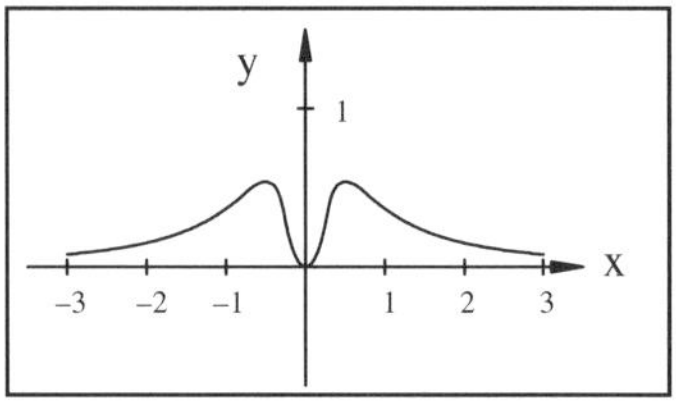

b)

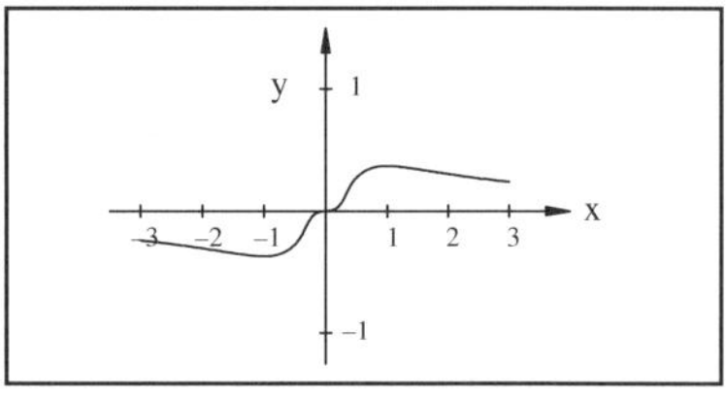

c)

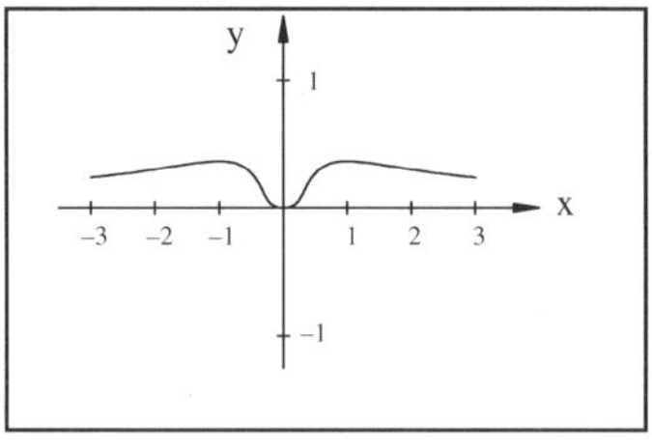

d)

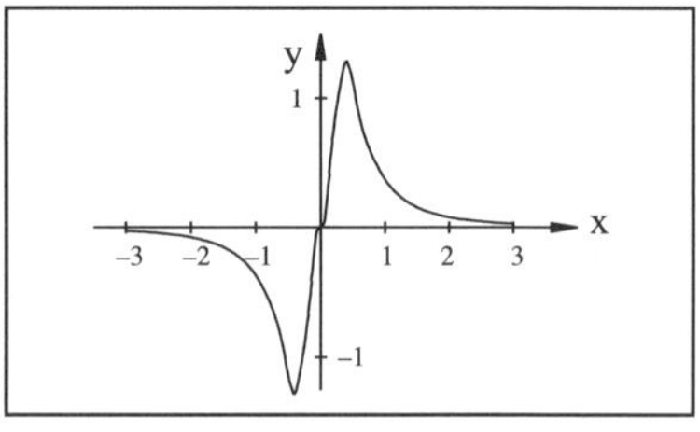

9 Diskussion von natürlichen Exponentialfunktionen

Beispiel

Untersuchen Sie den Graphen G_f der Funktion f: $x \mapsto 4x\,e^{-0,5x^2}$ mit $x \in \mathbb{R}$ auf Symmetrieeigenschaften, Schnittpunkte mit den Koordinatenachsen, Verhalten für $|x| \to \infty$, Monotonieverhalten, relative Extrem- und Wendepunkte!
Skizzieren Sie den Graphen G_f!

Lösung:

Symmetrieeigenschaften:
Der Graph ist punktsymmetrisch zu (0 ; 0), denn für alle $x \in \mathbb{R}$ ist

$$-f(-x) = -4(-x)\,e^{-0,5(-x)^2} = 4x\,e^{-0,5x^2} = f(x)$$

Schnittpunkte mit den Koordinatenachsen:
Für gemeinsame Punkte mit der x-Achse gilt f(x) = 0. Also:

$$4x\,e^{-0,5x^2} = 0 \Leftrightarrow x = 0 \Rightarrow S_x\,(0\,;0)$$

Für einen gemeinsamen Punkt mit der y-Achse gilt x = 0.
Die y-Koordinate dieses Punktes erhalten wir, indem wir f(0) berechnen.
Also:

$$f(0) = 4 \cdot 0\,e^{-0,5 \cdot 0^2} = 0 \Rightarrow S_y\,(0\,;0)$$

Ergebnis: Der Graph hat mit den Koordinatenachsen den Nullpunkt gemeinsam.

Verhalten für $|x| \to \infty$:

$$\lim_{x \to \infty} 4x\,e^{-0,5x^2} = \lim_{x \to \infty} \frac{4x}{e^{0,5x^2}} \ldots$$

Wir unterbrechen an dieser Stelle und erinnern uns, daß

$$\lim_{x \to \infty} \frac{x}{e^x} = 0$$

ist.

Da $e^{0,5x^2} > e^x$ für $x > 2$, so gilt:

$$\lim_{x \to \infty} \frac{4x}{e^{0,5x^2}} = 0.$$

Aus Symmetriegründen ist auch

$$\lim_{x \to -\infty} f(x) = 0.$$

Oder ausführlich gerechnet:

$$\lim_{x \to -\infty} 4x e^{-0,5x^2} = \lim_{x \to -\infty} \frac{4x}{e^{0,5x^2}}$$

$$\lim_{x \to \infty} \frac{4(-x)}{e^{0,5(-x)^2}} = \lim_{x \to \infty} \frac{-4x}{e^{0,5x^2}} = 0$$

Die x-Achse ist **Asymptote** des Graphen G_f.

Monotonieverhalten:

$$f'(x) = 4 \cdot e^{-0,5x^2} + 4x \cdot e^{-0,5x^2} \cdot (-2 \cdot 0,5x)$$
$$= 4e^{-0,5x^2}(1 - x^2)$$

$$f'(x) = 0 \;\Rightarrow\; x = 1 \;\vee\; x = -1$$

$$f'(x) < 0 \text{ für } -\infty < x < -1 \;\vee\; 1 < x < \infty$$

$$f'(x) > 0 \text{ für } -1 < x < 1$$

Extrempunkte:

Extremstellenverdächtig sind die Nullstellen der 1. Ableitung. Es gibt zwei Möglichkeiten des Nachweises:

Methode 1 (Vorzeichenwechsel von f'):*

$$\left.\begin{array}{ll} f'(-\infty < x < -1) & < 0 \\ f'(-1) = 0 & \\ f'(-1 < x < 1) & > 0 \end{array}\right\} \Rightarrow \text{Tiefpunkt in } (-1\,;\approx -2,4)$$

Aus Symmetriegründen folgt Hochpunkt in (1 ; ≈ 2,4)

Methode 2 (mit Hilfe der 2. Ableitung):

$$f'(x) = 4e^{-0,5x^2}(1 - x^2)$$
$$f''(x) = 4e^{-0,5x^2}(x^3 - 3x)$$

* insbesondere anwendbar auf Funktionen, die an der extremstellenverdächtigen Stelle **nicht differenzierbar** sind!

Es gilt:

$$f'(-1) = 0 \wedge f''(-1) > 0 \Rightarrow T(-1\,;\approx -2{,}4)$$

Aus Symmetriegründen: $H(1\,;\approx 2{,}4)$

Wendepunkte:

$$f''(x) = 0 \Rightarrow 4e^{-0{,}5x^2}(x^3 - 3x) = 0 \Leftrightarrow x^3 - 3x = 0$$
$$\Leftrightarrow x(x^2 - 3) = 0$$
$$\Leftrightarrow x = 0 \vee x = \sqrt{3} \vee x = -\sqrt{3}$$

Weiter gilt:

$$f'''(x) = 4e^{-0{,}5x^2} \cdot (-x) \cdot (x^3 - 3x) + 4e^{-0{,}5x^2}(3x^2 - 3)$$
$$= 4e^{-0{,}5x^2}(-x^4 + 6x^2 - 3)$$
$$f'''(0) \neq 0\,; \quad f'''(\sqrt{3}) \neq 0\,; \quad f'''(-\sqrt{3}) \neq 0$$

Somit sind $W_1\,(0\,;0)$, $W_2\,(\sqrt{3}\,;\approx 1{,}5)$, $W_3\,(-\sqrt{3}\,;\approx -1{,}5)$ Wendepunkte des Graphen G_f.

Graph G_f:

Aufgrund der bisherigen Ergebnisse ergibt sich die folgende Skizze des Graphen G_f:

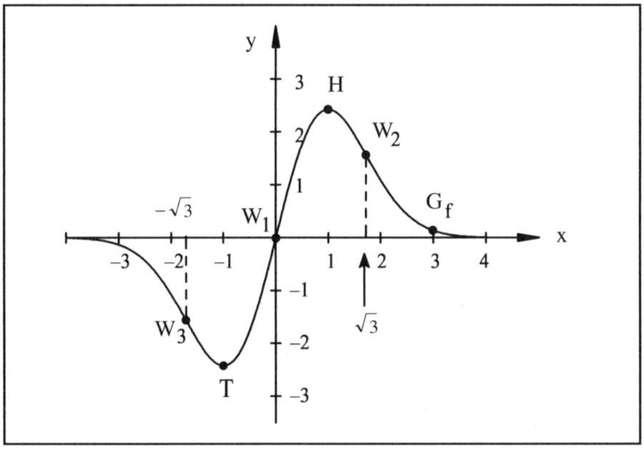

$f\colon x \mapsto 4xe^{-0{,}5x^2}\,;\; x \in \mathbb{R}$

Und so ändert sich der Graph, wenn wir im Funktionsterm Betragstriche setzen:

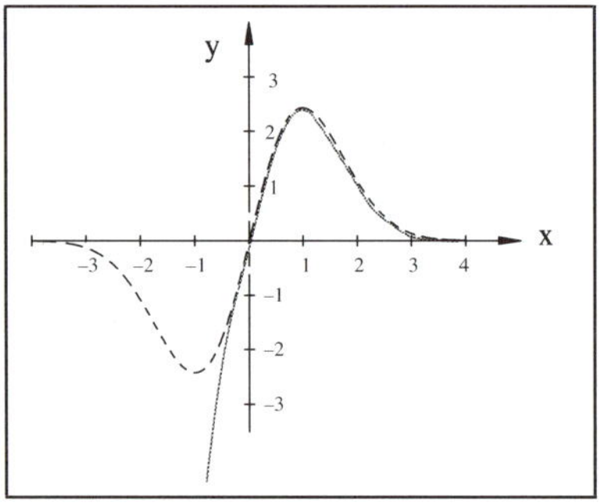

- - - : $x \mapsto 4x\,e^{-0{,}5x^2}$
——— : $x \mapsto 4x\,e^{-0{,}5x|x|}$

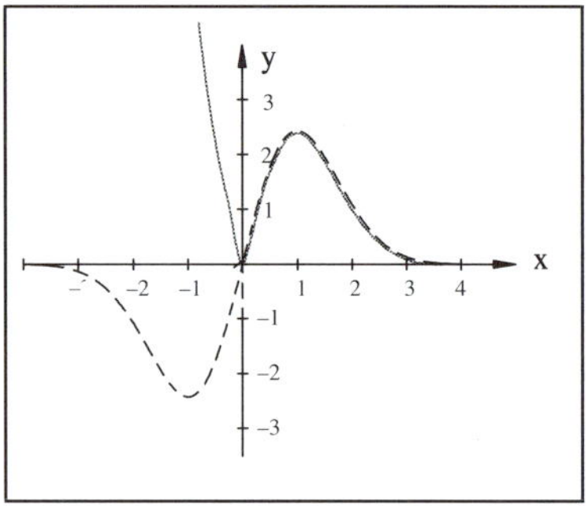

- - - : $x \mapsto 4x\,e^{-0{,}5x^2}$
——— : $x \mapsto 4|x|\,e^{-0{,}5x|x|}$

Aufgaben

41. *Definitionsbereich:*
Bestimmen Sie den maximal möglichen Definitionsbereich:

a) $f(x) = (x-1)\,e^{2-x}$

b) $f(x) = \frac{e^x}{\sqrt{x}}$

c) $f(x) = e^{\sqrt{x^2-1}}$

d) $f(x) = \sqrt{2-e^x}$

e) $f_k(x) = \frac{kx}{ke^x-1}$; $k \in \mathbb{R}^+$

f) $f_a(x) = \frac{ae^x}{a+e^{2x}}$; $a \in \mathbb{R}^-$

g) $f(x) = \frac{1}{e^{2x}-3e^x+2}$

h) $f(x) = e^{\frac{x^2}{1-x}}$

42. *Schnittpunkte mit den Koordinatenachsen:*
Untersuchen Sie den Graphen der Funktion auf Schnittpunkte mit den Koordinatenachsen:

a) $f\colon x \mapsto e^x(e^x-2)$; $x \in \mathbb{R}$

b) $f\colon x \mapsto 1-0{,}5(e^x-e^{-x})$; $x \in \mathbb{R}$

c) $f\colon x \mapsto (x-1)\,e^{-|x|}$; $x \in \mathbb{R}$

d) $f\colon x \mapsto e^{\frac{1}{x^2-1}}$; $x \in \mathbb{R}\setminus\{1\}$

e) $f_a\colon x \mapsto \frac{e^x-a}{e^{ax}+1}$; $x \in \mathbb{R} \wedge a \in \mathbb{R}$

43. *Monotonieverhalten:*

Bestimmen Sie jeweils die Nullstellen der 1. Ableitung der in $\mathbb{R}$ definierten Funktion f, und prüfen Sie anhand des Monotonieverhaltens, ob relative Extremwerte vorliegen und von welcher Art sie sind.

a) $f\colon x \mapsto 2x^2 e^{-0,5x}$ **b)** $f\colon x \mapsto \dfrac{0,5x^2+2}{e^{0,5x}}$

44. *Nachweis der Extremumsstellen bei stetigen, aber nicht überall differenzierbaren Funktionen:*

Beispiel:

$f\colon x \mapsto 4\,|x|\,e^{-0,5x\,|x|}$ mit $x \in \mathbb{R}$ (siehe Abb. auf S. 30) hat in $x_0 = 0$ eine Minimumsstelle. Gleichzeitig ist sie in $x_0 = 0$ nicht differenzierbar. Der Nachweis der Minimumsstelle folgt aus dem *Vorzeichenwechsel* von $f'(x)$ in x_0. Es gilt der Lehrsatz:

Ist f in x_0 stetig und ist f in einer linksseitigen Umgebung von x_0 monoton $\begin{Bmatrix}\text{abnehmend}\\\text{wachsend}\end{Bmatrix}$ und in einer rechtsseitigen Umgebung von x_0 monoton $\begin{Bmatrix}\text{wachsend}\\\text{abnehmend}\end{Bmatrix}$, so hat f in x_0 eine $\begin{Bmatrix}\text{Minimums-}\\\text{Maximums-}\end{Bmatrix}$stelle.

Hier gilt:

$$f'(x) \mapsto \begin{cases} -4e^{0,5x^2}(1+x^2) & \text{für } x \le 0 \\ 4e^{-0,5x^2}(1-x^2) & \text{für } x > 0 \end{cases}$$

Also:

$$\left.\begin{array}{l} f'(x<0)<0 \\ f'(0<x<1)>0 \end{array}\right\} \Rightarrow x_0 = 0 \text{ ist Minimumsstelle.}$$

Bestimmen Sie die Monotoniebereiche von f bzw. f_a sowie die Lage und die Art der Extremumsstelle!

a) $f\colon x \mapsto 4\,|x|\,e^{-|x|}$; $x \in \mathbb{R}$ **b)** $f_a\colon x \mapsto |x-a|\,e^x$; $x \in \mathbb{R} \wedge a \in \mathbb{R}$

45. Gegeben ist die Funktion

$$f\colon x \mapsto e^{\frac{x}{x+1}} \text{ mit } x \in \mathbb{D}_f.$$

a) Geben Sie den maximalen Definitionsbereich $\mathbb{D}_f$ an!

b) Untersuchen Sie das Verhalten von f(x) an den Rändern des Definitionsbereichs und geben Sie die Gleichungen sämtlicher Asymptoten an!

c) Untersuchen Sie, ob $\lim\limits_{x \to -1+} f'(x)$ existiert!

d) Skizzieren Sie den Graphen von f!

46. *Wendepunkt, Wendestelle:*

a) Zeigen Sie nur mit Hilfe der 2. Ableitung von f, daß der Graph G_f der Funktion f genau einen Wendepunkt besitzt:

$$f:\ x \mapsto \frac{x+1}{e^{2x}}\ ;\quad x \in \mathbb{R}$$

b) Untersuchen Sie, ob f_k Wendestellen hat:

$$f_k:\ x \mapsto 4e^{-x}(k - e^{-x})\ ;\quad x \in \mathbb{R},\ k \in \mathbb{R}^+$$

47. *Wendetangente:*

a) Ermitteln Sie die Lage des Wendepunktes des Graphen von

$$f:\ x \mapsto x \cdot e^{1-x} \text{ mit } x \in \mathbb{R}$$

und zeigen Sie, daß die Wendetangente durch den Punkt (4 ; 0) geht!

b) Gegeben ist die Funktionenschar $f_a:\ x \mapsto (x-a)\,e^{2-\frac{x}{a}}$ mit $x \in \mathbb{R}$ und $a \in \mathbb{R}^+$.
Beweisen Sie, daß alle Wendetangenten parallel zueinander sind!

48. *Tangenten:*

a) Zeigen Sie: Alle Tangenten in $P(1\ ;\ f_t(1))$ an die Kurven mit den Gleichungen $f_t(x) = t\,e^{-x}$ mit $t \in \mathbb{R}$ und $x \in \mathbb{R}_0^+$ gehen durch einen gemeinsamen Punkt!

b) Von Punkt P (–2 ; 0) aus werden an den Graphen von $f:\ x \mapsto (x+1)e^{-x}$ die Tangenten gelegt. Bestimmen Sie die Abszissenwerte der Berührpunkte!

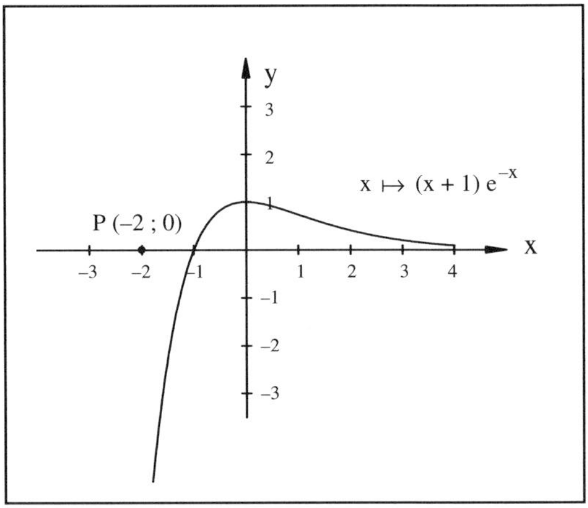

49. *Kurvendiskussion:*

Untersuchen Sie die folgenden in $\mathbb{R}$ definierten Funktionen auf Nullstellen, Extrem- und Wendestellen sowie ihr Verhalten für $|x| \to \infty$. Zeichnen Sie ihre Graphen aufgrund der erhaltenen Ergebnisse!

a) $f\colon x \mapsto \frac{x^2}{e^x}$ **b)** $f\colon x \mapsto (x - e^x)\, e^{-x}$

c) $f\colon x \mapsto \frac{1}{2}(2 - e^x)^2$

50. *Kurvendiskussion:*

Untersuchen Sie die folgenden Funktionen auf Symmetrieverhalten, Nullstellen, Asymptoten, Extremumsstellen und ihr Verhalten an den Rändern des Definitionsbereichs! Skizzieren Sie die zugehörigen Graphen aufgrund der erhaltenen Ergebnisse!

a) $f\colon x \mapsto \frac{e^x - x^2}{x}$; $x \in \mathbb{R} \setminus \{0\}$ **b)** $f\colon x \mapsto e^{\frac{1}{x-3}} - 2$; $x \in \mathbb{R} \setminus \{3\}$

c) $f\colon \mapsto \frac{4e^{-x^2}}{x-2}$; $x \in \mathbb{R} \setminus \{2\}$

51. *Umkehrfunktion (siehe Seite 81):*

Begründen Sie, daß f in $\mathbb{D}_f$ umkehrbar ist und ermitteln Sie die Gleichung der Umkehrfunktion f^{-1} !

a) $f\colon x \mapsto 2\,(1 - e^{-x})^2$; $\mathbb{D}_f = \mathbb{R}^+$

b) $f\colon x \mapsto \frac{e^x + e}{e^x - e}$; $\mathbb{D}_f = \mathbb{R} \setminus \{1\}$

52. *Geometrischer Ort:*

a) Gegeben ist die Funktionenschar

$$f_k\colon x \mapsto x - k\,e^x \text{ mit } k \in \mathbb{R}^+ \text{ und } x \in \mathbb{R}.$$

Der Graph von f_k heißt G_{f_k}. Ermitteln Sie die Gleichung des geometrischen Ortes, auf dem die Hochpunkte der Graphen liegen!

b) Die Extremumsstellen von

$$f_a(x) = \frac{e^x}{(a + e^x)^2} \text{ mit } x \in \mathbb{R} \text{ und } a \in \mathbb{R}^+$$

haben jeweils den Abszissenwert $x_E = \ln a$ und liegen auf der Kurve K. Ermitteln Sie die Gleichung von K!

c) Ermitteln Sie den geometrischen Ort der Schnittpunkte der Scharkurven mit den Gleichungen

$$f_t(x) = \frac{1}{t} e^{-tx^2} \quad \text{und} \quad g_t(x) = -2x e^{-tx^2},$$

wobei $x \in \mathbb{R}$ und $t \in \mathbb{R}^+$ ist!

d) Gegeben sind die Kurven

$$y = \frac{1}{t} e^{-tx^2} \quad \text{mit } x \in \mathbb{R} \quad \text{und } t > 0.$$

Auf welcher Kurve liegen alle Punkte mit der Steigung –1?

10 Flächenberechnung

Die Berechnung der Flächen zwischen Funktionsgraph und x-Achse erfolgt in folgenden Schritten:

- Nullstellenbestimmung von f
- Berechnung der Teilflächen und Addition derselben

Beispiel

Welchen Inhalt hat das vom Graphen von f: $x \mapsto e - e^x$; $x \in \mathbb{R}$, der x-Achse und den Geraden x = –1 und x = 1,5 begrenzte Flächenstück? (siehe Abbildung)

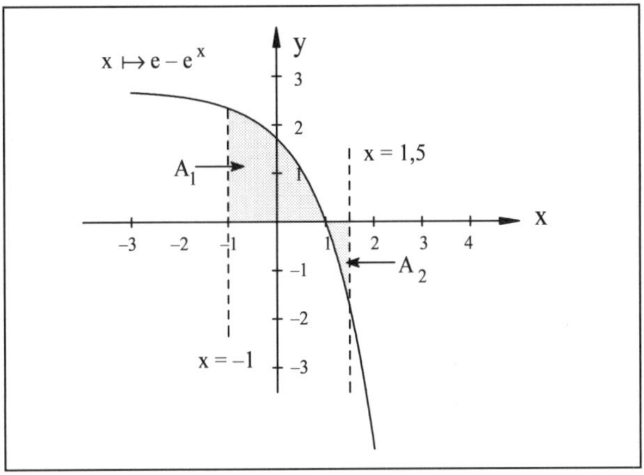

Lösung:

$$f(x) = 0, \text{ wo } e - e^x = 0 \Leftrightarrow x = 1$$

$$A_1 = \int_{-1}^{1} (e - e^x)\,dx = \left[ex - e^x\right]_{-1}^{1} = (e - e) - \left[-e - \tfrac{1}{e}\right] \approx 3{,}1$$

$$A_2 = \left|\int_{1}^{1,5} (e - e^x)\,dx\right| = \left|\left[ex - e^x\right]_{1}^{1,5}\right| = \left|1{,}5e - e^{1,5}\right| \approx 0{,}4$$

$$A = A_1 + A_2 \approx 3{,}5\,[\text{FE}]$$

Berechnung der Flächen zwischen Funktionsgraphen:

- Für den Inhalt A der getönten Fläche gilt:

$$A = \int_a^b (g(x) - f(x))\,dx$$

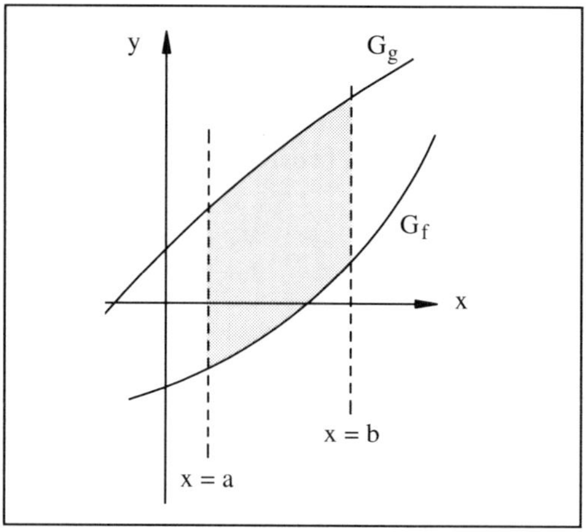

- Schneiden sich die Funktionsgraphen in dem zu betrachtenden Intervall, so wird die obige Formel abschnittsweise angewendet:

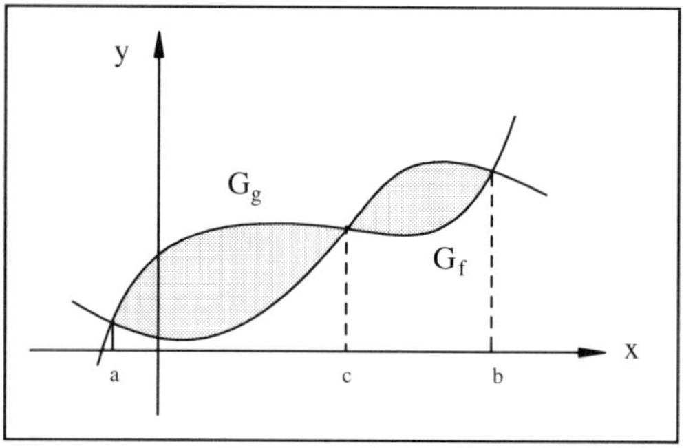

$$A = \int_a^c (g(x) - f(x)\,dx + \int_c^b (f(x) - g(x))\,dx$$

Beispiel

Ermitteln Sie den Inhalt der Fläche, die von den Graphen von

$$f\colon x \mapsto e^{-x}\,;\ x \in \mathbb{R} \quad \text{und} \quad g\colon x \mapsto e^{0,2x}\,;\ x \in \mathbb{R}$$

sowie von den Vertikalen x = –1 und x = 1 eingeschlossen wird!

Lösung:

Die Graphen schneiden sich im Punkt S (0 ; 1).
Im Intervall [–1 ; 0] ist f (x) ≥ g (x). Somit gilt:

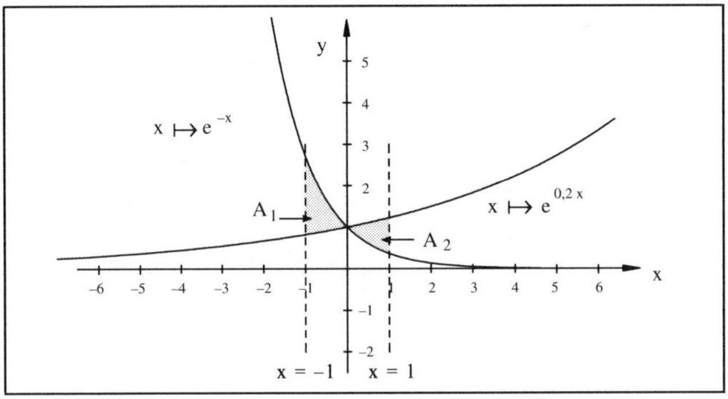

$$A_1 = \int_{-1}^{0} (e^{-x} - e^{0,2x})\,dx = \left[-e^{-x} - \frac{1}{0,2}e^{0,2x}\right]_{-1}^{0} \approx 0,8$$

Im Intervall [0 ; 1] ist g (x) ≥ f (x). Somit gilt:

$$A_2 = \int_{0}^{1} (e^{0,2x} - e^{-x})\,dx = \left[\frac{1}{0,2}e^{0,2x} + e^{-x}\right]_{0}^{1}$$

$$= 5e^{0,2} + e^{-1} - (5+1) \approx 0,5$$

$$A = A_1 + A_2 \approx 1,3\,[\text{FE}]$$

Aufgaben

53. *Fläche zwischen Graph und x-Achse:*

Die Abbildung zeigt den qualitativen Verlauf des Graphen von
f: $x \mapsto \frac{1}{2}(e^x + e^{-x})$
mit $x \in \mathbb{R}$.
Berechnen Sie den Inhalt der vom Graphen G_f der Funktion f, der x-Achse und den Geraden x = –e und x = e eingeschlossenen Fläche!

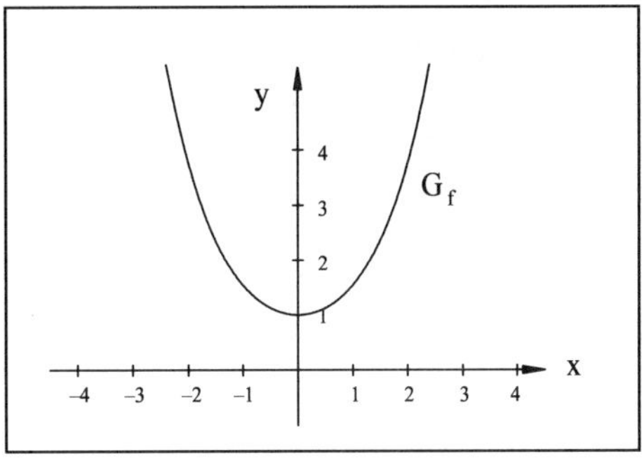

54. *Fläche zwischen Funktionsgraphen:*

Wir beziehen uns auf die nebenstehende Abbildung. Ermitteln Sie den Inhalt des von den Graphen der Funktionen eingeschlossenen Flächenstücks!

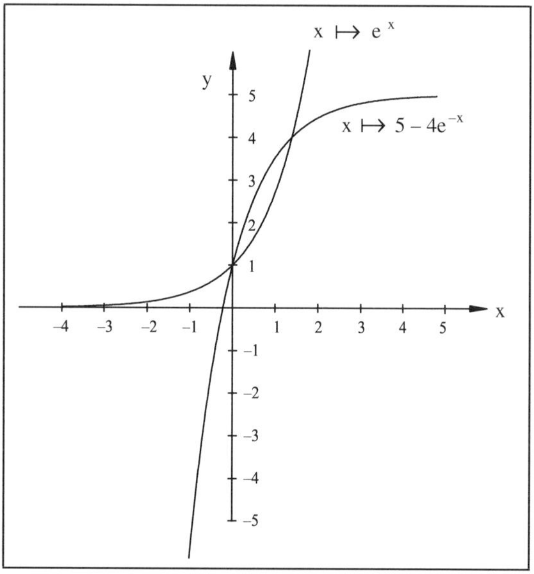

55. *Fläche zwischen Funktionsgraph und Asymptote:*

Die Abbildung zeigt den qualitativen Verlauf des Graphen von

$$f\colon\ x \mapsto (e^x - 2)^2 \text{ mit } x \in \mathbb{R}.$$

a) Zeigen Sie, daß $y = 4$ Asymptote des Graphen G_f von f ist!

b) Berechnen Sie die Koordinaten des Punktes S!

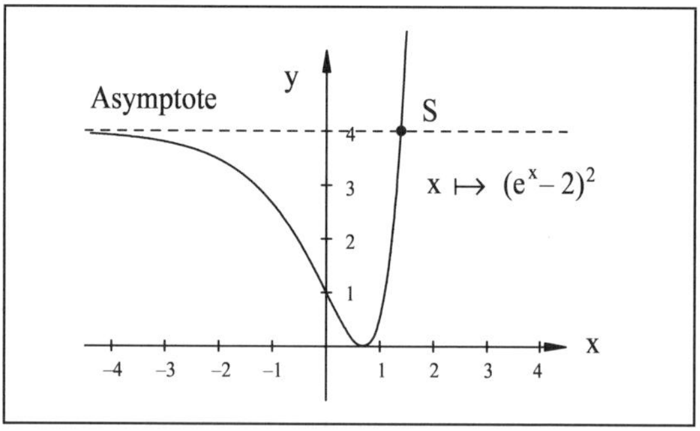

c) Der Graph G_f, die Asymptote $y = 4$ und die Vertikale $x = -4$ umschließen ein Flächenstück.Ermitteln Sie dessen Inhalt auf 2D genau!

56. *Fläche zwischen Funktionsgraph und x-Achse:*

Bilden Sie die 1. Ableitung von $f(x) = e^{1-0{,}5x^2}$ und berechnen Sie den Inhalt des Flächenstücks, das vom Graphen von f', der x-Achse und der Geraden x = 1 eingeschlossen wird!

57. *Kurvenschar:*

Gegeben ist die Funktionenschar

$$f_a:\ x \mapsto 2 \cdot e^{-ax} \text{ mit } a > 0 \text{ und } x \in \mathbb{R}.$$

Der Graph von f_a heißt G_{f_a}.

a) Zeichnen Sie den Graphen der Funktion f_1!

b) Wie muß der Parameter a gewählt werden, damit die im I. Quadranten liegende Fläche zwischen dem Graphen G_{f_a} und der x-Achse den Flächeninhalt 3 [FE] hat?

58. *Fläche zwischen Funktionsgraphen und x-Achse:*

Gegeben ist die Funktion

$$f:\ x \mapsto 2e^x - e^{2x} \text{ mit } x \in \mathbb{R}.$$

a) Untersuchen Sie die Funktion f auf Nullstellen, relative Extrema, Wendestellen und ihr Verhalten für $|x| \to \infty$!

b) Skizzieren Sie den Graphen von f!

c) Berechnen Sie den Inhalt der Fläche, die der Graph von f im I. Quadranten mit der Parabel $y = -x^2 + 1$ und der x-Achse einschließt!

11 Integrationsverfahren

Grundintegrale

$$\int e^x\,dx = e^x + C \;;\quad x \in \mathbb{R},\; C \in \mathbb{R}$$

$$\int e^{ax}\,dx = \frac{1}{a}e^{ax} + C \;;\quad x \in \mathbb{R},\; C \in \mathbb{R},\; a \in \mathbb{R}\setminus\{0\}$$

Ist ein Integral nicht mit den Grundintegralen lösbar, dann prüfen Sie zunächst, ob eine *Substitution* möglich ist, führt diese nicht zum Ziel, dann versuchen Sie es mit der *partiellen Integration.*

11.1 Substitutionsregel

$$\int f(g(x))\cdot g'(x)\,dx = \int f(t)\,dt \quad \text{mit } g(x) = t$$

$$\int_a^b f(g(x))\cdot g'(x)\,dx = \int_{g(a)}^{g(b)} f(t)\,dt \quad \text{mit } g(x) = t$$

Beispiel 1

Bestimmen Sie $\int 3x^2 e^{x^3+1}\,dx$!

Lösung:

Wir erkennen: Der Faktor $3x^2$ ist die Ableitung des Terms $x^3 + 1$, der als Exponent der e-Funktion auftritt. Wir setzen also: $x^3 + 1 = t$. Es ist dann

$$g(x) = x^3 + 1\,,\quad g'(x) = 3x^2 \quad \text{und} \quad f(t) = e^t.$$

Es ist leicht, eine Stammfunktion f(t) anzugeben:

$$F(t) = e^t.$$

Weiter ist:

$$F(t) = F(g(x)) = e^{x^3+1}$$

Also gilt:

$$\int 3x^2 e^{x^3+1}dx = \int e^t dt = e^t + C \quad \text{mit } t = x^3 + 1$$

Ergebnis:

$$\int 3x^2 e^{x^3+1}dx = e^{x^3+1} + C$$

Beispiel 2

Berechnen Sie $\int_1^2 x^{-2} e^{-\frac{1}{x}} dx$ auf 2D genau!

Lösung:

Wir benutzen die Substitutionsregel in der umgekehrten Reihenfolge, also:

$$\int f(x)\,dx = \int f(g(t))\cdot g'(t)\,dt \quad \text{mit } x = g(t)$$

Wir setzen:

$$-\frac{1}{x} = t \quad \Leftrightarrow \quad x = -\frac{1}{t}, \text{ also} \quad g(t) = -\frac{1}{t}$$

$$g'(t) = \frac{1}{t^2}$$

Die neuen Integrationsgrenzen folgen aus:

$$x = 1 \quad \Rightarrow \quad t = -1$$

$$x = 2 \quad \Rightarrow \quad t = -\frac{1}{2}$$

Die Substitution liefert:

$$\int_1^2 x^{-2} e^{-\frac{1}{x}} dx = \int_{-1}^{-\frac{1}{2}} \left(-\frac{1}{t}\right)^{-2} e^t \cdot \left(\frac{1}{t^2}\right) dt$$

$$= \int_{-1}^{-\frac{1}{2}} t^2 e^t \left(\frac{1}{t^2}\right) dt = \int_{-1}^{-\frac{1}{2}} e^t dt$$

$$= \left[e^t\right]_{-1}^{-\frac{1}{2}} = e^{-\frac{1}{2}} - e^{-1}$$

$$= \frac{1}{e^{\frac{1}{2}}} - \frac{1}{e} = \frac{1}{\sqrt{e}} - \frac{1}{e} \approx 0,24$$

Aufgaben

59. Bestimmen Sie:

a) $\int e^x (e^x+1)^{-2}\,dx$

b) $\int e^{3x-2}\,dx$

c) $\int (e^x+2e^{x+2})\,dx$

d) $\int \left(\sqrt{e^x}-\frac{1}{\sqrt{e^x}}\right) e^{\frac{x}{2}}\,dx$

e) $\int 2x\,e^{x^2}\,dx$

f) $\int x^2 e^{x^3}\,dx$

g) $\int \frac{e^{\sqrt{x}}}{\sqrt{x}}\,dx$

h) $\int (e^x+5)^3 e^x\,dx$

60. Berechnen Sie auf 2D genau:

a) $\int\limits_0^1 e^x \sqrt{e^x-1}\,dx$

b) $\int\limits_0^1 \frac{e^x}{2e^x-1}\,dx$

c) $\int\limits_0^{\ln 2} \frac{e^{2x}-3e^x}{e^x+2}\,dx$

11.2 Integrale der Form $\int \frac{f'(x)}{f(x)}\,dx$

Ist der Integrand ein Bruch, so untersucht man grundsätzlich, ob der Zähler die Ableitung des Nenners ist oder ob man eventuell den Zähler durch eine einfache Umformung in die Ableitung des Nenners überführen kann. In diesem Falle gilt:

$$\int \frac{f'(x)}{f(x)}\,dx = \ln|f(x)| + C$$

Falls das Integrationsintervall [a ; b] keine Nullstelle der Funktion f enthält, gilt:

$$\int\limits_a^b \frac{f'(x)}{f(x)}\,dx = \Big[\ln|f(x)|\Big]_a^b$$

Beispiel

Berechnen Sie

$$\int_{-2}^{0} \frac{4e^x}{2e^x+1}\,dx$$

auf 2D genau!

Lösung:

Der Integrand hat nicht exakt die Form $\frac{f'(x)}{f(x)}$. Er läßt sich jedoch leicht auf diese Form bringen. Es ist

$$\int \frac{4e^x}{2e^x+1}\,dx = 2\int \frac{2e^x}{2e^x+1}\,dx = 2\left[\ln|2e^x+1|\right]+C$$

Da im Integrationsintervall $I = [-2\,;\,0]$ gilt, daß $2e^x + 1 \neq 0$ für alle $x \in I$, so ist

$$\int_{-2}^{0} \frac{4e^x}{2e^x+1}\,dx = 2\left[\ln|2e^x+1|\right]_{-2}^{0} = 2\left[\ln 3 - \ln(2e^{-2}+1)\right] \approx 1{,}72$$

Aufgaben

61. Berechnen Sie:

a) $\int \frac{e^x+a}{e^x+ax}\,dx$; $a \in \mathbb{R}$

b) $\int \frac{1}{1+e^{-x}}\,dx$

62. Berechnen Sie auf 2D genau:

a) $\int_{-1}^{0} \frac{2e^x}{3+e^x}\,dx$

b) $\int_{0}^{1} \frac{e^{3x}}{2+e^{3x}}\,dx$

63. Bestimmen Sie z so, daß

$$\int_{0}^{z} \frac{e^x}{1+e^x}\,dx = \int_{0}^{1} (3x^2+2x+1)\,dx\,!$$

64. Gegeben ist die Funktion

$$f: \mapsto \frac{e^x - e^{-x}}{e^x + e^{-x}}\ ;\ x \in \mathbb{R}.$$

Ihr Graph heißt G_f.

a) Untersuchen Sie G_f auf Symmetrie, Schnittpunkte mit den Koordinatenachsen, Verhalten für $|x| \to \infty$, Monotonieverhalten und Wendepunkte! Skizzieren Sie G_f!

b) Berechnen Sie den Inhalt der im I. Quadranten liegenden Fläche zwischen G_f, der y-Achse sowie den Geraden $y = 1$ und $x = 1$!

11.3 Partielle Integration

Viele Integrale, bei denen die Substitutionsmethode nicht anwendbar ist, können durch *geeignete Zerlegung des Integranden in zwei Faktoren* und anschließende Integration gelöst werden.

Für zwei im Integrationsintervall [a ; b] differenzierbare Funktionen u und v gilt folgende **Integrationsregel der partiellen Integration**:

$$\int_a^b u(x) \cdot v'(x)\,dx = \left[u(x) \cdot v(x)\right]_a^b - \int_a^b u'(x) \cdot v(x)\,dx$$

Beispiel

Berechnen Sie $\int 4x\,e^{3x}\,dx$!

Lösung:

Integration durch Substitution ist nicht möglich. Also versuchen wir es durch partielle Integration.

Die erste Frage ist dabei: Welcher der beiden Faktoren 4x und e^{3x} soll u (x), welcher v' (x) sein?

Wir überlegen: Differenzieren wir den ersten Faktor (4x) und integrieren wir e^{3x}, dann erhalten wir auf der rechten Seite ein "einfacheres" Integral.

Also:

$$u(x) = 4x \quad \Rightarrow \quad u'(x) = 4$$

$$v'(x) = e^{3x} \quad \Rightarrow \quad v(x) = \frac{1}{3}\,e^{3x}$$

Und damit:

$$\begin{aligned}\int 4x\,e^{3x}\,dx &= \tfrac{1}{3}e^{3x}\cdot 4x - \int \tfrac{1}{3}e^{3x}\cdot 4\,dx\\ &= \tfrac{4}{3}x\,e^{3x} - \tfrac{4}{3}\int e^{3x}\,dx\\ &= \tfrac{4}{3}x\,e^{3x} - \tfrac{4}{3}\cdot\tfrac{1}{3}e^{3x} + C\\ &= \tfrac{4}{3}e^{3x}\left(x - \tfrac{1}{3}\right) + C\end{aligned}$$

Anmerkung:
Wir haben $u(x) = 4x$ und $v'(x) = e^{3x}$ gesetzt.
Definieren wir umgekehrt $u(x) = e^{3x}$ und $v'(x) = 4x$, dann erhalten wir:

$$\int 4x\,e^{3x}\,dx = e^{3x}\cdot 2x^2 - \int 3e^{3x}\cdot 2x^2\,dx\ .$$

Das Integral rechts ist *komplizierter* als das gegebene, was natürlich nicht erwünscht ist. Wir sehen: Es ist entscheidend, *welcher Faktor welche Rolle bekommt.*

Aufgaben

65. Bestimmen Sie:

a) $\int x\,e^{-x}\,dx$ **b)** $\int x^2 e^{-x}\,dx$

66. Berechnen Sie auf 2D genau:

a) $\int_0^{\pi} x^2 \sin x\,dx$ **b)** $\int_0^1 (1 - e^{-\sqrt{x}})\,dx$

Hinweis zu b: Substituieren Sie $t = -\sqrt{x}$!

67. *Uneigentliches Integral:*
Der Grenzwert einer Integration über ein unbeschränktes Intervall heißt uneigentliches Integral.

a) Berechnen Sie folgende uneigentliche Integrale:

(1) $\int_{-\infty}^{0} e^{x}\,dx$ (2) $\int_{0}^{\infty} 2e^{-x}\,dx$ (3) $\int_{-\infty}^{+\infty} x\,e^{-x^2}\,dx$

b) Welche der folgenden uneigentlichen Integrale existieren nicht?

(1) $\int_{-\infty}^{+\infty} e^{x}\,dx$ (2) $\int_{-\infty}^{+\infty} e^{-|x|}\,dx$

c) Die Kurve $y = \frac{e^x}{(e^x+1)^2}$ schließt mit den Koordinatenachsen und der Geraden x = r (r > 0) ein Flächenstück ein.
Berechnen Sie den Inhalt A (r) dieser Fläche in Abhängigkeit von r und untersuchen Sie, ob $\lim\limits_{r \to \infty} A(r)$ existiert!

d) Berechnen Sie den Inhalt der sich ins Unendliche erstreckenden Fläche, die im I. Quadranten vom Graphen G_f und der x-Achse eingeschlossen wird!

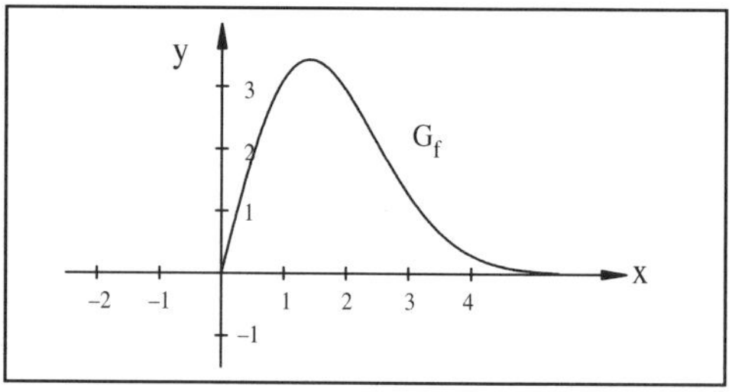

$f\colon x \mapsto 4xe^{-\frac{1}{4}x^2}$; $x \geq 0$

e) Ermitteln Sie den Inhalt der sich beiderseitig ins Unendliche erstreckenden Fläche zwischen G_g und der x-Achse!

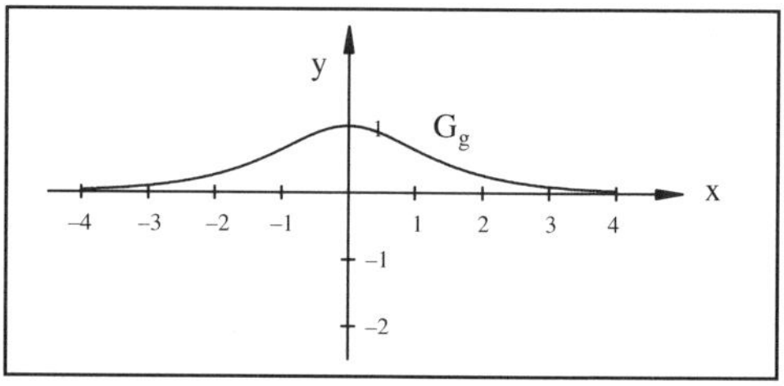

$g\colon x \mapsto \frac{2e^x}{1+e^{2x}}$; $x \in \mathbb{R}$

f) Gegeben ist die in $\mathbb{R}$ definierte Funktion
$f\colon x \mapsto \frac{3}{e^x+1}$.

(1) Zeigen Sie, daß $F(x) = -3\ln(1 + e^{-x})$ eine Stammfunktion von f ist!

(2) Ermitteln Sie den Inhalt der Fläche, die im I. Quadranten von G_f und den Koordinatenachsen eingeschlossen wird!

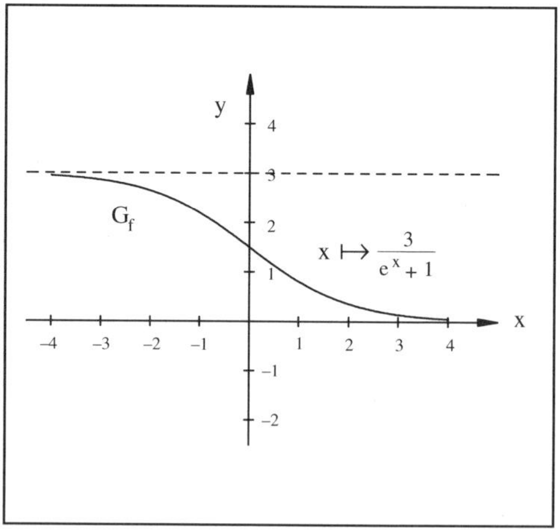

12 Integralfunktion

Definition und Eigenschaften

Die Funktion f sei auf [a ; b] integrierbar. Dann heißt die Funktion

$$F_a:\ x \mapsto F_a(x) = \int_a^x f(x)\,dt\ ;\ x \in [a\,;b]$$

Integralfunktion mit der unteren Grenze a.

Eigenschaften von $F_a(x)$:

Wenn f stetig: $F'_a(x) = f(x)$

Nullstelle: $x = a$ ist Nullstelle

Monotonie: $F(x)$ streng monoton zunehmend (abnehmend), falls $f(x) > 0$ $(f(x) < 0)$ für alle $x \in [a, b]$.

Extremumsstellen folgen aus $f(x) = 0$, Wendestellen aus $f'(x) = 0$

Beispiel

Untersuchen Sie die Integralfunktion

$$F:\ x \mapsto \int_0^x e^{-t}(1-e^{-t})\,dt \text{ mit } x \in \mathbb{R}$$

auf Nullstellen, Extremumsstellen sowie Wendestellen, ohne daß Sie F integralfrei darstellen!

Lösung:

Nullstelle: Es gibt mindestens eine Nullstelle $x = 0$.

Monotonie und Extremumsstellen:

$$F'(x) = e^{-x}(1-e^{-x}) = \frac{1}{e^x}\left(1-\frac{1}{e^x}\right)$$

$$F'(x) = 0, \text{ wo } 1 - e^{-x} = 0 \iff \frac{1}{e^x} = 1 \iff x = 0$$

$$F'(x) < 0 \text{ für } 1 - \frac{1}{e^x} < 0 \quad \Leftrightarrow \quad 1 < \frac{1}{e^x}$$
$$\Leftrightarrow \quad e^x < 1$$
$$\Leftrightarrow \quad x < \ln 1 = 0$$

$$F'(x) > 0 \text{ für } x > 0$$

Ergebnis: An der Stelle x = 0 liegt eine Minimumsstelle vor. Weitere Extremumsstellen gibt es nicht.

Wendestellen:

$$F''(x) = f'(x) = -e^{-x}(1 - e^{-x}) + e^{-x}(e^{-x})$$
$$= e^{-x}(-1 + e^{-x} + e^{-x})$$
$$= e^{-x}(2e^{-x} - 1) = \frac{1}{e^x}\left(\frac{2}{e^x} - 1\right)$$

$$F''(x) = 0, \text{ wo } 2e^{-x} - 1 = 0 \quad \Leftrightarrow \quad e^{-x} = \frac{1}{2}$$
$$\Leftrightarrow \quad x = \ln 2$$

Aus

$$F''(x) > 0 \text{ für } x < \ln 2 \text{ und } F''(x) < 0 \text{ für } x > \ln 2$$

folgt, daß F an der Stelle x = ln 2 genau eine Wendestelle hat.

Aufgaben

68. Die Abbildung zeigt den Graphen der Funktion
$f\colon x \mapsto x e^{1-x}$ mit $x \in \mathbb{R}$.

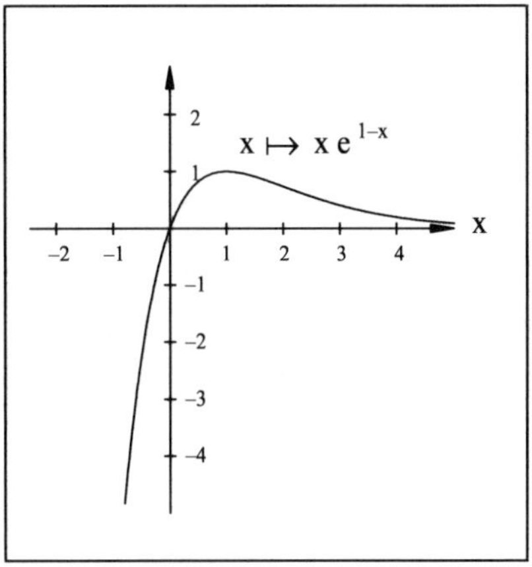

a) Zeigen Sie, daß
$F\colon x \mapsto -e^{1-x} - x e^{1-x}$; $x \in \mathbb{R}$
eine Stammfunktion von f ist.

b) Bestimmen Sie für $k \in \mathbb{R}$ eine integralfreie Darstellung von
$I(k) = \int_{-1}^{k} f(x)\,dx$!

c) Zeigen Sie, daß $\lim_{k \to \infty} I(k) = 0$ ist!
Deuten Sie das Ergebnis geometrisch!

69. Für jedes $a \in \mathbb{R}^+$ sei durch

$$x \mapsto F_a(x) = \int_{k}^{x} f_a(t)\,dt \quad \text{mit } x \in \mathbb{D}_{F_a}$$

eine Integralfunktion F_a definiert.
Untersuchen Sie zunächst ohne Berechnung des Integrals F_a auf Nullstellen, Extremumsstellen und Wendestellen!
Überprüfen Sie Ihre Ergebnisse, indem Sie F_a integralfrei darstellen!

a) $f_a(x) = 4e^{-x}(a - e^{-x})$; $k = -\ln a$, $\mathbb{D}_{F_a} = [-\ln a\,; \infty[$

b) $f_a(x) = a^2 (x + \frac{1}{a})\, e^{-ax}$; $k = -\frac{1}{a}$; $\mathbb{D}_{F_a} = \mathbb{R}$

Natürliche Logarithmusfunktionen

1 Grundwissen

Die Umkehrfunktion der e-Funktion ist die ln-Funktion.

$f\colon\ x \mapsto \ln x;\quad x \in \mathbb{R}^+$

$f'\colon x \mapsto \frac{1}{x};\quad x \in \mathbb{R}^+$

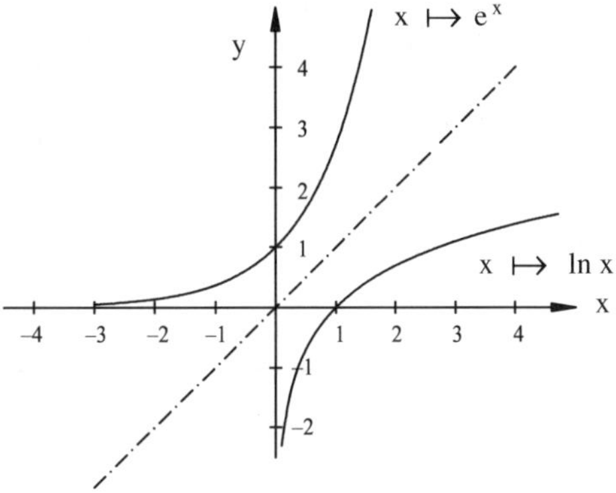

$\lim\limits_{x \to 0+} \ln x = -\infty;$

$\lim\limits_{x \to \infty} \ln x = \infty$

$\lim\limits_{x \to 0} x^a \ln x = 0;\ a \in \mathbb{R}^+,\ x \in \mathbb{R}^+$

$\lim\limits_{x \to \infty} \frac{\ln x}{x^a} = 0;\ a \in \mathbb{R}^+,\ x \in \mathbb{R}^+$

$\ln(x \cdot y) = \ln x + \ln y;\quad x,\ y \in \mathbb{R}^+$

$\ln \frac{x}{y} = \ln x - \ln y;\quad x,\ y \in \mathbb{R}^+$

$\ln x = a \iff x = e^a$

$\ln 1 = 0$

Beispiele für Funktionsgraphen

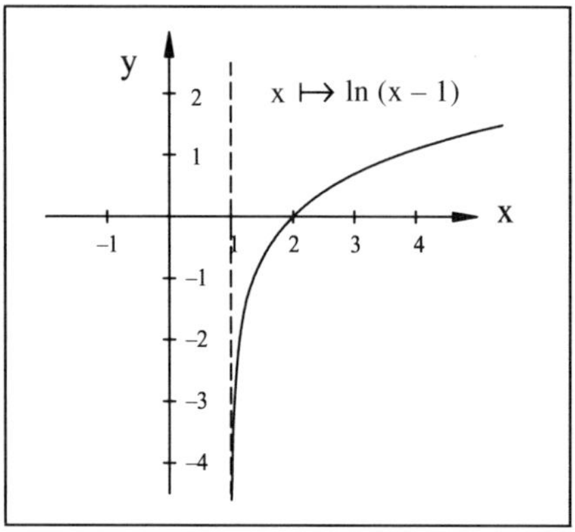

Die Gerade x = 1 ist Asymptote.

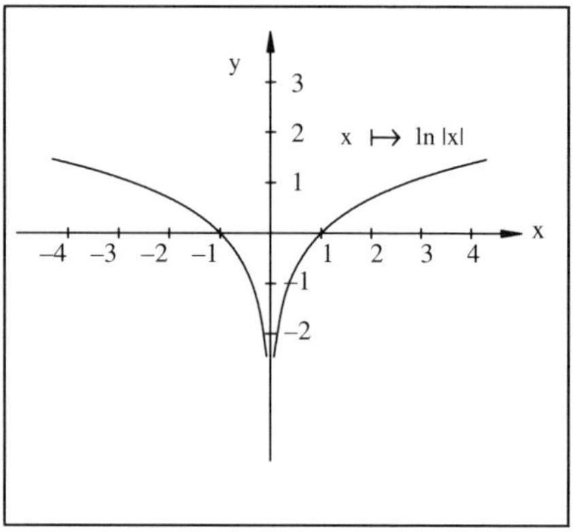

Die y-Achse ist Asymptote und Symmetrieachse zugleich

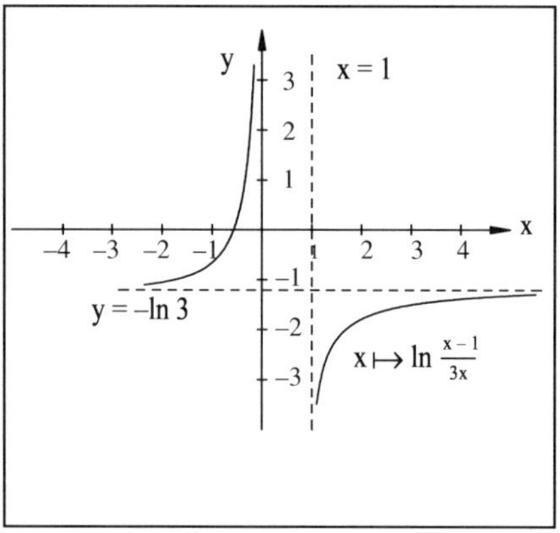

Die y-Achse und die Gerade x = 1 sind senkrechte Asymptoten.
y = – ln 3 ist waagrechte Asymptote

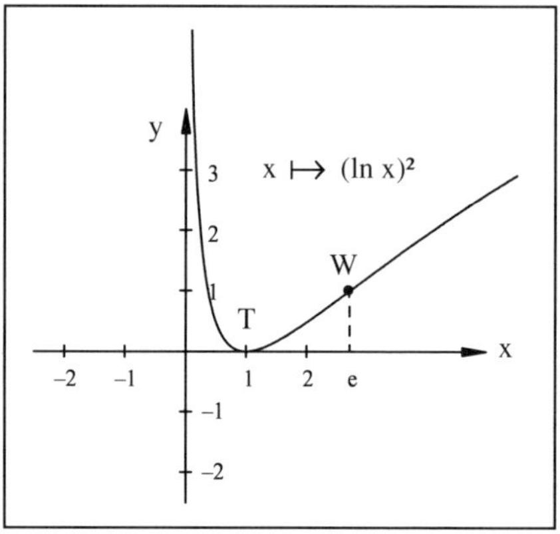

Tiefpunkt in T (1 ; 0), Wendepunkt in W (e ; 1)

Aufgaben

70. Skizzieren Sie die Graphen folgender Funktionen:

a) f: $x \mapsto \ln(x+1)$; $x \in \,]-1\,;\infty[$

b) f: $x \mapsto 1 + \ln x$; $x \in \,]0\,;\infty[$

c) f: $x \mapsto |\ln x|$; $x \in \,]0\,;\infty[$

71. Ordnen Sie dem Graphen den entsprechenden Funktionsterm zu:

☐ $f(x) = -1 + \ln x^2$

☐ $f(x) = \ln\left|\frac{1}{2}x+1\right|$

☐ $f(x) = \ln\left|\ln\left(\frac{1}{2}x+1\right)\right|$

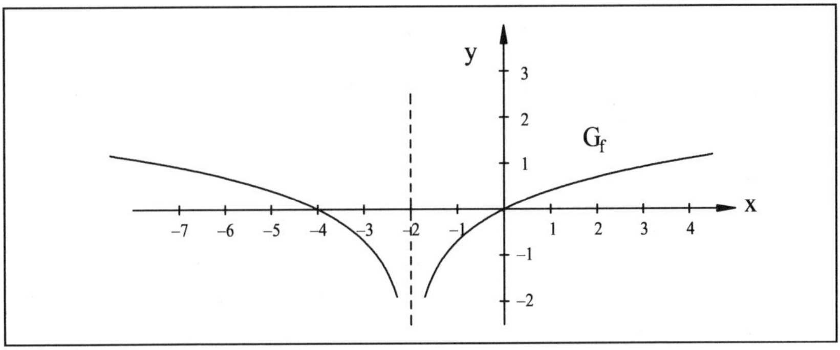

Nullstellen: – 4 ; 0
Die Gerade x = –2 ist Asymptote und Symmetrieachse zugleich.

72. Skizzieren Sie jeweils in dasselbe Koordinatensystem:

a) f: $x \mapsto \ln(x-2)$; $x \in \,]2\,;\infty[$ g: $x \mapsto \ln(-x+2)$; $x \in \,]-\infty\,;2[$

b) f: $x \mapsto \ln 2x$; $x \in \mathbb{R}^+$ g: $x \mapsto 2\ln x$; $x \in \mathbb{R}^+$

c) f: $x \mapsto \ln x^2$; $x \in \mathbb{R}\setminus\{0\}$ g: $x \mapsto \ln^2 x$; $x \in \mathbb{R}^+$

2 Algebraische Grundübungen

Beispiel 1

Fassen Sie zu einem einzigen Logarithmus zusammen:

$$2\ln\frac{1}{4} - \ln 2$$

Lösung:

$$2\ln\frac{1}{4} - \ln 2 = 2\left(\ln 1 - \ln 4\right) - \ln 2 = 2\left(-\ln 4\right) - \ln 2$$
$$= 2\left(-\ln 2^2\right) - \ln 2 = 2\left(-2\ln 2\right) - \ln 2$$
$$= -4\ln 2 - \ln 2 = -5\ln 2$$

Beispiel 2

Ermitteln Sie die Lösungsmenge der Gleichung

$$2\ln x - (\ln x)^2 = 0$$

in der Grundmenge $G = \mathbb{R}^+$!

Lösung:

Wir klammern $\ln x$ aus und wenden die Regel an, daß ein Produkt Null wird, wenn mindestens einer seiner Faktoren Null ist:

$$\ln x\left(2 - \ln x\right) = 0$$
$$\Leftrightarrow \quad \ln x = 0 \quad \vee \quad 2 - \ln x = 0$$
$$\Leftrightarrow \quad x = 1 \quad \Leftrightarrow \ln x = 2 \Leftrightarrow \quad x = e^2$$

Also:

$$L = \{\, 1\ ;\ e^2 \,\}$$

Beispiel 3

Fassen Sie zu einem Term zusammen:

$$\ln(x+1) - \ln x + \ln\frac{1}{x}$$

Lösung:

$$\ln(x+1) - \ln x + \ln\frac{1}{x} = \ln\frac{x+1}{x} + \ln\frac{1}{x}$$
$$= \ln\left(\frac{x+1}{x}\cdot\frac{1}{x}\right) = \ln\frac{x+1}{x^2};\ \ x > 0$$

Aufgaben

73. Gegeben ist der Funktionsterm $f(x) = \ln\frac{x}{4-x}$.

Berechnen Sie mit dem Taschenrechner auf Hundertstel genau $f(0{,}5)$ und $f(1)$.

74. Fassen Sie zu einem einzigen Logarithmus zusammen:

a) $\frac{1}{3}\ln 27 - \ln 3 + \frac{1}{2}\ln 64 - 2\ln 2^2$

b) $2\ln 1 - 4\ln 2 + \ln\frac{1}{3} + 4\ln 3$

75. Berechnen Sie:

a) $(\ln e^2)^2 - \ln\sqrt{e} + \sqrt{\ln e}$

b) $\ln e^{-1} - \ln 2e + \ln 2$

c) $-4e + 2e\ln e^2 + 4 - 2\ln e$

d) $e^{2\cdot\ln e} - e^{\ln\sqrt{e}}$

76. Fassen Sie jeweils zu einem Term zusammen:

a) $\ln(e^{x+1})\cdot\ln(e^{-x^2})$

b) $\ln(x+1) + \ln(x-1) - 2\ln x$

c) $x - \ln(1 + e^x)$

77. Ermitteln Sie die Lösungsmenge:

a) $\ln x^2 = 2;\ x \in \mathbb{R}\setminus\{0\}$

b) $2\ln x = 1;\ x \in \mathbb{R}^+$

c) $(\ln x + 1)^2 = 2;\ x \in \mathbb{R}^+$

d) $x\ln x = x;\ x \in \mathbb{R}^+$

e) $2\ln x - (\ln x)^2 = 0;\ x \in \mathbb{R}^+$

f) $\ln(2x^2 + e) = 0;\ x \in \mathbb{R}$

g) $\ln|x^2 - 1| + 1 = 0;\ x \in \mathbb{R}\setminus\{-1;1\}$

h) $k + 1 - k\ln x = 0;\ k \in \mathbb{R}\setminus\{0\},\ \ x \in \mathbb{R}^+$

78. Ermitteln Sie die Nullstellen:

a) $y = \ln(x^2 - 5x + 7)$

b) $y = \frac{\ln x + 1}{x}$

c) $y = \ln\frac{(x-1)x}{2}$

d) $y = x \ln x^2$

79. Untersuchen Sie die Graphen der Funktionen f und g auf gemeinsame Punkte:

a) $f\colon x \mapsto \ln\frac{1}{x(4+x^2)}\,;\ x \in \mathbb{R}$ $\qquad g\colon x \mapsto \ln\frac{4}{4+x^2}\,;\ x \in \mathbb{R}$

b) $f\colon x \mapsto (1 + \ln x)\ln x\,;\ x \in \mathbb{R}^+$ $\qquad g\colon x \mapsto 1 + \ln x\,;\ x \in \mathbb{R}^+$

c) $f\colon x \mapsto \ln x^2;\ x \in \mathbb{R}\setminus\{0\}$ $\qquad g\colon x \mapsto \ln^2 x\,;\ x \in \mathbb{R}^+$

80. Zeigen Sie:

$\ln(-x^2 + 3x + 10) = \ln(x + 2) + \ln(5 - x)$

3 Grenzwerte, Asymptoten

Beispiel

Die nachstehende Abbildung zeigt den Graphen der Funktion

$$f:\ x \mapsto \ln \frac{1+x}{x}\ ;\ x \in \mathbb{R} \setminus [-1\,;0\,].$$

Der Graph hat drei Asymptoten. Weisen Sie dies rechnerisch nach!

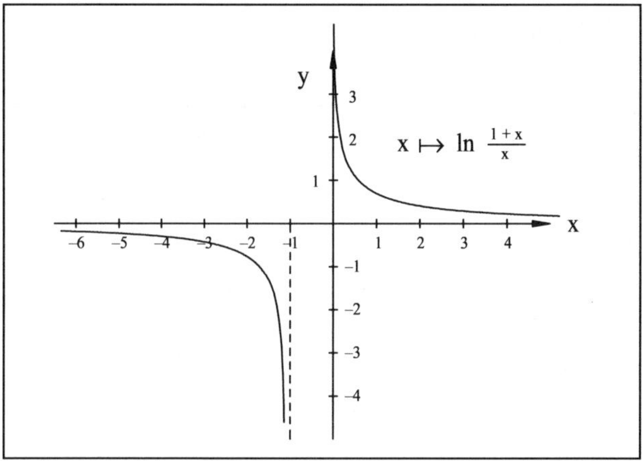

Lösung:

Wir untersuchen das Verhalten der Funktion an den Grenzen des Definitionsbereichs:

$$\lim_{|x| \to \infty} \ln \frac{1+x}{x} = \lim_{|x| \to \infty} \ln \frac{x\left(\frac{1}{x}+1\right)}{x} = \lim_{|x| \to \infty} \ln \left(\frac{1}{x}+1\right) = 0,$$

woraus folgt, daß die x-Achse horizontale Asymptote ist.

$$\lim_{x \to -1-} \ln \frac{1+x}{x} = -\infty,$$

woraus folgt, daß x = –1 vertikale Asymptote ist.

$$\lim_{x \to 0+} \ln \frac{1+x}{x} = +\infty,$$

woraus folgt, daß der positive Teil der y-Achse vertikale Asymptote ist.

Aufgaben

81. Untersuchen Sie den Graphen der Funktion f auf horizontale und vertikale Asymptoten:

a) $f\colon x \mapsto \ln|4-x^2|\,;\; x \in \mathbb{R}\setminus\{-2\,;2\}$

b) $f\colon x \mapsto \ln(1+e^x)-x\,;\; x \in \mathbb{R}$

c) $f\colon x \mapsto -2+\ln\frac{x+1}{x-1}\,;\; x \in \mathbb{R}\setminus[-1\,;1]$

d) $f\colon x \mapsto 1+\frac{\ln x}{x}\,;\; x \in \mathbb{R}^+$

82. Die nebenstehende Abbildung zeigt den Graphen der Funktion

$f\colon x \mapsto x+\frac{\ln|x|}{x};\; x \in \mathbb{R}\setminus\{0\}$

Der Graph hat die schiefe Asymptote y = x.

Weisen Sie dies durch Rechnung nach!

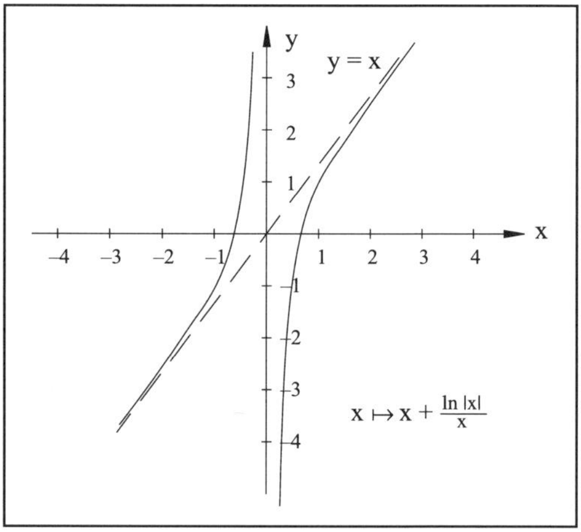

83. Der Graph der Funktion $f\colon x \mapsto \ln\frac{x-1}{3x}$ hat drei Asymptoten. Weisen Sie diese durch Rechnung nach!

84. Berechnen Sie:

a) $\lim\limits_{x\to 1}\frac{\ln x}{x-1}$

b) $\lim\limits_{x\to\infty}\ln\frac{x^2+2}{x^2+1}$

c) $\lim\limits_{x\to a}\frac{\ln\frac{x}{a}}{x-a}$

d) $\lim\limits_{x\to\infty}\ln\frac{e^x}{1+e^x}$

4 Differenzieren mit der Kettenregel, Quotientenregel und Produktregel

Beispiel 1

Ermitteln Sie die 1. Ableitung von $f(x) = \ln(x^2 + 5)$!

Lösung:

Wir wenden die **Kettenregel** an (siehe Seite 6). Danach gilt:

$u(x) = x^2 + 5 \Rightarrow u'(x) = 2x$ innere Funktion mit Ableitung

$v(t) = \ln t \Rightarrow v'(t) = \frac{1}{t}$ äußere Funktion mit Ableitung

Daraus folgt:

$$f'(x) = \frac{1}{x^2+5} \cdot 2x = \frac{2x}{x^2+5}$$

Beispiel 2

Ermitteln Sie die 1. Ableitung von $f(x) = x \ln \frac{1}{x}$!

Lösung:

Wir erhalten mit der

Produktregel

$$f'(x) = x \cdot \underbrace{\left(\ln \frac{1}{x}\right)'} + 1 \cdot \ln \frac{1}{x} = x \cdot \left(-\frac{1}{x}\right) + \ln \frac{1}{x} = -1 + \ln \frac{1}{x}$$

Kettenregel

$$\left(\ln \frac{1}{x}\right)' = \frac{1}{\frac{1}{x}} \cdot \left(-\frac{1}{x^2}\right) = -\frac{x}{x^2} = -\frac{1}{x}$$

Beispiel 3

Ermitteln Sie die 1. Ableitung von $f(x) = \frac{1+\ln x}{1-\ln x}$!

Lösung:

Zählerterm: $u(x) = 1 + \ln x \Rightarrow u'(x) = \frac{1}{x}$

Nennerterm: $v(x) = 1 - \ln x \Rightarrow v'(x) = -\frac{1}{x}$

Die **Quotientenregel** liefert nun:

$$f'(x) = \frac{u'(x)\cdot v(x) - u(x)\,v'(x)}{(v(x))^2}$$
$$= \frac{\frac{1}{x}\cdot(1-\ln x) - (1+\ln x)\cdot\left(-\frac{1}{x}\right)}{(1-\ln x)^2}$$
$$= \frac{\frac{1}{x}(1-\ln x + 1 + \ln x)}{(1-\ln x)^2} = \frac{2}{x(1-\ln x)^2}$$

Beispiel 4

Ermitteln Sie die 1. Ableitung von $f(x) = \ln\ln\sqrt{x}$!

Lösung:

Wir wenden die **Kettenregel** an. Danach gilt:

$$u(x) = \ln\sqrt{x} \Rightarrow u'(x) = \frac{1}{\sqrt{x}}\cdot\underbrace{\frac{1}{2\sqrt{x}}}_{\textbf{nachdifferenzieren}} = \frac{1}{2x}$$ innere Funktion mit Ableitung

$$v(t) = \ln t \Rightarrow v'(t) = \frac{1}{t}$$ äußere Funktion mit Ableitung

Daraus folgt:

$$f'(x) = \frac{1}{\ln\sqrt{x}}\cdot\frac{1}{2x} = \frac{1}{2x\ln\sqrt{x}}$$

Aufgaben

85. Ermitteln Sie die 1. Ableitung:

a) $f(x) = \ln \frac{x}{2}$

b) $f(x) = \ln \frac{1}{x}$

c) $f(x) = 2\ln \left(\frac{1}{x}\right)^2$

d) $f(x) = \ln (x^2 + 2x)$

e) $f(x) = \frac{\ln x}{x}$

f) $f(x) = \frac{\ln |x|}{x} - \frac{\ln x^2}{2x}$

g) $f(x) = \sqrt{x} \cdot \ln x$

h) $f(x) = x\,(-2 + \ln x)$

i) $f(x) = \ln (\ln |2x|)$

j) $f(x) = (\ln x)^2 - x \cdot \ln x$

86. Gegeben ist die Funktion f: $x \mapsto (\ln x)^2$; $x \in \mathbb{R}^+$.

a) Ermitteln Sie die 1. und die 2. Ableitung von f!

b) Berechnen Sie f'(1) und f''(1). Was bedeuten die Ergebnisse für den Graph der Funktion f?

87. Ermitteln Sie die 1. Ableitung:

a) $f(x) = \ln \ln x$

b) $f(x) = (2\ln x - 1)^2$

c) $f(x) = \sqrt{\ln x} - \ln \sqrt{x}$

d) $f(x) = \ln \frac{1}{(1 - e^x)^2}$

e) $f(x) = \ln \frac{1 + x^2}{1 - x^2}$

f) $f(x) = \frac{x}{\ln x - 1} + 1$

88. Differenzieren Sie:

a) $f_k(x) = \ln \frac{2x - k}{3x}$

b) $f_k(x) = \frac{x}{2} - \ln (k - e^{\frac{x}{2}})$

5 Ungleichungen

5.1 Definitionsbereich

Der Term $\ln x$ ist definiert für positive x-Werte, also für $x \in \mathbb{R}^+$. Beim Bestimmen des maximal möglichen Definitionsbereichs der verketteten Funktion

$$f:\ x \longmapsto \ln g(x)\ ;\ x \in \mathbb{D}_f$$

ist die Ungleichung $g(x) > 0$ zu lösen.

Beispiel

Ermitteln Sie den maximal möglichen Definitionsbereich $\mathbb{D}_f$:

a) $f(x) = \ln(x^2 - 1)$ b) $f(x) = \ln\frac{3x}{x^2-1}$

Lösung:

a) $\ln(x^2 - 1)$ ist definiert für alle x-Werte mit der Eigenschaft $x^2 - 1 > 0$.

$$x^2 - 1 > 0 \Leftrightarrow x^2 > 1 \Leftrightarrow -\infty < x < -1 \lor 1 < x < \infty$$

$$\mathbb{D}_f = \mathbb{R} \setminus [-1\ ;\ +1]$$

b) $\ln\frac{3x}{x^2-1}$ ist definiert für alle x mit der Eigenschaft $\frac{3x}{x^2-1} > 0$.

Wir bestimmen die Lösungsmenge dieser Ungleichung durch Fallunterscheidung:

1. Fall	**2. Fall**
$3x > 0 \land x^2 - 1 > 0$	$3x < 0 \land x^2 - 1 < 0$
$\Leftrightarrow x > 0 \land x^2 > 1$	$\Leftrightarrow x < 0 \land x^2 < 1$
$L_1 =]1\ ;\ \infty[$	$L_2 =]-1\ ;\ 0[$

$$L =]-1\ ;\ 0]\ \cup\ ]1\ ;\ \infty[$$

Ergebnis: $\mathbb{D}_f =]-1\ ;\ 0]\ \cup\ ]1\ ;\ \infty[= \{x \mid -1 < x < 0 \lor 1 < x < \infty\}$

Der Übersicht halber sind die Graphen beider Funktionen hier dargestellt:

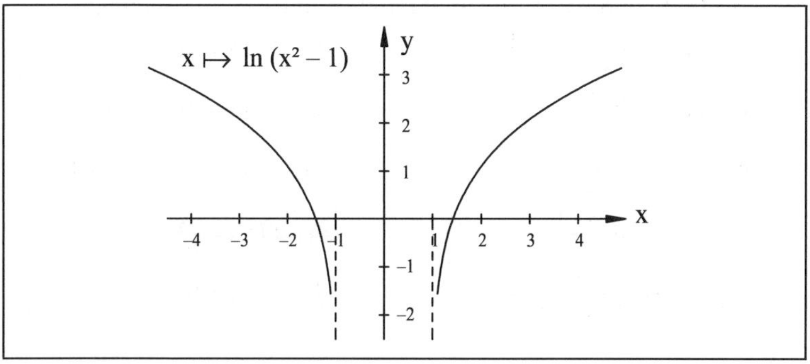

Senkrechte Asymptoten sind $x = -1$ und $x = 1$.

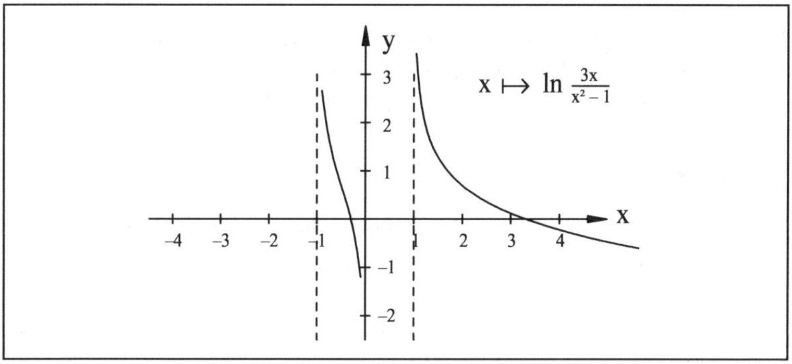

Senkrechte Asymptoten sind $x = -1$, $x = 0$ und $x = 1$.

Aufgaben

89. Bestimmen Sie den maximal möglichen Definitionsbereich:

a) $f(x) = \ln\left(\frac{1}{2}x - 1\right)$ **b)** $f(x) = \ln\frac{1}{1+x^2}$

c) $f(x) = \ln\frac{1}{x}$ **d)** $f(x) = \ln|x-1|$

e) $f(x) = \frac{1+\ln x}{1-\ln x}$ **f)** $f(x) = \frac{1}{x} + \ln(x+1)$

g) $f(x) = \ln\frac{x-1}{2x}$ **h)** $f(x) = \frac{x}{\ln x}$

i) $f(x) = \frac{\ln(1+e^x)}{\ln(e^x+e^{2x})}$ **j)** $f(x) = \ln\frac{e^x - e^2}{e^x + e^2}$

5.2 Monotonieverhalten

Eine Funktion f heißt über dem Intervall I streng monoton
- wachsend, wenn für alle $x \in I$ gilt $f'(x) > 0$,
- abnehmend, wenn für alle $x \in I$ gilt $f'(x) < 0$.

Beispiel 1

Untersuchen Sie das Monotonieverhalten der Funktion

$$f\colon x \mapsto x(\ln x)^2;\quad x \in \mathbb{R}^+ !$$

Lösung:

Wir bilden die 1. Ableitung:

$$f'(x) = x\cdot(2\ln x)\cdot\underset{\substack{\uparrow\\ \textbf{nachdifferenzieren}}}{\frac{1}{x}} + 1\cdot(\ln x)^2 = 2\ln x + (\ln x)^2$$

Wir berechnen die Nullstellen der 1. Ableitung:

$$f'(x) = 0, \quad \text{wo} \quad 2\ln x + (\ln x)^2 = 0$$

$$\Leftrightarrow \quad \ln x(2+\ln x) = 0 \Leftrightarrow \ln x = 0 \lor \ln x = 0$$

$$\Leftrightarrow \quad x = 1 \lor \ln x = -2$$

$$\Leftrightarrow \quad x = 1 \lor x = e^{-2}$$

Durch die Nullstellen $x = 1$ und $x = e^{-2}$ wird der Definitionsbereich $]0 ; \infty[$ in drei Teilbereiche unterteilt, in denen $f'(x)$ jeweils einheitliches Vorzeichen hat:

Bereich	Aussage über f'(x)	Monotonieaussage
$0 < x < e^{-2}$	$f'(x) > 0$	f streng monoton wachsend
$e^{-2} < x < 1$	$f'(x) < 0$	f streng monoton abnehmend
$1 < x < \infty$	$f'(x) > 0$	f streng monoton wachsend

Anmerkung:
Die Vorzeichenaussage über $f'(x)$ in den Intervallen

$$]0 ; e^{-2}[,\ \ ]e^{-2} ; 1[,\ \ ]1 ; \infty[$$

ist jeweils durch ein Zahlenbeispiel möglich. Also zum Beispiel:

$$f'(0{,}5) = 2\ln 0{,}5 + (\ln 0{,}5)^2 \approx -0{,}9 \Rightarrow f'(x) < 0 \text{ für } x \in\ ]e^{-2} ; 1[$$

Der Übersicht halber ist nebenstehend der Graph der Funktion f abgebildet.

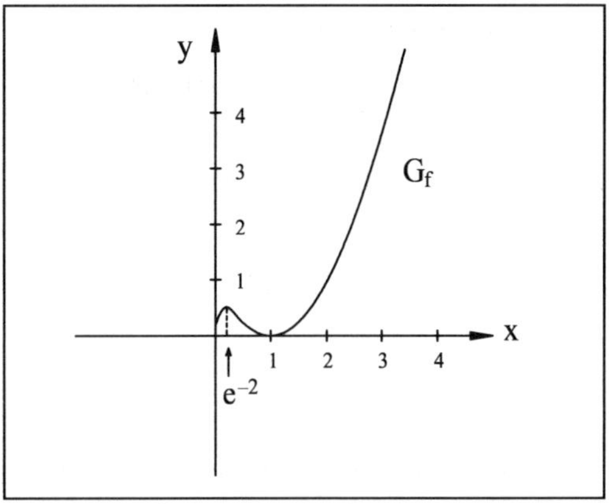

$f:\ x \mapsto x(\ln x)^2 \ ;\ x \in \mathbb{R}^+$

Beispiel 2

Untersuchen Sie das Monotonieverhalten der Funktion

$$f:\ x \mapsto \ln \frac{3x}{x^2-1}\ ;\ x \in\ ]-1\,;0[\ \cup\ ]1\,;\infty[$$

Lösung:

Wir bilden die 1. Ableitung

$$f'(x) = \frac{1}{\frac{3x}{x^2-1}} \cdot \underbrace{\frac{3\cdot(x^2-1)-3x\cdot 2x}{(x^2-1)^2}}_{\uparrow\ \textbf{nachdifferenzieren}} = \frac{x^2-1}{3x}\cdot\frac{3x^2-3-6x^2}{(x^2-1)^2}$$

$$= \frac{-3x^2-3}{3x\,(x^2-1)} = -3\frac{x^2+1}{3x\,(x^2-1)} = -\frac{x^2+1}{x\,(x^2-1)}$$

Das Vorzeichen hängt vom Term $x\,(x^2-1)$ ab. Wir stellen fest:

$$\underbrace{x}_{<0}\ \underbrace{(x^2-1)}_{<0} > 0 \quad \text{für } -1 < x < 0$$

$(-)\cdot(-) = +$

$$\underbrace{x}_{>0}\ \underbrace{(x^2-1)}_{>0} > 0 \quad \text{für } 1 < x < \infty$$

$(+)\cdot(+) = +$

Ergebnis

Im gesamten Definitionsbereich gilt $f'(x) < 0$. Der Graph der gegebenen Funktion fällt im gesamten Definitionsbereich streng monoton.

Aufgaben

90. Stellen Sie mit Hilfe der 1. Ableitung fest, in welchen Teilbereichen von $\mathbb{D}_f$ die Funktion f streng monoton zunimmt bzw. streng monoton abnimmt:

a) f: $x \mapsto x\,(2 - \ln x)$; $\mathbb{D}_f =]0\,;\infty[$

b) f: $x \mapsto \ln\frac{x}{4-x}$; $\mathbb{D}_f =]0\,;4[$

c) f: $x \mapsto \ln\,(1 - x^2)$; $\mathbb{D}_f =]-1\,;1[$

d) f: $x \mapsto \ln\,\frac{x-1}{3x}$; $\mathbb{D}_f = \mathbb{R}\setminus[-1\,;1]$

91. Ordnen Sie Graph und Funktionsterm einander zu!

(1) $y = x \ln x$ (2) $y = x^2 \ln x$ (3) $y = x\,(\ln x)^2$ (4) $y = x \ln x^2$

a)

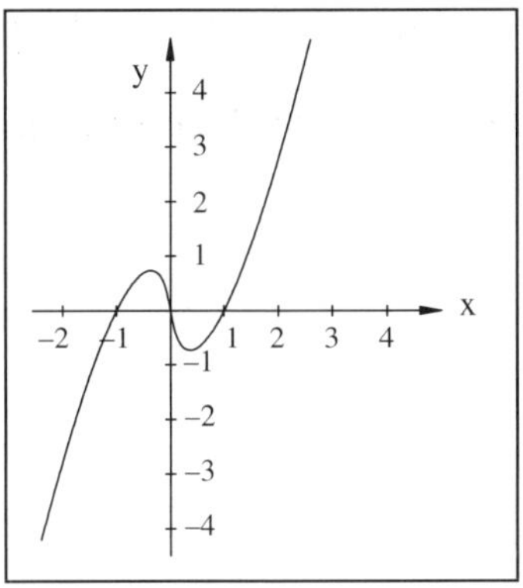

b)

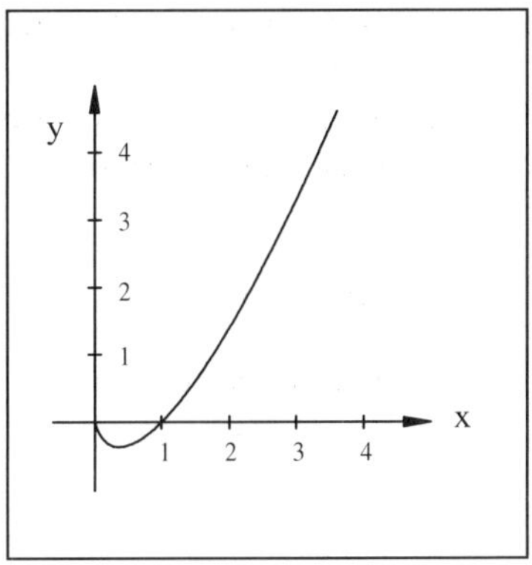

c)

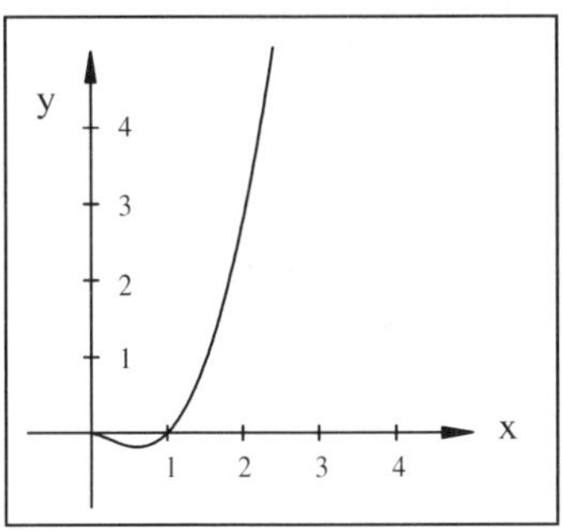

d)

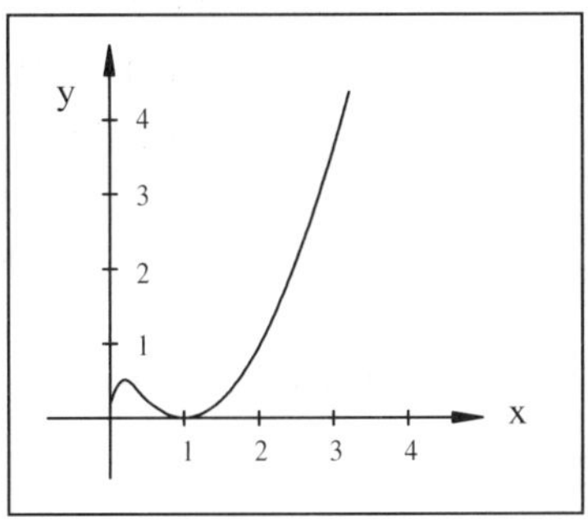

6 Diskussion von natürlichen Logarithmusfunktionen

Beispiel

Gegeben ist die Funktion f: $x \mapsto (\ln x)^2 - \ln x^2$ mit $x \in \mathbb{D}_f$.

a) Geben Sie den maximalen Definitionsbereich $\mathbb{D}_f$ von f an!
b) Bestimmen Sie die Nullstellen von f!
c) Untersuchen Sie das Verhalten von f(x) an den Grenzen des Definitionsbereichs!
d) Bilden Sie die 1. Ableitung f'(x). Untersuchen Sie das Monotonieverhalten von f und geben Sie Art und Lage des Extremums an. Welche Wertemenge hat f?
e) Zeigen Sie, daß bei $x = e^2$ die 2. Ableitung f''(x) das Vorzeichen wechselt! Was bedeutet dies für den Graphen von f?
f) Berechnen Sie die Steigung von G_f in den Schnittpunkten mit der x-Achse!
g) Zeichnen Sie G_f im Bereich $0 < x \leq 10$ unter Berücksichtigung aller bisherigen Ergebnisse!

Lösung:

a) *Definitionsbereich:*

$$\mathbb{D}_f = \mathbb{R}^+$$

b) *Nullstellen:*

$$
\begin{aligned}
& (\ln x)^2 - \ln x^2 = 0 \quad \text{mit } x \in \mathbb{R}^+ \\
\Leftrightarrow\ & (\ln x)^2 - 2\ln x = 0 \\
\Leftrightarrow\ & \ln x\,(\ln x - 2) = 0 \\
\Leftrightarrow\ & \ln x = 0 \quad \vee \quad \ln x - 2 = 0 \\
& \Leftrightarrow x = 1 \qquad\quad \Leftrightarrow \ln x = 2 \\
& \qquad\qquad\qquad\quad\ \Leftrightarrow x = e^2
\end{aligned}
$$

Nullstellen: 1 ; e^2

c) *Grenzwerte:*

$$\lim_{x \to 0}\left[(\ln x)^2 - \ln x^2\right] = \lim_{x \to 0}\left[(\ln x)^2 - 2\ln x\right]$$

$$= \lim_{x \to 0}\left[\ln x\,(\ln x - 2)\right] = \infty$$

$$\lim_{x \to \infty}\left[(\ln x)^2 - \ln x^2\right] = \lim_{x \to \infty}\left[\ln x\,(\ln x - 2)\right] = \infty$$

d) *Monotonieverhalten, Extrempunkte, Wertebereich:*

$$f'(x) = 2\,(\ln x)\cdot\tfrac{1}{x} - \tfrac{1}{x^2}\,2x = \tfrac{2}{x}\,(\ln x - 1)$$

$$f'(x) = 0 \;\Rightarrow\; \tfrac{2}{x}(\ln x - 1) = 0 \;\Leftrightarrow\; \ln x - 1 = 0$$

$$\Leftrightarrow\; \ln x = 1$$

$$\Leftrightarrow\; x = e$$

Die Nullstelle x = e teilt den Definitionsbereich $\mathbb{D}_f = \mathbb{R}^+$ in die Teilbereiche $]0\,;e[$ und $]e\,;\infty[$, in denen f'(x) jeweils einheitliches Vorzeichen hat.

$$f'(x) = \frac{2}{x}(\ln x - 1)$$

Da $\frac{2}{x} > 0$ für alle $x \in \mathbb{R}^+$, so hängt das Vorzeichen von f'(x) vom Term (ln x – 1) ab.

Es gilt:

$$\ln x - 1 < 0 \text{ für } 0 < x < e \;\Rightarrow\; f'(0 < x < e) < 0$$

$$\ln x - 1 > 0 \text{ für } e < x < \infty \;\Rightarrow\; f'(e < x < \infty) > 0$$

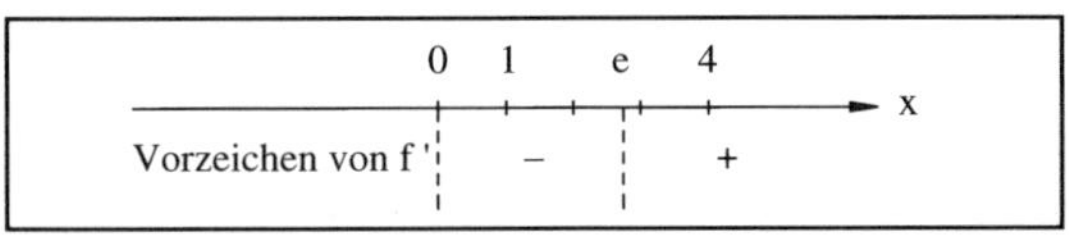

Extremstellenverdächtig ist die Nullstelle der 1. Ableitung.

Es gilt:

$$\left.\begin{array}{ll} f'(0 < x < e) & < 0 \\ f'(e) & = 0 \\ f'(e < x < \infty) & > 0 \end{array}\right\} \;\Rightarrow\; \text{Tiefpunkt in } (e\,;-1)$$

Nebenrechnung: $f(e) = (\ln e)^2 - \ln e^2 = 1^2 - 2\ln e = 1 - 2 = -1$

Aus dem Monotonieverhalten folgt, daß (e ; –1) absoluter Tiefpunkt des Graphen G_f ist. Also:

$$\mathbb{W}_f = [-1\,;\infty[$$

e) *Wendepunkte:*

$$f'(x) = \frac{2}{x}(\ln x - 1) = 2x^{-1}(\ln x - 1)$$

$$f''(x) = -2x^{-2}(\ln x - 1) + 2x^{-1} \cdot \frac{1}{x}$$

$$= -2x^{-2}(\ln x - 1) + 2x^{-2}$$

$$= -2x^{-2}\left[(\ln x - 1) - 1\right] = -2x^{-2}(\ln x - 2)$$

$$f''(x) = 0, \text{ wo } \ln x - 2 = 0 \Leftrightarrow \ln x = 2 \Leftrightarrow x = e^2$$

Wir untersuchen das Vorzeichen von $f''(x)$ in der Umgebung der Stelle $x = e^2$:

$$f''(x) = \frac{-2}{x^2}(\ln x - 2)$$

Es gilt:

- $-\frac{2}{x^2} < 0$ für alle $x \in \mathbb{R}^+$
- $\ln x - 2 > 0$ in einer rechtsseitigen Umgebung von $x = e^2$
  $\Rightarrow f''(x) < 0$ für $x > e^2$
- $\ln x - 2 < 0$ in einer linksseitigen Umgebung von $x = e^2$
  $\Rightarrow f''(x) > 0$ für $0 < x < e^2$

Der Graph G_f hat im Punkt $(e^2 ; 0)$ einen Wendepunkt

f) $f'(1) = \frac{2}{1}(\ln 1 - 1) = 2(0 - 1) = -2$

$$f'(e^2) = \frac{2}{e^2}(\ln e^2 - 1) = \frac{2}{e^2}(2 - 1) = \frac{2}{e^2} \approx 0{,}27$$

g) *Graph:*

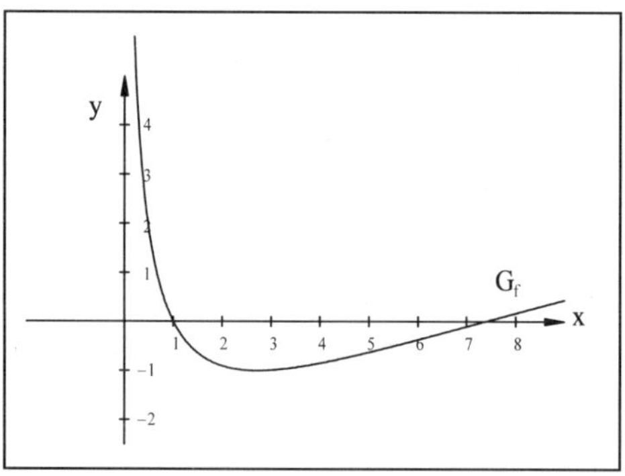

f: $x \mapsto (\ln x)^2 - \ln x^2 ;\ x \in \mathbb{R}^+$

Aufgaben

92. *Symmetrieverhalten:*
Untersuchen Sie den Graphen der Funktion f auf Symmetrieeigenschaften:

a) $f\colon x \mapsto \frac{\ln x^2}{x}$; $x \in \mathbb{R} \setminus \{0\}$ **b)** $f\colon x \mapsto 1 - x^2 - \ln|x|$; $x \in \mathbb{R} \setminus \{0\}$

c) $f\colon x \mapsto \ln \frac{1+x}{1-x}$; $x \in \,]-1\,;1[$

93. *Schnittpunkte mit den Koordinatenachsen:*
Untersuchen Sie den Graphen der Funktion f auf Schnittpunkte mit den Koordinatenachsen:

a) $f\colon x \mapsto -2 + \ln(x+1)$; $x \in \,]-1;\infty[$

b) $f\colon x \mapsto -x + \ln(x+2)$; $x \in \,]-2\,;\infty[$

94. *Wendepunkte:*

a) Zeigen Sie nur mit Hilfe der 2. Ableitung f", daß der Graph der Funktion $f\colon x \mapsto x(\ln x)^2$, $x \in \mathbb{R}^+$ genau einen Wendepunkt besitzt!

b) Der Graph der Funktion $f\colon x \mapsto 1 - x^2 - \ln|x|$ mit $x \in \mathbb{R} \setminus \{0\}$ hat genau zwei Wendepunkte. Ermitteln Sie deren Koordinaten!

95. *Kurvendiskussion:*
Untersuchen Sie die Graphen der folgenden Funktionen auf Symmetrieverhalten, gemeinsame Punkte mit den Koordinatenachsen, Monotonieverhalten, Extrempunkte, Wendepunkte und Asymptoten!
Skizzieren Sie den Graphen!

a) $f\colon x \mapsto \frac{\ln x^2}{x}$; $x \in \mathbb{R} \setminus \{0\}$ **b)** $f\colon x \mapsto \ln \frac{1}{x}$; $x \in \mathbb{R}^+$

c) $f\colon x \mapsto (1 + \ln x)\ln x$; $x \in \mathbb{R}^+$ **d)** $f\colon x \mapsto \ln \frac{x-1}{2x}$; $x \in \mathbb{R} \setminus [0\,;1]$

e) $f\colon x \mapsto \ln \frac{4}{4+x^2}$; $x \in \mathbb{R}$

96. *Extremwertaufgabe:*
Gegeben ist die Funktion $f\colon x \mapsto \ln \frac{1}{x}$ mit $x > 0$ (siehe Aufgabe 95 b).
Welches Rechteck mit achsenparallelen Seiten zwischen dem Graphen von f und den Koordinatenachsen im I. Quadranten hat maximalen Flächeninhalt?

7 Funktionenschar, geometrischer Ort

Beispiel

Durch den Term $f_k(x) = (k \ln x - 1)^2$ mit $k \in \mathbb{R} \setminus \{0\}$ und $x \in \mathbb{R}^+$ ist eine *unendliche Menge von Funktionen* gegeben.

a) Zeigen Sie: Es gibt genau einen Punkt, durch den alle Kurven der Schar gehen!

b) Ermitteln Sie eine Gleichung der Kurve, auf der alle Wendepunkte der Schar liegen! (Hinweis: Auf den Nachweis der Wendepunkte kann verzichtet werden.)

Lösung:

a) $f_{k_1}(x) = f_{k_2}(x)$ mit $k_1 \neq k_2$ und $k_1, k_2 \in \mathbb{R} \setminus \{0\}$

$$\Leftrightarrow \quad (k_1 \ln x - 1)^2 = (k_2 \ln x - 1)^2$$

$$\Leftrightarrow \quad |k_1 \ln x - 1| = |k_2 \ln x - 1|$$

$$\Leftrightarrow \quad k_1 \ln x - 1 = k_2 \ln x - 1 \quad \vee \quad k_1 \ln x - 1 = -k_2 \ln x + 1$$

$$\Leftrightarrow \quad (k_1 - k_2) \ln x = 0 \quad \vee \quad (k_1 + k_2) \ln x = 2$$

$$\Leftrightarrow \quad x = 1 \quad \vee \quad x = e^{\frac{2}{k_1 + k_2}}$$

Genau die Lösung $x = 1$ ist unabhängig von k_1 und k_2. Also: Genau der Punkt $(1\,;\,f_k(1)) = (1\,;\,1)$ ist allen Scharkurven gemeinsam.

b) $f_k'(x) = 2(k \ln x - 1) \cdot \frac{k}{x} = 2k \frac{k \ln x - 1}{x}$

$$f_k''(x) = 2k \frac{\frac{k}{x} \cdot x - (k \ln x - 1) \cdot 1}{x^2} = 2k \frac{k + 1 - k \ln x}{x^2}$$

Notwendige Bedingung für Wendepunkt:

$$f_k''(x) = 0, \quad \text{wo} \quad k + 1 - k \ln x = 0$$

$$\Leftrightarrow \quad \ln x = \frac{k+1}{k}$$

$$\Leftrightarrow \quad x = e^{\frac{k+1}{k}}$$

$$y = f_k\left(e^{\frac{k+1}{k}}\right) = \left(k \ln e^{\frac{k+1}{k}} - 1\right)^2 = \left(k \cdot \frac{k+1}{k} - 1\right)^2 = k^2$$

Wir eliminieren k aus den Gleichungen

(1) $x = e^{\frac{k+1}{k}} \Leftrightarrow \ln x = \frac{k+1}{k} \Leftrightarrow \ln x = 1 + \frac{1}{k}$

und $\Leftrightarrow k = \frac{1}{\ln x - 1}$

(2) $y = k^2$

(1) in (2) $y = \frac{1}{(\ln x - 1)^2}$

Alle Wendepunkte liegen auf der Kurve mit der Gleichung

$$y = \frac{1}{(\ln x - 1)^2} \;;\; x \in \mathbb{R}^+ \setminus \{e\}.$$

Der Anschauung halber sind hier die Scharkurven für $k = 1$ und $k = -1$ dargestellt:

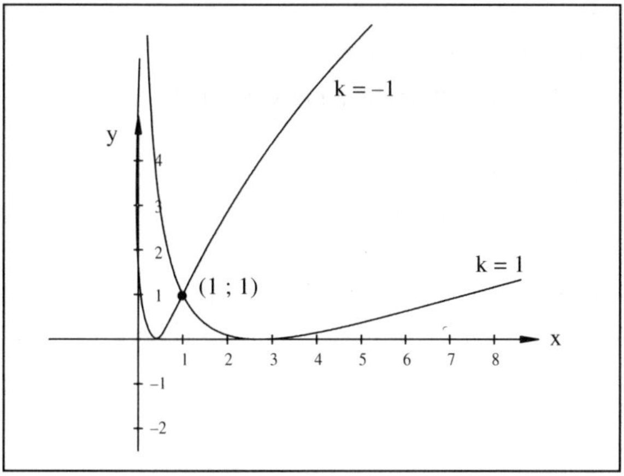

f_1: $x \mapsto (\ln x - 1)^2 \;;\; x \in \mathbb{R}^+$

f_{-1}: $x \mapsto (-\ln x - 1)^2 \;;\; x \in \mathbb{R}^+$

Aufgaben

97. Zeigen Sie, daß alle Graphen der Funktionenschar f_k genau einen Punkt gemeinsam haben:

a) $f_k:\ x \mapsto \ln \frac{k}{k - x^2}\ ;\quad k \in \mathbb{R}\setminus\{0\}\ ,\ x \in \mathbb{R}$

b) $f_k:\ x \mapsto (k + \ln x)\ln x\ ;\ k \in \mathbb{R}\ ,\ x \in \mathbb{R}^+$

98. Gegeben ist die Funktionenschar

$$f_k:\ x \mapsto \frac{k + \ln kx}{x} \quad \text{mit } k \in \mathbb{R}^+ \text{ und } x \in \mathbb{R}^+ .$$

a) Jede Scharkurve hat genau einen Hochpunkt. Ermitteln Sie eine Gleichung der Ortskurve, auf der alle Hochpunkte liegen!

b) Der Graph der Funktion f_k umschließt mit der x-Achse zwischen der Nullstelle und der Geraden mit der Gleichung $x = \frac{1}{k}e^{1-k}$ eine Fläche. Zeigen Sie, daß ihr Inhalt unabhängig von k ist!

99. Gegeben ist die Funktionenschar

$$f_k:\ x \mapsto k \cdot \ln\frac{x-k}{2x} \quad \text{mit } k \in \mathbb{R}^+ \text{ und } x \in\ ]-\infty\,;0[\ \cup\ ]k\,;\infty[$$

Zeigen Sie, daß alle Graphen der Funktionenschar die x-Achse unter gleich großem Winkel schneiden! Berechnen Sie das Maß dieses Winkels auf 1D genau!

8 Flächenberechnung

Siehe Kapitel "Natürliche Exponentialfunktionen", Seite 35!

Beispiel 1

Berechnen Sie den Inhalt des Flächenstücks, das der Graph in der nebenstehenden Abbildung mit der x-Achse und der Geraden x = e einschließt!

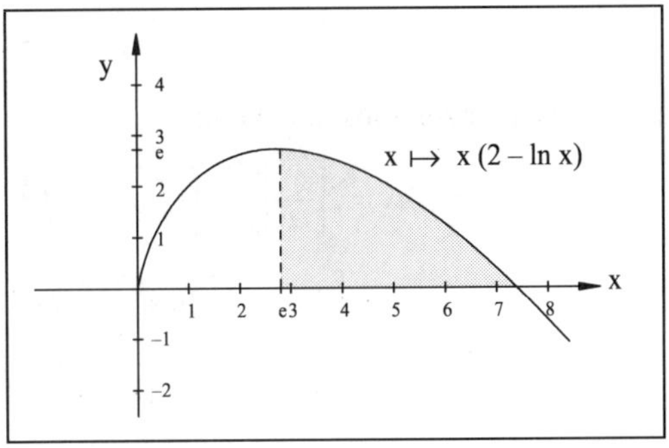

Lösung:

Wir berechnen den Schnittpunkt des Graphen mit der x-Achse:

$$x(2 - \ln x) = 0 \qquad x > 0$$
$$\Leftrightarrow \quad 2 - \ln x = 0$$
$$\Leftrightarrow \quad x = e^2$$

Für den Flächeninhalt gilt dann:

$$A = \int_e^{e^2} (2x - x \ln x)\, dx = 2 \int_e^{e^2} x\, dx - \int_e^{e^2} x \ln x\, dx \qquad (1)$$

Das Integral $\int_e^{e^2} x \ln x\, dx$ berechnen wir mittels *partieller Integration* (siehe Kapitel "Natürliche Exponentialfunktionen", Seite 44):

Wir setzen dazu:

$$u(x) = \ln x \Rightarrow u'(x) = \frac{1}{x}$$
$$v'(x) = x \Rightarrow v(x) = \frac{x^2}{2}$$

$$\int_e^{e^2} u(x)\, v'(x)\, dx = \left[u(x) \cdot v(x)\right]_e^{e^2} - \int_e^{e^2} v(x)\, u'(x)\, dx$$

$$= \left[\frac{x^2}{2} \ln x\right]_e^{e^2} - \int_e^{e^2} \frac{x^2}{2} \cdot \frac{1}{x}\, dx$$

$$= \left[\frac{x^2}{2} \ln x - \frac{1}{2}\frac{x^2}{2}\right]_e^{e^2}$$

Wir setzen dies in (1) ein:

$$A = 2\left[\frac{x^2}{2}\right]_e^{e^2} - \left[\frac{x^2}{2} \ln x - \frac{1}{4}x^2\right]_e^{e^2}$$

$$= \left[\frac{5}{4}x^2 - \frac{x^2}{2} \ln x\right]_e^{e^2} = \frac{5}{4}e^4 - e^4 - \frac{5}{4}e^2 + \frac{e^2}{2}$$

$$= \frac{1}{4}e^4 - \frac{3}{4}e^2 = \frac{1}{4}e^2(e^2 - 3) \approx 8{,}1\,[\text{FE}]$$

Beispiel 2

Berechnen Sie das bestimmte Integral:

$$\int_e^{e^2} (\ln x - 1)^2\, dx$$

Lösung:

Die Idee ist, den Integranden ausführlich als Produkt darzustellen und dann anzunehmen, daß das Problem wohl mittels partieller Integration gelöst werden kann. Also:

$$\int_e^{e^2} (\ln x - 1)^2 dx = \int_e^{e^2} (\ln x - 1)(\ln x - 1)\, dx$$

Wir setzen:

$$u(x) = \ln x - 1 \;\Rightarrow\; u'(x) = \frac{1}{x}$$

$$v'(x) = \ln x - 1 \;\Rightarrow\; v(x) = x \ln x - x - x$$

$$= x \ln x - 2x$$

$$\boxed{\int \ln x\, dx = x \ln x - x + C}$$

$$A = \int_e^{e^2} u(x)\, v'(x)\, dx = \left[u(x)\, v(x)\right]_e^{e^2} - \int_e^{e^2} v(x)\, u'(x)\, dx$$

$$= \left[(\ln x - 1)(x \ln x - 2x)\right]_e^{e^2} - \int_e^{e^2} \frac{1}{x}(x \ln x - 2x)\, dx$$

$$= \left[x \ln^2 x - 3x \ln x + 2x\right]_e^{e^2} - \int_e^{e^2} (\ln x - 2)\, dx$$

$$= \left[x \ln^2 x - 3x \ln x + 2x - (x \ln x - x) + 2x\right]_e^{e^2}$$

$$= \left[x \ln^2 x - 4x \ln x + 5x\right]_e^{e^2}$$

$$= 4e^2 - 8e^2 + 5e^2 - (e - 4e + 5e) = e^2 - 2e \approx 1{,}95$$

Aufgaben

100. Die Abbildung zeigt den qualitativen Verlauf des Graphen der Funktion

$$f\colon\ x \mapsto 0{,}5\,(\ln x)^2 \quad \text{mit } x > 0.$$

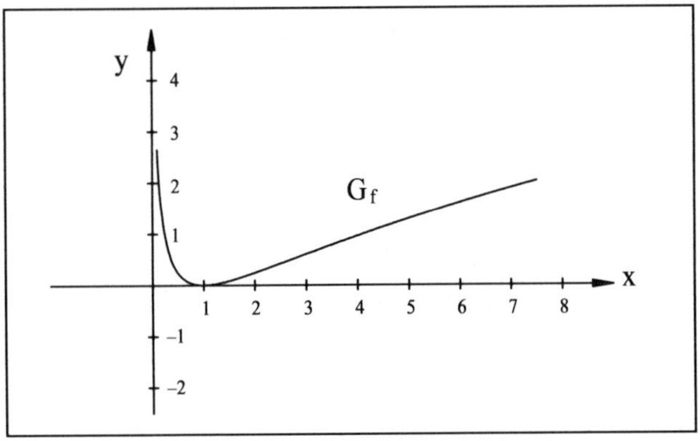

a) Skizzieren Sie in dasselbe Koordinatensystem den Graphen der Funktion

$$g\colon\ x \mapsto \ln x \quad \text{mit } x \in \mathbb{R}^+ \text{ !}$$

b) Berechnen Sie den Inhalt des Flächenstücks, das die Graphen der Funktionen f und g im I. Quadranten miteinander einschließen!

101. Gegeben sind die in $\mathbb{R}^+$ definierten Funktionen

$$f:\ x \mapsto \frac{\ln x}{x} \quad \text{und} \quad g:\ x \mapsto \ln x.$$

Ihre Graphen heißen G_f bzw. G_g.

a) Untersuchen Sie G_f auf Achsenschnittpunkte, Extrem- und Wendepunkte!

b) Bestimmen Sie die Koordinaten des Berührpunktes von G_f und G_g!

c) Zeichnen Sie G_f und G_g für $0{,}5 \le x \le 5$ in ein gemeinsames Koordinatensystem!

d) Zeigen Sie, daß $F:\ x \mapsto 0{,}5\,(\ln x)^2$ eine Stammfunktion von f ist!

e) Berechnen Sie den Inhalt der Flächenstücke A_1 und A_2, die von G_f bzw. G_g und den Geraden $y = 0$, $x = e$ begrenzt werden!
Zeigen Sie, daß A_2 von G_f halbiert wird!

102. Berechnen Sie den Inhalt des grauen Flächenstücks!

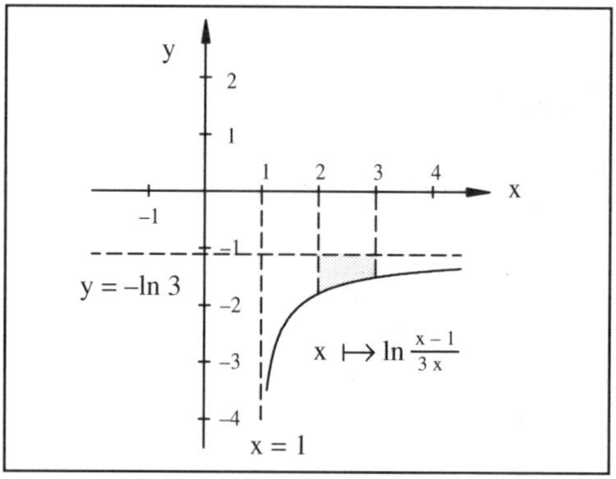

103. Die Abbildung zeigt den Graphen der Funktion

$$f:\ x \mapsto (1 + \ln x)\ln x \quad \text{mit } x \in \mathbb{R}^+ \ \text{(siehe Aufgabe 95 c).}$$

a) Skizzieren Sie in die nebenstehende Abbildung den Graphen der Funktion
$g:\ x \mapsto 1 + \ln x$
mit $x \in \mathbb{R}^+$!

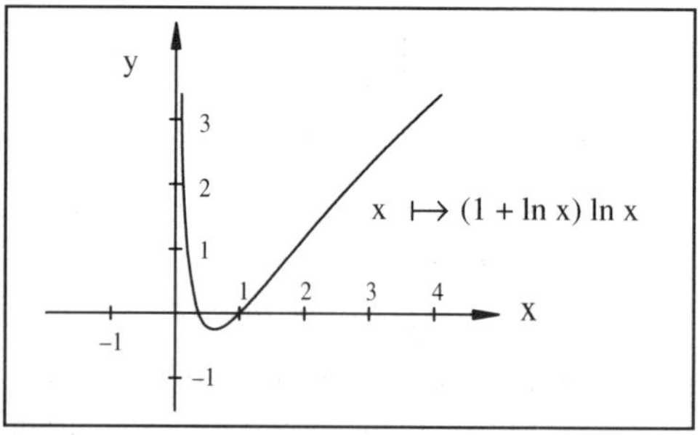

b) Die beiden Graphen G_f und G_g schließen eine Fläche ein. Berechnen Sie mit Hilfe des Verfahrens der partiellen Integration den Inhalt dieser Fläche!

104. Berechnen Sie den Inhalt des grauen Flächenstücks:

a)

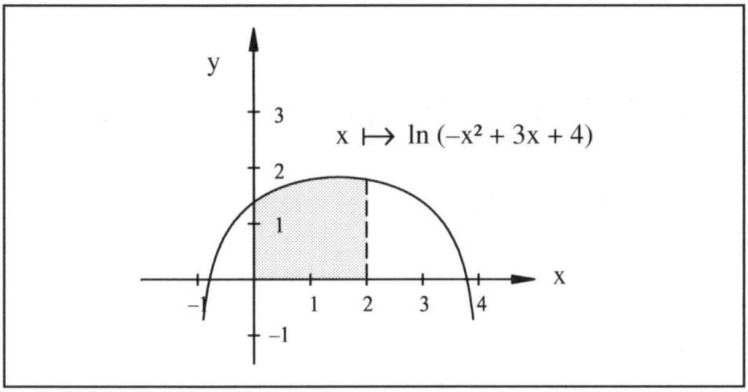

Hinweis: siehe Aufgabe 80!

b)

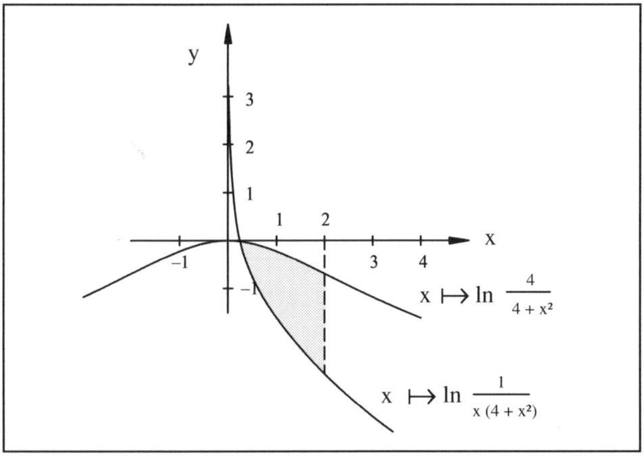

Hinweis: siehe Aufgabe 79 a!

105. Berechnen Sie:

a) $\int\limits_0^1 \ln(3x+2)\,dx$ **b**) $\int\limits_1^e \ln\frac{x}{5-x}\,dx$

c) $\int\limits_1^e x^2 \ln x\,dx$ **d**) $\int\limits_1^e \frac{1-\ln x}{x^2}\,dx$

106. **a**) Zeigen Sie: $\int \frac{1}{x\ln x}\,dx = \ln(|\ln x|) + C$

b) Berechnen Sie: $\int \frac{1}{x(1+\ln x)}\,dx$

107. Berechnen Sie:

a) $\int\limits_e^{e^2} \frac{\ln^3 x}{x}\,dx$ **b**) $\int\limits_1^e \frac{1+\ln x}{x^4}\,dx$

9 Umkehrfunktion

Kriterium

Ist die Funktion f auf dem Intervall J differenzierbar und gilt $f'(x) > 0$ bzw. $f'(x) < 0$ für $x \in J$, dann existiert zu f die Umkehrfunktion f^{-1}.

Hinweis: Läßt sich der Definitionsbereich $\mathbb{D}_f$ der Funktion f durch *zwei Intervalle* darstellen, dann muß f in beiden Intervallen gleichartig monoton sein, und beide Teilfunktionen dürfen keine gemeinsamen Funktionswerte haben.

Beispiel

Gegeben ist die Funktionenschar

$$f_a:\ x \mapsto \ln\frac{x}{4-ax} \quad \text{mit } 0 < x < \frac{4}{a} \quad \wedge \quad a \in \mathbb{R}^+ .$$

Begründen Sie, daß jede Funktion der Schar eine Umkehrfunktion besitzt und ermitteln Sie diese!

Lösung:

$$f_a'(x) = \frac{1}{\frac{x}{4-ax}} \cdot \frac{1\cdot(4-ax) - x(-a)}{(4-ax)^2} = \frac{4-ax}{x} \cdot \frac{4}{(4-ax)^2} = \frac{4}{x(4-ax)} > 0$$

Jede Scharkurve ist streng monoton steigend; jede Funktion der Schar besitzt folglich eine Umkehrfunktion.

Gleichung der Umkehrfunktion f_a^{-1}:

$$y = \ln\frac{x}{4-ax} \quad \text{mit } x \in \left]0; \frac{4}{a}\right[\text{ und } y \in \mathbb{R}$$

$$\Leftrightarrow \quad e^y = \frac{x}{4-ax}$$

$$\Leftrightarrow 4e^y - ax\,e^y = x \qquad \Leftrightarrow 4e^y = x(1 + a\,e^y)$$

$$\Leftrightarrow \quad x = \frac{4e^y}{1 + a\,e^y}$$

Also:

$$f_a^{-1}:\ x \mapsto \frac{4e^x}{1 + a\,e^x} \quad \text{mit } x \in \mathbb{R} \wedge a \in \mathbb{R}^+$$

Aufgaben

108. Gegeben ist die Funktionenschar

$$f_a:\ x \mapsto -\ln(a - e^{-x}) \text{ mit } -\ln a < x < \infty \wedge a \in \mathbb{R}^+ .$$

Begründen Sie, warum die Umkehrfunktion f_a^{-1} existiert und geben Sie den Term $f_a^{-1}(x)$ an!

109. Die Funktion f ist im gesamten, maximal möglichen Definitionsbereich $\mathbb{D}_f$ stetig und streng monoton.

a) Ermitteln Sie ihren Wertebereich $\mathbb{W}_f$!

b) Berechnen Sie die Gleichung der Umkehrfunktion f^{-1} und geben Sie den Wertebereich $\mathbb{W}_{f^{-1}}$ an!

(1) $f:\ x \mapsto \ln\sqrt{\frac{1-x}{1+x}}\ ;\quad \mathbb{D}_f =]-1\,;1[\ ;\quad f'(x) < 0$

(2) $f:\ x \mapsto 1 + \ln\frac{1-x}{1+x}\ ;\quad \mathbb{D}_f =]-1\,;1[\ ;\quad f'(x) < 0$

110. Zur Funktion

$$f:\ x \mapsto \ln\frac{x-1}{3x}\ ;\ x \in\ ]-\infty\,;0[\ \cup\ ]1\,;\infty[$$

existiert die Umkehrfunktion f^{-1}. Stellen Sie $f^{-1}(x)$ auf!

111. Gegeben ist die Funktion

$$f:\ x \mapsto \ln\frac{2}{2-x^2}\ ;\ |x| < \sqrt{2}.$$

a) Begründen Sie, daß die Einschränkung von f auf das Intervall $]0\,;\sqrt{2}[$ eine Umkehrfunktion f^{-1} hat!

b) Berechnen Sie $(f^{-1})'(\ln 2)$, ohne die Umkehrfunktion explizit zu ermitteln!

c) Überprüfen Sie Ihr Ergebnis in b, indem Sie $f^{-1}(x)$ bestimmen und damit $(f^{-1})'(\ln 2)$ berechnen!

Gebrochenrationale Funktionen

1 Grundwissen

Bei einer gebrochenrationalen Funktion

$$f:\ x \mapsto \frac{u(x)}{v(x)}\ ;\ x \in \mathbb{D}_f$$ u und v sind Polynomfunktionen; Grad von v wenigstens 1

können folgende Besonderheiten auftreten:

1. Die Funktion ist dort nicht definiert, wo der Nenner Null wird *(Definitionslücken)*.

2. An den Stellen, wo die Funktion nicht definiert ist, kann
   a) der Graph der Funktion eine behebbare Definitionslücke haben (siehe Abbildung d auf Seite 85: –1 ist behebbare Definitionslücke) oder
   b) der Graph sich immer mehr einer Geraden mit der Gleichung x = c annähern.
   Diese Gerade ist *senkrechte Asymptote* des Graphen von f (siehe Abbildung b auf Seite 84).
   Die Definitionslücke heißt *Unendlichkeitsstelle* oder *Pol.*

3. Der Graph von f kann sich für $|x| \to \infty$ immer mehr einer Geraden mit der Gleichung y = mx + t annähern, die parallel zur x-Achse (siehe Abbildung a – d auf Seite 84 und 85) oder schräg zu dieser verläuft (siehe Abbildung c auf Seite 85).
   Die Gerade ist *horizontale* bzw. *schräge Asymptote* des Graphen von f.

Beispiele für Funktionsgraphen

a)

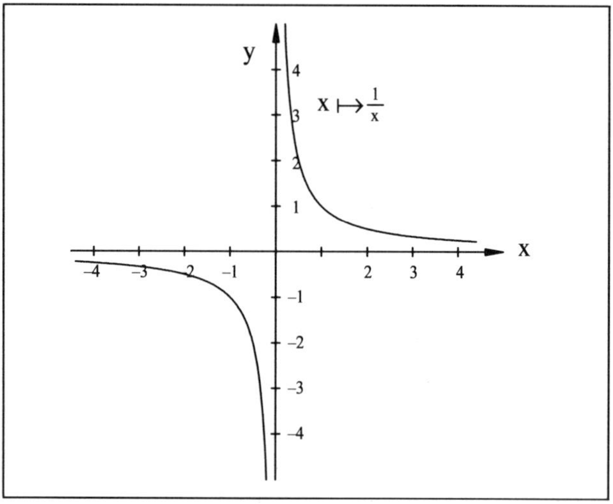

x = 0 ist senkrechte Asymptote;
y = 0 ist horizontale Asymptote.

b)

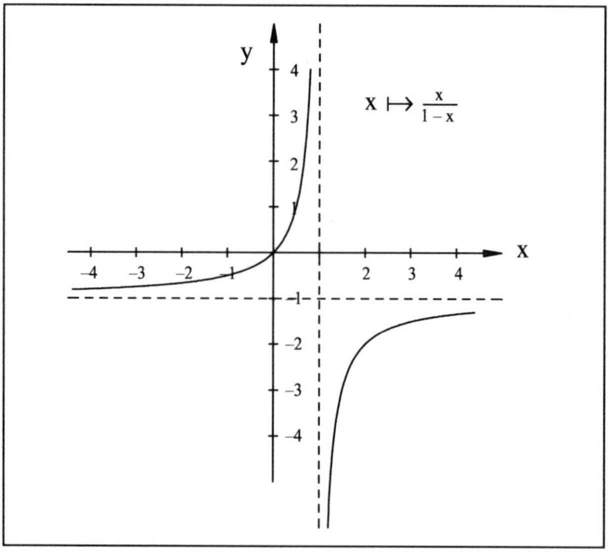

x = 1 ist senkrechte Asymptote;
y = –1 ist horizontale Asymptote.

c)

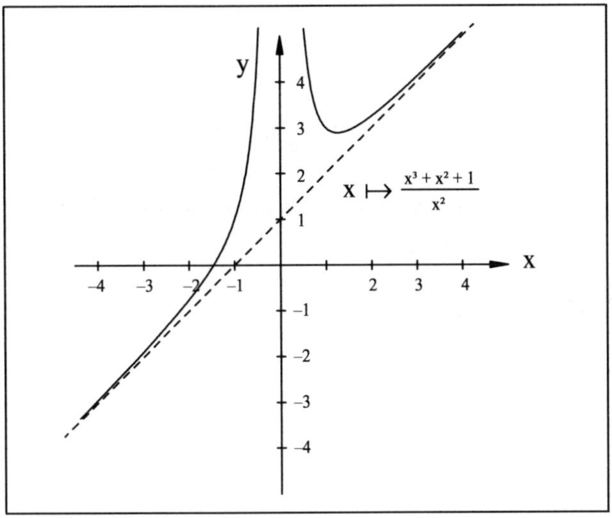

x = 0 ist senkrechte Asymptote;
y = x + 1 ist schräge Asymptote.

d)

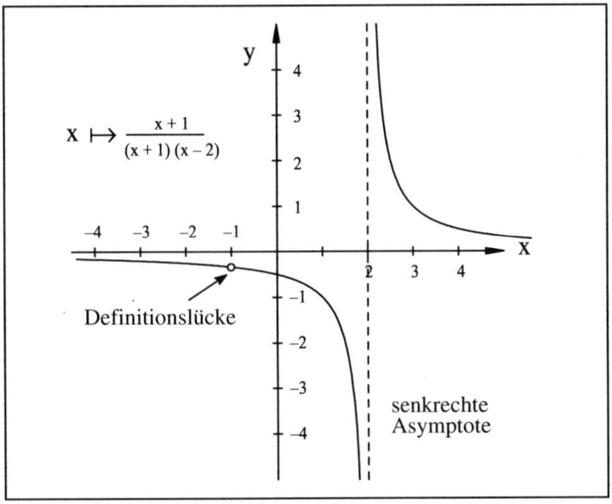

x = 2 ist senkrechte Asymptote;
y = 0 ist horizontale Asymptote.

Aufgaben

112. *Nullstellen:*
Berechnen Sie jeweils die Nullstellen der Funktion f!

Beispiel:
$f\colon x \mapsto \frac{2x^2-4}{x-1}$ mit $x \in \mathbb{R}\setminus\{1\}$ hat die Nullstellen $\sqrt{2}$ und $-\sqrt{2}$, denn
$f(x) = 0$, wo $2x^2 - 4 = 0 \Leftrightarrow 2x^2 = 4 \Leftrightarrow x^2 = 2 \Leftrightarrow x = \sqrt{2} \vee x = -\sqrt{2}$

a) $f\colon x \mapsto \frac{3x^2 - 18x}{(x-4)^2}$; $x \in \mathbb{R}\setminus\{4\}$

b) $f\colon x \mapsto \frac{x^2 - 7x + 10}{3x^2}$; $x \in \mathbb{R}\setminus\{0\}$

113. *Schnittpunkte mit den Koordinatenachsen:*
Bestimmen Sie die Schnittpunkte des Graphen von f mit den Koordinatenachsen:

a) $f\colon x \mapsto \frac{|x| - 2}{x}$; $x \in \mathbb{R}\setminus\{0\}$

b) $f\colon x \mapsto \frac{x^3 + x^2 - 6x}{x^2 - 4}$; $x \in \mathbb{R}\setminus\{-2\,;\,2\}$

c) $f\colon x \mapsto \frac{|x+4|}{x+2}$; $x \in \mathbb{R}\setminus\{-2\}$

114. Gegeben ist die Funktionsgleichung $f(x) = \frac{1 - x^2}{2(2-x)}$.

a) Zeigen Sie, daß für $h \in \mathbb{R}^+$: $f(2 + h) - 2 = 2 - f(2 - h)$
Deuten Sie diese Beziehung geometrisch!

b) Berechnen Sie $f(2 + \sqrt{3})$ und $f(2 - \sqrt{3})$!

2 Algebraische Grundübungen

Beispiel 1

Verwandeln Sie den Summenterm

a) $2x^3 - 50\,x$ b) $x^2 + 9x + 20$

in ein Produkt mit möglichst vielen Faktoren!

Lösung:

a) $2x^3 - 50x = \underbrace{2x}_{\substack{\text{gemeinsamer}\\ \text{Faktor}}}(x^2 - 25) = 2x\underbrace{(x-5)(x+5)}_{\substack{\text{binomische Formel}\\ \text{angewandt}}}$

b) $x^2 + 9x + 20 = (x+4)(x+5)$

Wir überlegen: $20 = 4 \cdot 5$
$9 = 4 + 5$

Beispiel 2

Machen Sie gleichnamig und vereinfachen Sie so weit wie möglich:

a) $\frac{1}{x} - \frac{1}{x-2}$ b) $\frac{x^2}{x+1} - (x+2)$

Lösung:

a) $\frac{1}{x} - \frac{1}{x-2} = \frac{x-2}{x(x-2)} - \frac{x}{x(x-2)} = \frac{x-2-x}{x(x-2)} = \frac{-2}{x(x-2)}$

b) $\frac{x^2}{x+1} - (x+2) = \frac{x^2}{x+1} - \frac{(x+2)(x+1)}{x+1} = \frac{x^2 - (x^2 + 3x + 2)}{x+1} = \frac{-3x-2}{x+1}$

Beispiel 3

Bestimmen Sie die Lösungsmenge der Bruchgleichung in der angegebenen Definitionsmenge:

$$3 + \frac{1}{x} = x \; ; \quad x \in \mathbb{R} \setminus \{0\}$$

Lösung:

$3 + \frac{1}{x} = x \; ; \; x \in \mathbb{R} \setminus \{0\}$

Wir machen gleichnamig $\frac{3x+1}{x} = x$ und multiplizieren beide Seiten der Gleichung mit x

$$3x + 1 = x^2$$
$$\Leftrightarrow \quad x^2 - 3x - 1 = 0$$
$$\Leftrightarrow \quad \left(x - \tfrac{3}{2}\right)^2 = 1 + \tfrac{9}{4} \quad \text{quadratische Ergänzung}$$
$$\Leftrightarrow \quad \left|x - \tfrac{3}{2}\right| = \sqrt{\tfrac{13}{4}}$$
$$\Leftrightarrow \quad x - \tfrac{3}{2} = \tfrac{1}{2}\sqrt{13} \quad \vee \quad -\left(x - \tfrac{3}{2}\right) = \tfrac{1}{2}\sqrt{13}$$
$$\Leftrightarrow \quad x = \tfrac{3}{2} + \tfrac{1}{2}\sqrt{13} \qquad \Leftrightarrow \quad x = \tfrac{3}{2} - \tfrac{1}{2}\sqrt{13}$$

Also: $L = \left\{\tfrac{3}{2} + \tfrac{1}{2}\sqrt{13}\,;\, \tfrac{3}{2} - \tfrac{1}{2}\sqrt{13}\right\}$

Aufgaben

115. Verwandeln Sie in ein Produkt mit möglichst vielen Faktoren:

a) $2x^2 - 2x - 12$ **b**) $(x^2 - 1)(3x^2 + 12x)$

116. Vielfach ist das Ausklammern von (–1) eine entscheidende Rechenhilfe. Ergänzen Sie:

a) $\frac{x-1}{1-x} = \frac{x-1}{-1\cdot(\ldots)}$ **b**) $\frac{-x^2-1-2x}{x^2+4x+3} = \frac{-(\ldots)}{(\ldots)(\ldots)} = \frac{-(\ldots)(\ldots)}{(\ldots)(\ldots)}$

117. Die Schnittpunkte von Funktionsgraphen ermittelt man, indem man die Funktionsterme der gegebenen Funktionen einander gleichsetzt. Bestimmen Sie demnach die Koordinaten der Schnittpunkte der Graphen G_f und G_g, wenn

a) $f(x) = \frac{2}{1+x}$ und $g(x) = \frac{-x}{6} + 1$

b) $f(x) = \frac{(x+4)^2}{4(x+1)}$ und $g(x) = x + 1$

c) $f(x) = \frac{-2x-6}{(x+1)^3}\,x$ und $g(x) = \frac{2x+4}{x^2+2x+1}$

3 Der Graph in der Umgebung einer Definitionslücke, senkrechte Asymptoten

Wir unterscheiden:

- **Pole mit Zeichenwechsel**, wenn die Nullstelle x_0 des Nennerpolynoms *einfach, dreifach, fünffach, …* ist und x_0 nicht zugleich Nullstelle des Zählerpolynoms ist.

  Die Senkrechte durch x_0 heißt eine (senkrechte) Asymptote der Kurve.

Beispiel

$$f:\; x \mapsto \frac{2}{x-1}\;;\; x \in \mathbb{R} \setminus \{1\}$$

1 ist einfacher Pol mit Zeichenwechsel;
x = 1 ist senkrechte Asymptote.

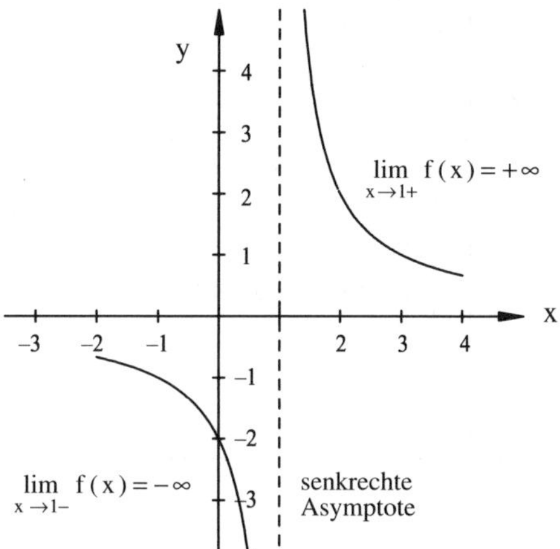

- **Pole ohne Zeichenwechsel**, wenn die Nullstelle x_0 des Nennerpolynoms *zweifach, vierfach, sechsfach, …* ist und x_0 nicht zugleich Nullstelle des Zählerpolynoms ist.

  Die Senkrechte durch x_0 heißt eine (senkrechte) Asymptote der Kurve.

Beispiel

$$f:\ x \mapsto \frac{2}{(x-1)^2}\ ;\ x \in \mathbb{R} \setminus \{1\}$$

1 ist Pol 2. Ordnung ohne Zeichenwechsel;
x = 1 ist senkrechte Asymptote.

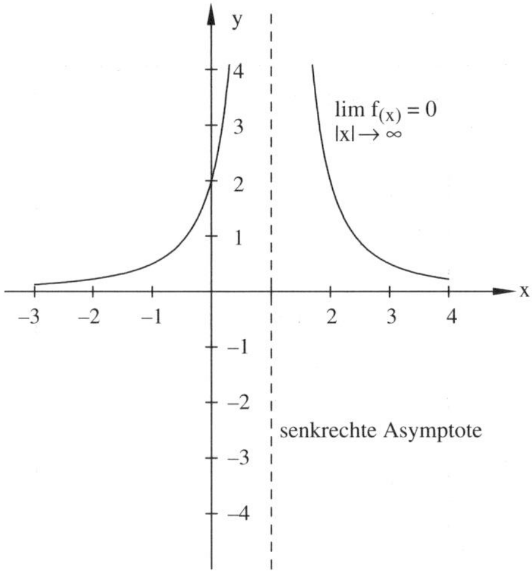

- **Behebbare Definitionslücke**, wenn x_0 *gemeinsame* Nullstelle des Nenner- und Zählerpolynoms ist (so daß Zähler und Nenner mit einer gewissen Potenz von $(x - x_0)$ gekürzt werden können) und x_0 nicht mehr Definitionslücke des gekürzten Funktionsterms ist. Wenn die gekürzte Funktion immer noch die Definitionslücke x_0 hat, so ist x_0 ein Pol.

Beispiel

$$f: x \mapsto \frac{x+1}{x^2 - x - 2} \; ; \; x \in \mathbb{R} \setminus \{2 ; -1\}$$

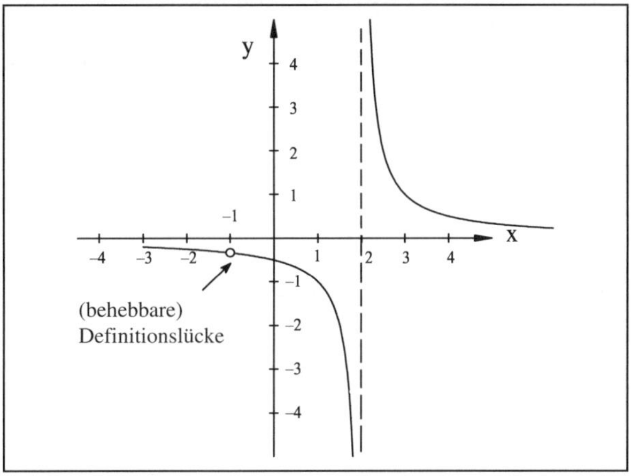

f hat an der Stelle $x_0 = -1$ eine behebbare Definitionslücke. Dies erkennen wir, wenn wir faktorisieren:

$$\lim_{x \to -1} \frac{x+1}{x^2 - x - 2} = \lim_{x \to -1} \frac{x+1}{(x+1)(x-2)} = \lim_{x \to -1} \frac{1}{x-2} = -\frac{1}{3}$$

f hat in 2 einen Pol erster Ordnung. Das Verhalten des Graphen von f in der Umgebung der Definitionslücke 2 ergibt sich aus der Grenzwertbetrachtung. Wir nähern uns der Definitionslücke 2 von rechts:

$$\lim_{x \to 2+} \frac{x+1}{x^2 - x - 2} = +\infty$$

Bei Annäherung an 2 von rechts nähert sich also die Kurve *gegen oben* der Vertikalen $x = 2$.

Da 2 ein Pol erster Ordnung **mit Zeichenwechsel** ist, folgt daraus, daß sich die Kurve bei linksseitiger Annäherung an 2 *gegen unten* der Vertikalen $x = 2$ annähert.

Aufgaben

118. Skizzieren Sie den groben Verlauf des Graphen von

$$f\colon x \mapsto \frac{x}{x^2-4} \text{ mit } x \in \mathbb{D}_f\,!$$

Lösen Sie dazu folgende Teilaufgaben:

a) Faktorisieren Sie den Nenner!

b) Bestimmen Sie die Definitionslücken!

c) Geben Sie den maximal möglichen Definitionsbereich $\mathbb{D}_f$ an!

d) Wie heißen die Nullstellen von f?

e) Wo hat f Pole? Von welcher Art sind die Pole und wie verläuft der Graph in der Umgebung der Pole?

119. Skizzieren Sie den groben Verlauf des Graphen von

$$f\colon x \mapsto \frac{x^2+x}{x^2} \text{ mit } x \in \mathbb{D}_f\,!$$

Gehen Sie nach dem Schema der Aufgabe 118 vor!

120. Ordnen Sie Graph und Funktionsgleichung einander zu!

(1) $y = \frac{x}{x-1}$ (2) $y = \frac{x}{(x-1)^2}$ (3) $y = \frac{x}{x^2-1}$

a)

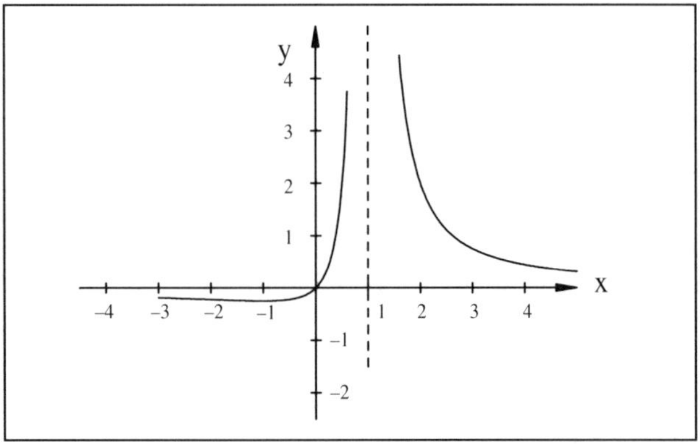

b)

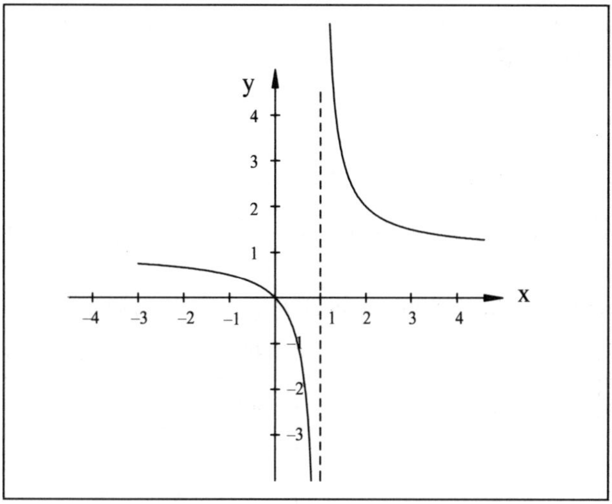

c)

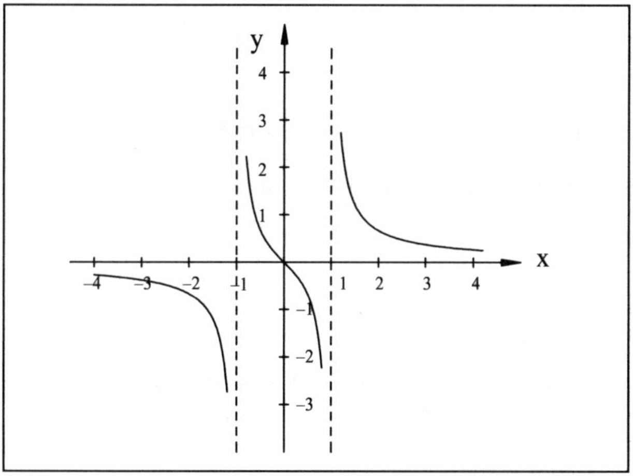

4 Verhalten im Unendlichen, horizontale Asymptote, schräge Asymptote

Gegeben ist die gebrochenrationale Funktion

$$f:\ x \mapsto \frac{u(x)}{v(x)} \quad \text{mit } x \in \mathbb{D}_f .$$

Der Grad des Zählerpolynoms u(x) sei m, der Grad des Nennerpolynoms v(x) sei n.

Man erhält für $|x| \to \infty$ die Asymptote nach folgender Übersicht:

	Art der Asymptote	Hinweis für die Bestimmung
n > m	x-Achse	siehe Beispiel 1 unten
n = m	Parallele zur x-Achse	siehe Beispiel 2 unten
m = n + 1	schräge Asymptote	Polynomdivision siehe Beispiel 3 auf Seite 95

Beispiel 1

Der Graph der Funktion $f:\ x \mapsto \frac{1}{x+1}\ ;\ x \in \mathbb{R}\setminus\{-1\}$ hat für $|x| \to \infty$ eine horizontale Asymptote. Bestimmen Sie diese!

Lösung:

$$\lim_{x \to +\infty} \frac{1}{x+1} = 0\ ; \quad \lim_{x \to -\infty} \frac{1}{x+1} = 0$$

Für $|x| \to \infty$ nähert sich der Graph von f beliebig genau der x-Achse. Die x-Achse ist horizontale Asymptote des Graphen von f.

Beispiel 2

Bestimmen Sie das Verhalten von $f:\ x \mapsto \frac{2x^2}{x^2 - x}\ ;\ x \in \mathbb{R}\setminus\{0\ ;\ 1\}$ für $x \to +\infty$ und $x \to -\infty$!

Lösung:

Wir klammern im Zähler und Nenner jeweils die höchste Potenz von x aus und kürzen danach:

$$\lim_{x \to +\infty} \frac{2x^2}{x^2 - x} = \lim_{x \to +\infty} \frac{x^2 \cdot 2}{x^2\left(1 - \frac{1}{x}\right)} = \lim_{x \to +\infty} \frac{2}{1 - \frac{1}{x}} = 2\,;$$

analog gilt

$$\lim_{x \to -\infty} \frac{2x^2}{x^2 - x} = \lim_{x \to -\infty} \frac{2}{1 - \frac{1}{x}} = 2.$$

Der Graph von f nähert sich für $|x| \to \infty$ immer mehr der Geraden y = 2. Die Gerade y = 2 ist **horizontale Asymptote** des Graphen von f.

Beispiel 3

Bestimmen Sie von $f\colon x \mapsto \frac{x^2}{x+1}\,;\ x \in \mathbb{R} \setminus \{-1\}$ durch Polynomdivision die **schräge Asymptote** für $|x| \to \infty$!

Lösung:

$$\begin{array}{l} x^2 : (x+1) = x - 1 + \frac{1}{x+1} \\ \underline{-(x^2 + x)} \\ \quad -x \\ \quad \underline{-(-x-1)} \\ \qquad 1 \end{array}$$

Für $|x| \to \infty$ nähert sich der Graph der Funktion f der Geraden g mit der Gleichung $y = x - 1$. Die Gerade g ist eine schräge Asymptote des Graphen von f.

Ausführlich:

$$\begin{aligned} \lim_{|x| \to \infty} [f(x) - g(x)] &= \lim_{|x| \to \infty} \left[\frac{x^2}{x+1} - (x-1)\right] \\ &= \lim_{|x| \to \infty} \left[x - 1 + \frac{1}{x+1} - (x-1)\right] \\ &= \lim_{|x| \to \infty} \frac{1}{x+1} = 0 \end{aligned}$$

Aufgaben

121. Der Graph von f hat für $|x| \to \infty$ eine horizontale Asymptote. Bestimmen Sie diese!

a) $f(x) = \frac{x}{1+|x|}$ **b)** $f(x) = \frac{x^2-4}{x^2+2}$

122. Gegeben ist die Funktion $f: x \mapsto \frac{-x^3+6x^2-9x}{(x-1)^2}$ mit $x \in \mathbb{R} \setminus \{1\}$.

a) Bestätigen Sie durch Polynomdivision, daß der Funktionsterm f(x) auch in der Form $f(x) = -x+4-\frac{4}{(x-1)^2}$ geschrieben werden kann!

b) Begründen Sie, daß der Graph von f für $|x| \to \infty$ eine Asymptote besitzt und daß der Graph stets unterhalb dieser Asymptote verläuft!

123. Bestimmen Sie durch Polynomdivision die schräge Asymptote des Graphen von $f: x \mapsto \frac{1-x^2}{2(2-x)}$ mit $x \in \mathbb{R} \setminus \{2\}$!

Für welche Werte von x verläuft der Graph von f oberhalb dieser Asymptoten?

124. Zeigen Sie, daß $y = x - 2$ schräge Asymptote des Graphen von $f: x \mapsto \frac{x^2-6x+12}{x-4}$; $x \in \mathbb{R} \setminus \{4\}$ ist!

125. Untersuchen Sie den Graphen der Funktion $f: x \mapsto \frac{x^3+2}{(x+1)^2}$ mit $x \in \mathbb{R} \setminus \{-1\}$ auf Asymptoten!

5 Differenzieren mit der Quotientenregel

Beispiel 1

Ermitteln Sie die 1. Ableitung von $f(x) = \frac{5x}{(2x-1)^2}$!

Lösung:

Zählerterm: $u(x) = 5x \Rightarrow u'(x) = 5$

Nennerterm: $v(x) = (2x-1)^2 \Rightarrow v'(x) = 2(2x-1) \cdot 2$

↑ **nachdifferenzieren**

Die Quotientenregel liefert:

$$f'(x) = \frac{u' \cdot v - u \cdot v'}{v^2} = \frac{5(2x-1)^2 - 5x \cdot 2(2x-1) \cdot 2}{(2x-1)^4}$$

$$= \frac{5(2x-1) - 20x}{(2x-1)^3} = \frac{-10x-5}{(2x-1)^3}$$

↑ Kürzen mit (2x – 1)

Beispiel 2

Ermitteln Sie die 1. Ableitung von $f(x) = \frac{|x|-2}{x}$!

Lösung:

Wir stellen f(x) zunächst betragsfrei dar:

$$f(x) = \begin{cases} \frac{x-2}{x} & \text{für } x > 0 \\ \frac{-x-2}{x} & \text{für } x < 0 \end{cases}$$

$$f'(x) = \begin{cases} \frac{1 \cdot x - 1 \cdot (x-2)}{x^2} = \frac{2}{x^2} & \text{für } x > 0 \\ \frac{-1 \cdot x - (-x-2) \cdot 1}{x^2} = \frac{2}{x^2} & \text{für } x < 0 \end{cases}$$

Wir fassen zusammen:

$$f'(x) = \frac{2}{x^2} \quad \text{für } x \in \mathbb{R} \setminus \{0\}$$

Aufgaben

126. Ermitteln Sie die 1. Ableitung von

a) $f(x) = \frac{2x}{x-1}$ **b)** $f(x) = \frac{3x+2}{x^2+1}$

c) $f(x) = \frac{x+1}{\sqrt{x}}$ **d)** $f(x) = \frac{x+1}{x \cdot \sin x}$

127. Leiten Sie die Funktion

$$f\colon x \mapsto \frac{x}{x^3+2}\ ;\ x \in \mathbb{R}$$

zweimal ab! Ermitteln Sie $f'(1)$ und $f''(1)$! Was bedeuten diese Ergebnisse für den Graphen von f?

128. Ermitteln Sie die 1. Ableitung von

a) $f_a(x) = 2 - \frac{a}{x} + \frac{1}{x^2}$ **b)** $f_a(x) = \frac{3x-a}{ax^2-1}$

c) $f_a(x) = \frac{x}{x+a} - \frac{x}{x-a}$ **d)** $f_a(x) = \frac{x^2-2ax+2a^2}{x-a}$

129. Gegeben ist die Funktion $f\colon x \mapsto \frac{|x+4|}{x+2}$ mit $x \in \mathbb{R} \setminus \{-2\}$.

a) Untersuchen Sie, ob f an der Stelle -4 differenzierbar ist!

b) Für welche x-Werte gilt $f'(x) = -1$?

6 Monotonieverhalten

Eine Funktion f heißt über dem Intervall I streng monoton
- wachsend, wenn für alle $x \in I$ gilt $f'(x) > 0$
- abnehmend, wenn für alle $x \in I$ gilt $f'(x) < 0$.

Beispiel

Untersuchen Sie das Monotonieverhalten der Funktion

$$f\colon x \mapsto \frac{x^2-2x+1}{x^2-2x}\ ;\ x \in \mathbb{R} \setminus \{0\,;2\}\ !$$

Lösung:

Wir bilden die 1. Ableitung:

$$f'(x) = \frac{(2x-2)(x^2-2x)-(x^2-2x+1)(2x-2)}{(x^2-2x)^2}$$
$$= \frac{(2x-2)(x^2-2x-x^2+2x-1)}{(x^2-2x)^2}$$
$$= \frac{-2(x-1)}{(x^2-2x)^2}$$

Wir berechnen die Nullstelle der 1. Ableitung:

$$f'(x) = 0, \text{ wo } -2(x-1) = 0 \Leftrightarrow x = 1$$

Durch die Nullstelle x = 1 wird der Definitionsbereich $]-\infty\,;0[\ \cup\ ]0\,;2[\ \cup\ ]2\,;\infty[$ in zwei Bereiche unterteilt, in denen $f'(x)$ jeweils einheitliches Vorzeichen hat:

Bereich	Aussage über f'(x)	Monotonieaussage
$]-\infty\,;0[\ \cup\ ]0\,;1[$	$f'(x) > 0$	f streng monoton zunehmend
$]1\,;2[\ \cup\ ]2\,;\infty[$	$f'(x) < 0$	f streng monoton abnehmend

Anmerkung:
Die Vorzeichenaussage über $f'(x)$ in den Bereichen $]-\infty\,;0[\ \cup\ ]0\,;1[$ und $]1\,;2[\ \cup\ ]2\,;\infty[$ ergibt sich aus den Ungleichungen

$$f'(x) > 0, \text{ also } -2(x-1) > 0 \Leftrightarrow x < 1 \quad \text{und}$$
$$f'(x) < 0, \text{ also } -2(x-1) < 0 \Leftrightarrow x > 1$$

Aufgaben

130. Stellen Sie mit Hilfe der 1. Ableitung fest, in welchen Teilbereichen von $\mathbb{D}_f$ die Funktion f streng monoton zunimmt bzw. streng monoton abnimmt:

a) $f\colon x \mapsto \frac{x}{x^2-4}$; $\mathbb{D}_f = \mathbb{R} \setminus \{-2 ; 2\}$

b) $f\colon x \mapsto \frac{x^2+2x+1}{x^2+1}$; $\mathbb{D}_f = \mathbb{R}$

c) $f\colon x \mapsto \frac{6}{x} - \frac{3}{x^2}$; $\mathbb{D}_f = \mathbb{R} \setminus \{0\}$

d) $f\colon x \mapsto \frac{4}{x^2} \ln \frac{1}{x}$; $\mathbb{D}_f = \mathbb{R}^+$

131. Untersuchen Sie das Monotonieverhalten der Funktionenschar

$$f_a\colon x \mapsto \frac{x^2 - 2ax + 2a^2}{x - a} \quad \text{mit } a \in \mathbb{R}^+ \text{ und } x \in \mathbb{R} \setminus \{a\}!$$

132. Gegeben ist die im maximal möglichen Definitionsbereich $\mathbb{D}_{f_a}$ definierte Funktionenschar

$$f_a\colon x \mapsto \frac{ax^2 - 1}{x^2 - a} \quad \text{mit } a < 1.$$

Untersuchen Sie das Monotonieverhalten von f_a mit Hilfe der Fallunterscheidungen $a < -1$, $-1 < a < 0$, $0 < a < 1$ sowie der Sonderfälle $a = 0$, $a = 1$ und $a = -1$!
Skizzieren Sie die Graphen für $a = 0$, $a = 1$ und $a = -1$!

133. *Umkehrfunktion* (siehe "Natürliche Logarithmusfunktionen", Seite 81)

Gegeben ist die Funktion

$$f\colon x \mapsto \frac{4x^2 + 2}{1 + x^2} \quad \text{mit } x \in \mathbb{R}_0^+ \,.$$

a) Begründen Sie die Existenz der Umkehrfunktion f^{-1} von f!

b) Ermitteln Sie $(f^{-1})'(3)$, ohne die Umkehrfunktion explizit zu ermitteln!

c) Überprüfen Sie Ihr Ergebnis in b, indem Sie $f^{-1}(x)$ bestimmen und damit $(f^{-1})'(3)$ berechnen!

7 Diskussion von gebrochenrationalen Funktionen

Beispiel

Gegeben ist die Funktion

$$f\colon\ x \mapsto \frac{3x^2 - 8x}{(x-2)^2}\ ;\ x \in \mathbb{D}_f .$$

Ihr Graph heißt G_f.

a) Geben Sie die Definitionslücken von f an und den maximal möglichen Definitionsbereich D_f!

b) Geben Sie die Art der Definitionslücke an!
Wie verhält sich G_f in der Nähe der Definitionslücke?

c) Bestimmen Sie die Nullstellen von f!

d) Untersuchen Sie das Monotonieverhalten von f und geben Sie Art und Lage des Extrempunktes von G_f an!

e) Stellen Sie die Gleichungen aller Asymptoten von f auf!

f) Zeigen Sie nur mit Hilfe der 2. Ableitung von f, daß G_f genau einen Wendepunkt hat! Ermitteln Sie die Koordinaten des Wendepunktes!

g) Wo schneidet die horizontale Asymptote den Graphen G_f?

h) Zeichnen Sie G_f unter Berücksichtigung aller bisherigen Ergebnisse!

Lösung:

a) *Definitionslücken, Definitionsbereich:*
Die Definitionslücken von f sind die Nullstellen des Nennerpolynoms.
Also:

$$(x-2)^2 = 0 \quad \Leftrightarrow \quad x = 2$$

Ergebnis: 2 ist Definitionslücke von f, also $\mathbb{D}_f = \mathbb{R} \setminus \{2\}$

b) *Art der Definitionslücke, Verhalten von f in der Nähe der Definitionslücke:*

Das Zählerpolynom $u(x) = 3x^2 - 8x$ ist für $x = 2$ ungleich Null. Also hat f in 2 einen Pol 2. Ordnung (ohne Vorzeichenwechsel). Die Vertikale durch 2 ist Asymptote von f. Ausführlich:

$$\lim_{x\to 2+} f(x) = \lim_{h\to 0} \frac{3(2+h)^2 - 8(2+h)}{(2+h-2)^2}$$
$$= \lim_{h\to 0} \frac{(2+h)[3(2+h)-8]}{h^2}$$
$$= \lim_{h\to 0} \frac{(2+h)(3h-2)}{h^2} = -\infty$$

Analog gilt:

$$\lim_{x\to 2-} f(x) = -\infty \quad \text{(2 ist Pol zweiter Ordnung)}$$

c) *Nullstellen:*

f(x) wird Null, wo

$$3x^2 - 8x = 0 \Leftrightarrow x(3x-8) = 0$$
$$\Leftrightarrow \quad x = 0 \lor x = \frac{8}{3}$$

Nullstellen: $0 \,;\, \frac{8}{3}$

d) *Monotonieverhalten, Extrempunkte:*

$$f'(x) = \frac{(6x-8)(x^2-4x+4) - (3x^2-8x)(2x-4)}{(x-2)^4}$$
$$= \frac{-4x^2+24x-32}{(x-2)^4} = \frac{-4(x^2-6x+8)}{(x-2)^4}$$
$$= -4\,\frac{(x-4)(x-2)}{(x-2)^4} = -4\,\frac{x-4}{(x-2)^3}$$

$f'(x) = 0$, wo $x - 4 = 0 \Leftrightarrow x = 4$

Durch die Polstelle 2 und Nullstelle 4 wird der Definitionsbereich $\mathbb{R}\setminus\{2\}$ in drei Teilbereiche eingeteilt, in denen f'(x) jeweils einheitliches Vorzeichen hat:

$$f'(x) < 0 \text{ für } -\infty < x < 2$$
$$f'(x) > 0 \text{ für } 2 < x < 4$$
$$f'(x) < 0 \text{ für } 4 < x < \infty$$

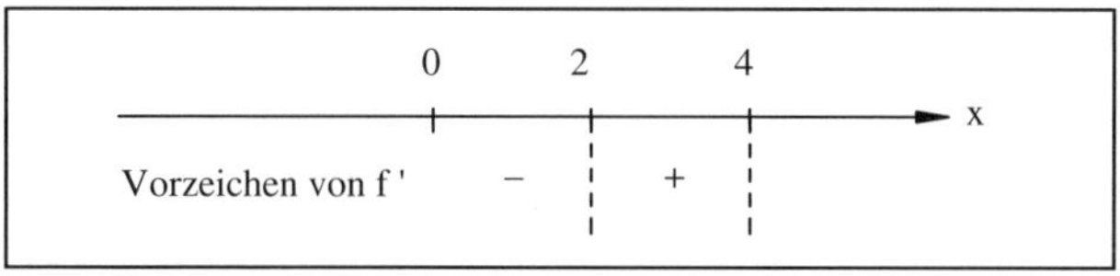

Extremstellenverdächtig ist die Nullstelle der 1. Ableitung. Es gilt:

$$\left.\begin{array}{l} f'(2 < x < 4) > 0 \\ f'(4) = 0 \\ f'(4 < x < \infty) < 0 \end{array}\right\} \Rightarrow \text{Hochpunkt in } (4\,;\,4)$$

e) *Asymptoten:*
Wir wissen bereits, daß x = 2 senkrechte Asymptote von G_f ist. Wir untersuchen, ob G_f auch eine horizontale Asymptote hat. Also:

$$\lim_{|x|\to\infty} \frac{3x^2 - 8x}{x^2 - 4x + 4} = \lim_{|x|\to\infty} \frac{x^2\left(3 - \frac{8}{x}\right)}{x^2\left(1 - \frac{4}{x} + \frac{4}{x^2}\right)} = 3$$

y = 3 ist horizontale Asymptote von G_f.

f) *Wendepunkt:*

$$f''(x) = -4\,\frac{(x-2)^3 - (x-4)\cdot 3(x-2)^2}{(x-2)^6}$$
$$= -4\,\frac{(x-2)^2\left[x - 2 - 3(x-4)\right]}{(x-2)^6}$$
$$= -4\,\frac{10 - 2x}{(x-2)^4} = \frac{8(x-5)}{(x-2)^4}$$

$$\left.\begin{array}{l} f''(2 < x < 5) < 0 \\ f''(5) = 0 \\ f''(5 < x < \infty) > 0 \end{array}\right\} \Rightarrow \text{Wendepunkt in } \left(5\,;\,\tfrac{35}{9}\right)$$

g) $\frac{3x^2 - 8x}{(x-2)^2} = 3 \Leftrightarrow 3x^2 - 8x = 3x^2 - 12x + 12$

$\Leftrightarrow 4x = 12 \Leftrightarrow x = 3$

$\Rightarrow S\,(3\,;\,3)$

h) *Graph:*

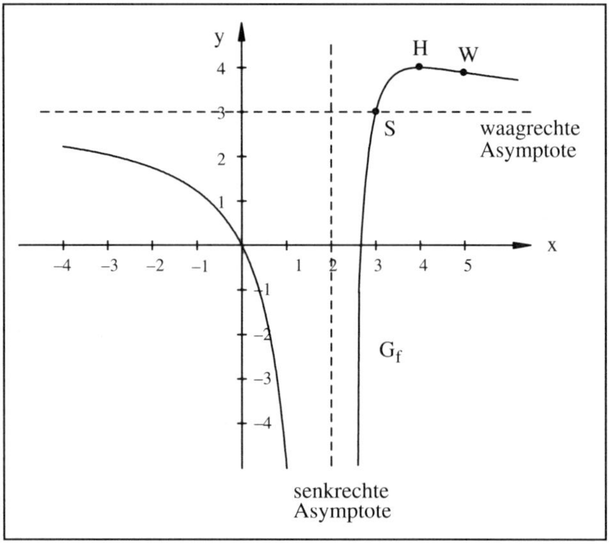

$f\colon x \mapsto \frac{3x^2 - 8x}{(x-2)^2}\ ;\quad x \in \mathbb{R}\setminus\{2\}$

Aufgaben

134. *Definitionsbereich:*

Bestimmen Sie den maximal möglichen Definitionsbereich!

a) $f(x) = \frac{2x - 4}{1 - x}$

b) $f(x) = \frac{1}{x} - \frac{1}{x - 2}$

c) $f(x) = \frac{0{,}5x^3}{x^2 - 2x - 3}$

d) $f(x) = \frac{x^3}{2(x-2)^2} + \frac{x}{x+2}$

e) $f(x) = \sqrt{\frac{x - 2}{4 - x}}$

f) $f_a(x) = \frac{2x}{\sqrt{a^2 - x^2}}\ ;\ a \in \mathbb{R}^+$

135. *Symmetrieverhalten* (siehe Kapitel "Natürliche Exponentialfunktionen", Seite 23):
Untersuchen Sie den Graphen der Funktion f auf Symmetrieeigenschaften:

a) $f\colon x \mapsto \frac{1}{2}x + \frac{1}{2x}$; $x \in \mathbb{R}\setminus\{0\}$ **b)** $f\colon x \mapsto \frac{(x-1)^2}{1+x^2}$; $x \in \mathbb{R}$

c) $f\colon x \mapsto \frac{x}{1+|x|}$; $x \in \mathbb{R}$ **d)** $f\colon x \mapsto \frac{2|x|}{1-x^2}$; $x \in \mathbb{R}\setminus\{1\,;-1\}$

136. Zeigen Sie, daß der Graph der Funktion

$$f\colon x \mapsto \frac{3}{x^2-2x} \quad \text{mit } x \in \mathbb{R}\setminus\{0\,;2\}$$

achsensymmetrisch zur Geraden x = 1 ist!

137. *Symmetrieverhalten bei Scharkurven:*
Die folgenden Funktionenscharen f_a seien im größtmöglichen Definitionsbereich $\mathbb{D}_f$ definiert. Untersuchen Sie die Graphen der Schar auf Symmetrieverhalten:

a) $f_a(x) = \frac{ax}{x^2 - a^2}$ mit $a \in \mathbb{R}\setminus\{0\}$

b) $f_a(x) = \frac{4a}{x^2 + a^2}$ mit $a \in \mathbb{R}\setminus\{0\}$

c) $f_a(x) = \frac{x^3}{x^2 + a}$ mit $a \in \mathbb{R}^+$

138. *Kurvendiskussion:*

Eine gebrochenrationale Funktion vollständig diskutieren heißt:
(1) die Definitionslücken bestimmen, Definitionsbereich angeben,
(2) die Art der Definitionslücken erkennen, das Verhalten des Graphen in der Nähe der Definitionslücken untersuchen,
(3) Symmetrieverhalten untersuchen,
(4) die gemeinsamen Punkte von Graph und Koordinatenachsen ermitteln,
(5) das Verhalten im Unendlichen bestimmen,
(6) das Monotonieverhalten untersuchen und evtl. relative Extrempunkte ermitteln,
(7) evtl. Wendestellen berechnen,
(8) evtl. schiefe Asymptoten ermitteln,
(9) den Graphen zeichnen.

Diskutieren Sie nach obigem Schema die in ihrem jeweiligen Definitionsbereich $\mathbb{D}_f$ gegebenen Funktionen:

a) $f\colon x \mapsto \frac{x^2-4}{x^2-1}\ ;\ x \in \mathbb{D}_f$ **b**) $f\colon x \mapsto \frac{1-x^2}{1+x^2}\ ;\ x \in \mathbb{D}_f$

c) $f\colon x \mapsto \frac{x^2-4x}{(x-1)^2}\ ;\ x \in \mathbb{D}_f$ **d**) $f\colon x \mapsto \frac{x(x-2)(x+3)}{x^2-4}\ ;\ x \in \mathbb{D}_f$

e) $f\colon x \mapsto \frac{|x|-2}{x}\ ;\ x \in \mathbb{D}_f$ **f**) $f\colon x \mapsto \frac{|x-2|}{x}\ ;\ x \in \mathbb{D}_f$

139. Diskutieren Sie nach dem in Aufgabe 137 vorgegebenen Schema die Funktionenschar f_a:

a) $f_a\colon x \mapsto \frac{x^2-2ax+2a^2}{x-a}$ mit $a \in \mathbb{R}^+$

b) $f_a\colon x \mapsto \frac{ax^2-1}{x^2-a}$ mit $a \in\ ]1\ ;\ \infty[$

140. *Wendepunkte:*

a) Zeigen Sie nur mit Hilfe der 2. Ableitung f", daß der Graph der Funktion

$$f\colon x \mapsto \frac{x^3}{2(x-2)^2}\ ;\quad x \in \mathbb{R}\setminus\{2\}$$

genau einen Wendepunkt hat!

b) Vom Graphen G_f der Funktion

$$f\colon x \mapsto \frac{6x}{1+x^2}\ ;\ x \in \mathbb{R}$$

sei bekannt, daß dieser drei Wendepunkte hat, wobei (0 ; 0) einer der Wendepunkte ist.

Zeigen Sie durch Überlegung, daß die Wendepunkte auf einer Geraden liegen!

141. *Tangente vom Ursprung an die Kurve:*

Bestimmen Sie die Gleichungen aller Tangenten, die man vom Ursprung aus an den Graphen der Funktion

$$f\colon x \mapsto \frac{x(x+2)}{(x-1)^2} \text{ mit } x \in \mathbb{R}\setminus\{1\}$$

legen kann.

8 Funktionenschar, geometrischer Ort

Beispiel

Durch den Term

$$f_a(x) = \frac{x^3}{9(x+a)} \quad \text{mit } x \in \mathbb{R} \setminus \{-a\} \text{ und } a \in \mathbb{R}^+$$

ist eine unendliche Menge von Funktionen gegeben.

a) Zeigen Sie: Alle Punkte der Scharkurven mit waagrechter Tangente liegen auf der Kurve mit der Gleichung

$$y = \tfrac{1}{3}x^2 \quad \text{und} \quad x \in \mathbb{R}_0^- \ !$$

b) Zeigen Sie: Die Asymptotenschar g_a der Funktionenschar f_a hat die Gleichung

$$y = \tfrac{1}{9}(x^2 - ax + a^2)\,!$$

Lösung:

a) $f'_a(x) = \frac{1}{9} \frac{3x^2(x+a) - x^3(1)}{(x+a)^2} = \frac{1}{9} \frac{x^2(2x+3a)}{(x+a)^2}$

$f'_a(x) = 0$, wo $x^2(2x + 3a) = 0 \Leftrightarrow x = 0 \vee x = -\frac{3}{2}a$

Eine Scharkurve hat in den Punkten $P_1\ (0\ ;\ 0)$ und $P_2\ (-\frac{3}{2}a\ ;\ \frac{3}{4}a^2)$ jeweils eine waagrechte Tangente.

Wir eliminieren a aus den Gleichungen

(1) $x = -\frac{3}{2}a \Leftrightarrow a = -\frac{2}{3}x$ in (2) $y = \frac{3}{4}\left(-\frac{2}{3}x\right)^2 = \frac{1}{3}x^2$

(2) $y = \frac{3}{4}a^2$

Die Koordinaten von P_2 erfüllen diese Parabelgleichung. Punkt $P_1\ (0\ ;\ 0)$ liegt offensichtlich auf dieser Parabel.

Geometrische Ortskurve für die Menge aller Punkte der Scharkurven mit waagrechter Tangente:

$$y = \tfrac{1}{3}x^2 \quad \text{mit } x \in \mathbb{R}_0^-$$

Zur Veranschaulichung sind hier die Scharkurven für a = 1 und a = 2 gezeichnet:

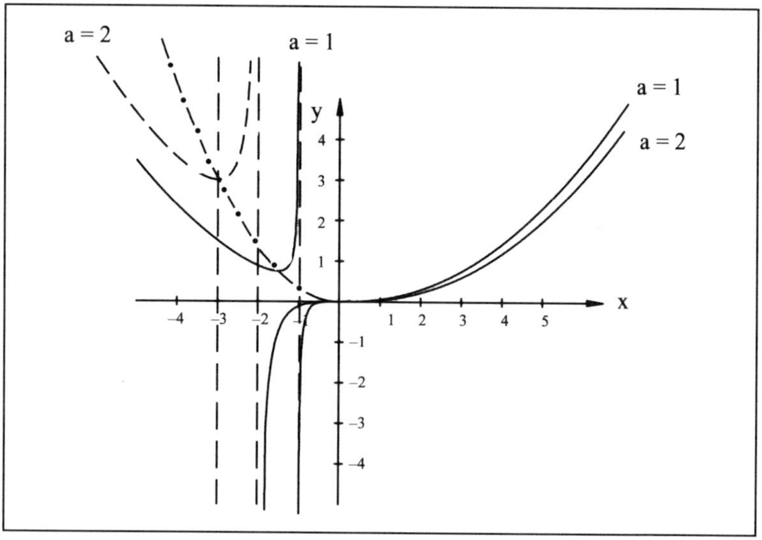

b) Polynomdivision:

$$
\begin{aligned}
& x^3 : (x+a) = x^2 - ax + a^2 - \frac{a^3}{x+a} \\
& \underline{-(x^3 + ax^2)} \\
& \quad -ax^2 \\
& \quad \underline{-(-ax^2 - a^2x)} \\
& \qquad a^2x \\
& \qquad \underline{-(a^2x + a^3)} \\
& \qquad\quad -a^3
\end{aligned}
$$

Für $f_a(x)$ gilt damit die Darstellung:

$$f_a(x) = \frac{x^3}{9(x+a)} = \underbrace{\frac{1}{9}(x^2 - ax + a^2)}_{g_a(x)} - \frac{a^3}{9(x+a)}$$

Wir bilden den Differenzterm

$$f_a(x) - g_a(x) = -\frac{a^3}{9(x+a)} .$$

Aus

$$\lim_{|x|\to\infty} |f_a(x) - g_a(x)| = \lim_{|x|\to\infty} \left| -\frac{a^3}{9(x+a)} \right| = 0$$

folgt, daß

$$y = \frac{1}{9}(x^2 - ax + a^2)$$

die Gleichung der Asymptotenschar der Funktionenschar f_a ist.

Aufgaben

142. Gegeben ist die Funktionenschar

$$f_a:\ x \mapsto \frac{x^2 - a}{x^3} \quad \text{mit } x \in \mathbb{R} \setminus \{0\} \text{ und } a \in \mathbb{R}^+.$$

Bestimmen Sie eine Gleichung der Kurve, auf der die Extrempunkte der Scharkurven von f_a liegen!

143. Zeigen Sie, daß alle Scharkurven der Funktionenschar

$$f_a:\ x \mapsto \frac{x^3 + a}{(x+1)^2} \quad \text{mit } a \in \mathbb{R} \text{ und } x \in \mathbb{R} \setminus \{-1\}$$

eine gemeinsame schräge Asymptote haben!

144. Gegeben ist die Funktionenschar

$$f_a:\ x \mapsto \frac{x^2 + a - 4}{x + 2} \quad \text{mit } x \in \mathbb{R} \setminus \{-2\} \text{ und } a \in \mathbb{R}^+ .$$

Bestimmen Sie die Koordinaten der Extrempunkte der Scharkurven, und ermitteln Sie die Ortskurve der Tiefpunkte aller Scharkurven!

9 Flächenberechnung

Siehe "Natürliche Exponentialfunktionen", Seite 35!

Beispiel 1

Wie groß ist der Inhalt A des grauen Flächenstücks auf 2D genau?

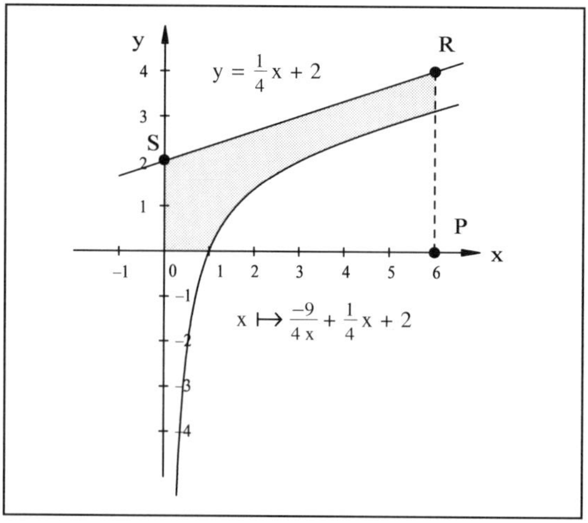

Lösung:

Wir erhalten den gesuchten Flächeninhalt A, wenn wir vom Flächeninhalt des Vierecks OPRS den Inhalt des Flächenstücks subtrahieren, das die Kurve $y = \frac{-9}{4x} + \frac{1}{4}x + 2$ mit der x-Achse und der Geraden x = 6 einschließt.

Das Viereck OPRS mit P (6 ; 0), R (6 ; 3,5), S (0 ; 2) ist ein Trapez. Also gilt:

$$A_1 = \frac{3{,}5 + 2}{2} \cdot 6 = 16{,}5\,[\text{FE}]$$

Die Kurve $y = \frac{-9}{4x} + \frac{1}{4}x + 2$ schneidet die x-Achse im Punkt N (1 ; 0).

Also gilt:

$$A_2 = \int_1^6 \left(-\frac{9}{4x} + \frac{1}{4}x + 2\right) dx = \left[-\frac{9}{4}\ln x + \frac{x^2}{8} + 2x\right]_1^6$$

$$= -\frac{9}{4}\ln 6 + \frac{36}{8} + 12 - \left(0 + \frac{1}{8} + 2\right)$$

$$= -\frac{9}{4}\ln 6 + 14{,}375$$

$$A = A_1 - A_2$$

$$A = 16{,}5 + \frac{9}{4}\ln 6 - 14{,}375 = 6{,}16\,[\mathrm{FE}]$$

Beispiel 2

Berechnen Sie das bestimmte Integral:

$$\int_0^2 \frac{5x+18}{6+2x}\,dx$$

Lösung:

Wir formen den Integranden durch Polynomdivision um:

$$(5x+18):(2x+6) = \frac{5}{2} + \frac{3}{2x+6}$$
$$\underline{-(5x+15)}$$
$$3$$

Also:

$$\int_0^2 \frac{5x+18}{6+2x}\,dx = \int_0^2 \left(\frac{5}{2} + \frac{3}{2x+6}\right) dx = \int_0^2 \frac{5}{2}\,dx + \frac{3}{2}\int_0^2 \frac{1}{x+3}\,dx$$

$$= \left[\frac{5}{2}x\right]_0^2 + \frac{3}{2}\left[\ln|x+3|\right]_0^2 = 5 + \frac{3}{2}(\ln 5 - \ln 3)$$

$$= 5 + \frac{3}{2}\ln\frac{5}{3} \approx 5{,}77\,[\mathrm{FE}]$$

$$\boxed{\int \frac{f'(x)}{f(x)}\,dx = \ln|f(x)| + C}$$

Hier:

$$f(x) = x+3,\quad f'(x) = 1 \Rightarrow \int_0^2 \frac{1}{x+3}\,dx = \left[\ln|x+3|\right]_0^2$$

Aufgaben

145. *Fläche zwischen Graph und Koordinatenachsen:*

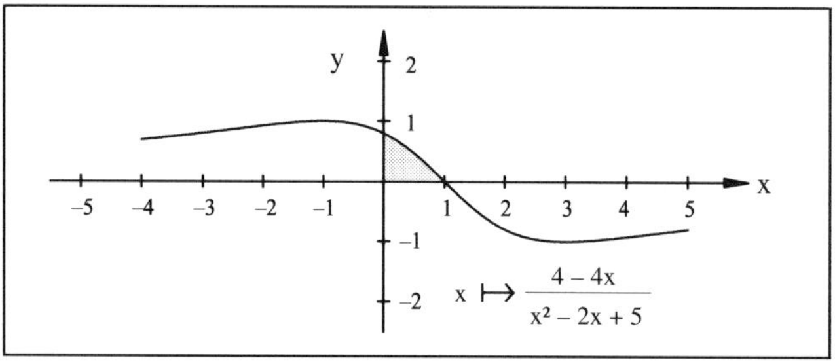

Berechnen Sie auf 2D genau den Inhalt des grauen Flächenstücks!

146. *Fläche zwischen Funktionsgraph über vorgegebenem Intervall:*
Berechnen Sie auf 1D genau den Inhalt der zwischen dem Graphen von

$$f:\ x \mapsto \frac{x}{8} + \frac{2}{x} \quad \text{mit } x > 0,$$

der x-Achse und den Geraden $x = 1$ und $x = 6$ eingeschlossenen Fläche!

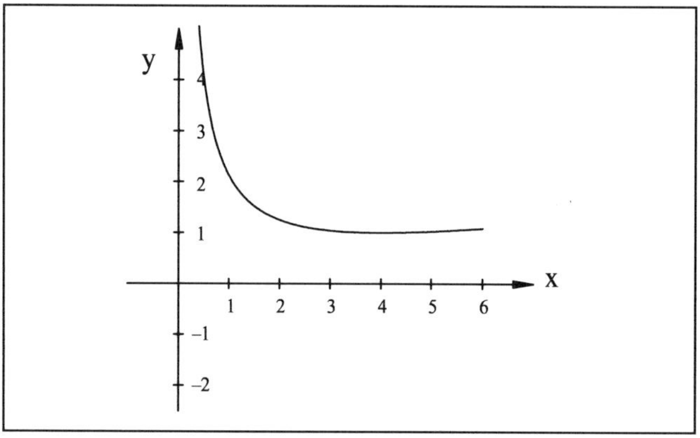

147. *Fläche zwischen Funktionsgraphen:*

a) Berechnen Sie auf 2D den Inhalt der grauen Fläche!

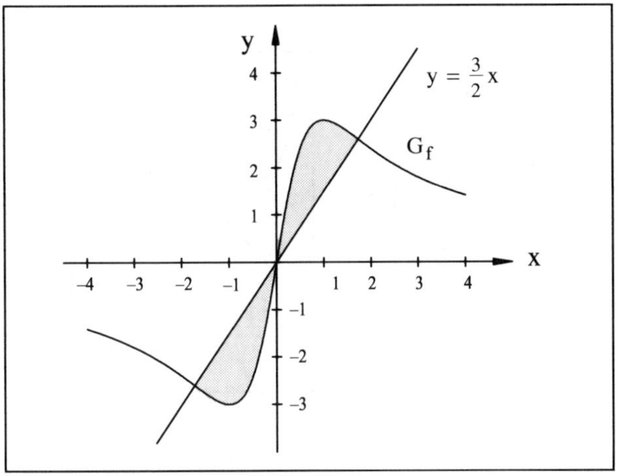

f: $x \mapsto \frac{6x}{1+x^2}$; $x \in \mathbb{R}$

b) Berechnen Sie den Inhalt des grauen Flächenstücks!

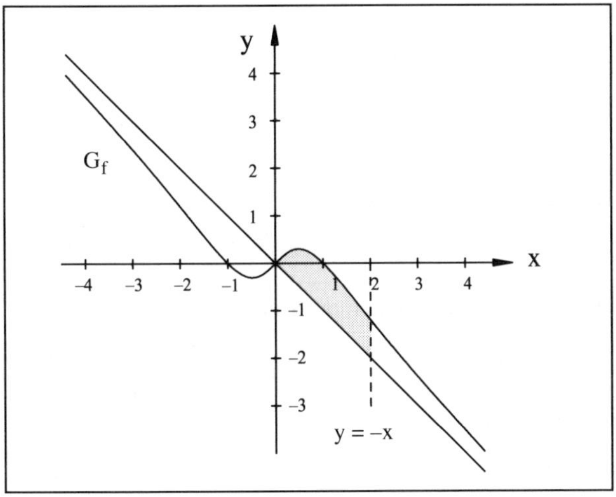

f: $x \mapsto \frac{x-x^3}{x^2+1}$; $x \in \mathbb{R}$

c) Welchen Flächeninhalt schließt der Graph der Funktion

$$g:\ x \mapsto \frac{4x}{x^2-4} + x\ ;\quad x \in \mathbb{R} \setminus \{2\,;-2\}$$

mit der Geraden $y = -x$ ein?

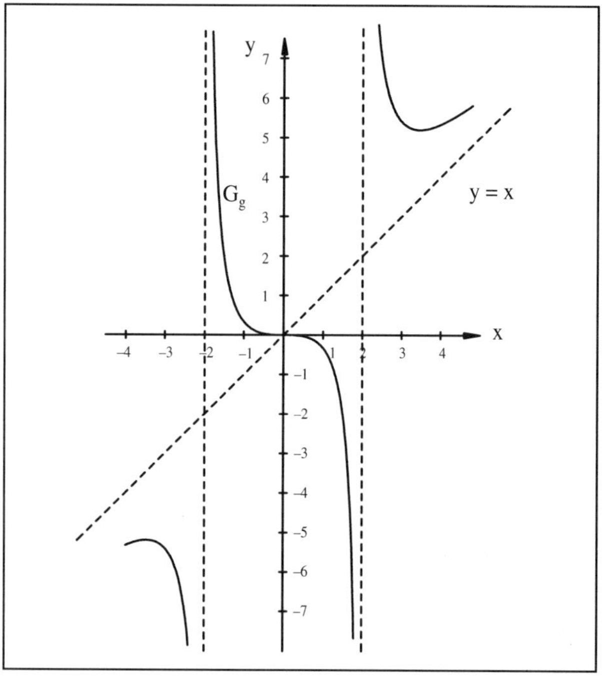

148. Gegeben ist die Funktionenschar

$$f_k:\ x \mapsto k\,\frac{x}{x^2-1} \quad \text{mit } x \in \mathbb{R} \setminus \{-1\,;\,1\} \text{ und } k \in\ ]0\,;\,1[\,.$$

Die Abbildung zeigt den Graphen der Funktion $f_{0,5}$.

a) Berechnen Sie in Abhängigkeit von k den Inhalt A (k) der Fläche, die vom Graphen der Funktion f_k und der Geraden $y = -x$ eingeschlossen sind!

b) Untersuchen Sie die Grenzwerte des Flächeninhalts A (k) für $k \to 0$ und $k \to 1-$!

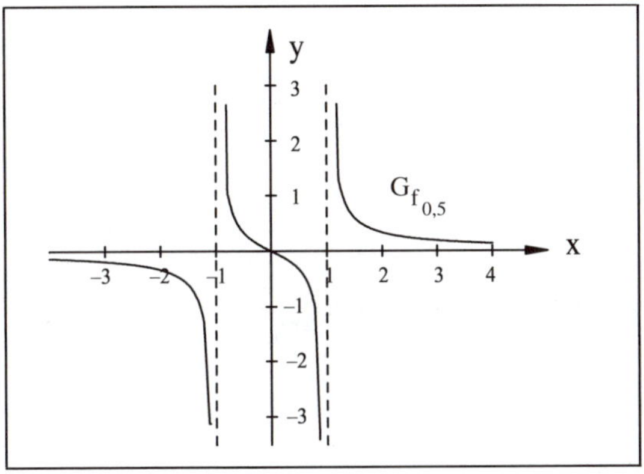

$f_{0,5}: x \mapsto \frac{0{,}5x}{x^2-1}$; $x \in \mathbb{R}\setminus\{-1 ; 1\}$

149. *Kurvendiskussion mit Flächenberechnung:*

Gegeben ist die Funktion

$$f: x \mapsto \frac{x^3+x^2}{x^2+3x+2} \; ; \; x \in \mathbb{D}_f .$$

a) Bestimmen Sie für f bzw. ihren Graphen G_f:

(1) die maximal mögliche Definitionsmenge $\mathbb{D}_f$

(2) das Verhalten in der Umgebung der Definitionslücken

(3) eine stetige Fortsetzungsfunktion g (mit der Sie dann weiterrechnen dürfen)

(4) Nullstellen

(5) Gleichungen aller Asymptoten

(6) relative Extrempunkte

b) Zeichnen Sie G_f für $-6 \le x \le 5$ mit allen Asymptoten!

c) Der Graph G_f, die y-Achse, die schräge Asymptote und die Gerade $x = 4$ schließen ein Flächenstück ein. Berechnen Sie den Inhalt dieses Flächenstücks!

150. Bestimmen Sie a so, daß $\int_a^0 \frac{8}{9(x+2)}\,dx = \frac{8}{9}\ln 2$!

151. Berechnen Sie:

a) $\int_0^1 \frac{2x+4}{(x+1)^2}\,dx$ **b**) $\int \frac{x^3-3}{x+2}\,dx$

c) $\int_0^2 \left[\frac{(x+4)^2}{4(x+1)} - x - 1\right] dx$

d) $\int \frac{x+2}{x^2-5x+6}\,dx$; Hinweis: Zeigen Sie, daß $\frac{x+2}{x^2-5x+6} = \frac{5}{x-3} - \frac{4}{x-2}$.

152. *Extremwertproblem:*

Gegeben ist die Funktion

$$f\colon x \mapsto \frac{x^2-4}{x^2+2} \quad \text{mit } x \in \mathbb{R}.$$

Ihren Graphen zeigt die untenstehende Abbildung.

Zeichnen Sie in diese Abbildung ein gleichschenkliges Dreieck ABC so ein, daß dieses symmetrisch zur y-Achse ist, seine Spitze im Punkt (0 ; 1) liegt und die anderen Ecken A und B Punkte des Graphen von f sind!

Bestimmen Sie die Koordinaten der Ecken A und B des Dreiecks mit dem größten Flächeninhalt und geben Sie diesen an!

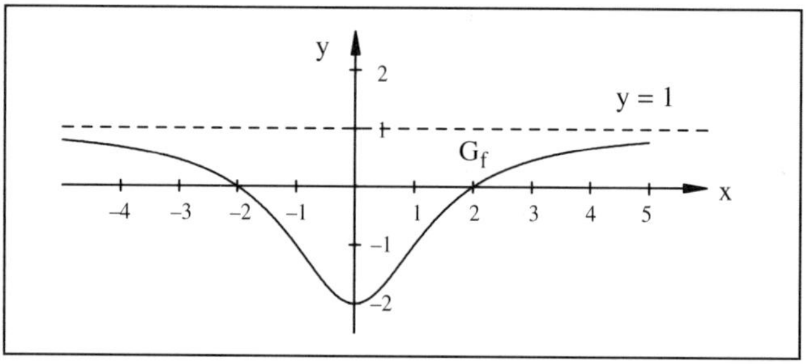

$f\colon x \mapsto \frac{x^2-4}{x^2+2}$; $x \in \mathbb{R}$

10 Uneigentliche Integrale

10.1 Uneigentliches Integral 1. Art

Ist eine Funktion f im abgeschlossenen Intervall [a , b] bzw. [–b , a] integrierbar, so gilt:

$$\int_a^\infty f(x)\,dx = \lim_{b\to\infty} \int_a^b f(x)\,dx$$

$$\int_{-\infty}^a f(x)\,dx = \lim_{b\to-\infty} \int_b^a f(x)\,dx$$

Beispiel

Berechnen Sie in Abhängigkeit von a den Flächeninhalt A (a) zwischen der x-Achse und dem Graphen der Funktion

$$f:\ x \mapsto \frac{8x}{(x^2-4)^2}\ ;\ x \in \mathbb{R}\setminus\{-2\,;\,2\}$$

im Intervall [3 ; a] mit a > 3!
Existiert A (a) über dem Intervall] 3 ; ∞ [?

Lösung:

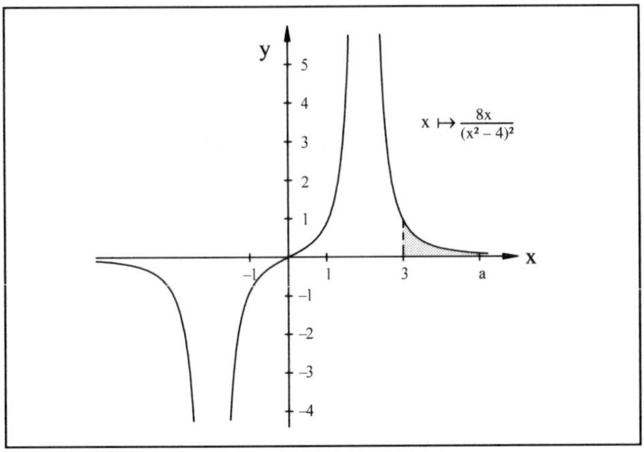

$$A(a) = \int_3^a \frac{8x}{(x^2-4)^2}\,dx$$

Wir setzen $x^2 - 4 = t \Rightarrow 2x\,dx = dt$, also $8x\,dx = 4dt$

Neue Integrationsgrenzen: $x = 3 \Rightarrow t = 5$
$x = a \Rightarrow t = a^2 - 4$

$$= \int_5^{a^2-4} \frac{4}{t^2}\,dt = \left[-\frac{4}{t}\right]_5^{a^2-4} = -\frac{4}{a^2-4} + \frac{4}{5}\,[FE]$$

Für den Inhalt der Fläche zwischen der x-Achse und dem Graphen G_f über dem Intervall $]3\,;\,\infty[$ gilt:

$$\lim_{a\to\infty} A(a) = \lim_{a\to\infty}\left(\frac{4}{5} - \frac{4}{a^2-4}\right) = \frac{4}{5} = 0{,}8\,[FE]$$

Aufgaben

153. Untersuchen Sie, ob folgende Integrale existieren und geben Sie ggf. ihre Werte an:

a) $\int_1^\infty \frac{1}{x^2}\,dx$ **b)** $\int_3^\infty \frac{4x}{x^2-4}\,dx$

c) $\int_3^\infty \frac{3}{3-x^2}\,dx$; Hinweis: $\frac{1}{x^2-3} = \frac{\sqrt{3}}{6}\left(\frac{1}{x-\sqrt{3}} - \frac{1}{x+\sqrt{3}}\right)$

154. *Fläche, die ins Unendliche reicht:*
Bestimmen Sie den Inhalt A (d) des von G_f, der zugehörigen schrägen Asymptote $y = x$ und den Geraden $x = 0{,}5$ und $x = d$ $(d > 0{,}5)$ liegenden Flächenstücks!
Prüfen Sie, ob $\lim_{d\to\infty} A(d)$ existiert!

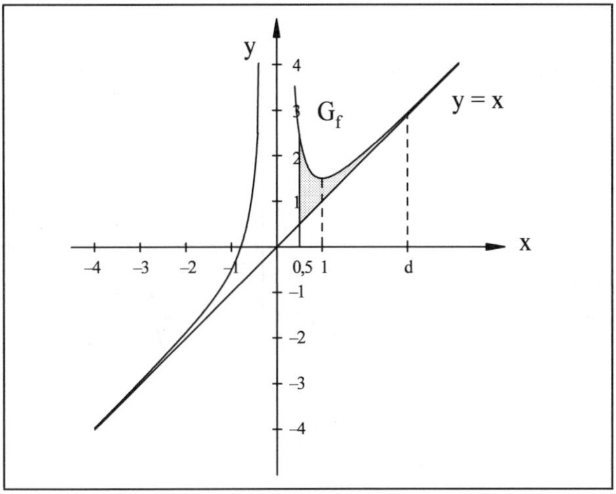

$f: x \mapsto \frac{2x^3+1}{2x^2}$; $x \in \mathbb{R}\setminus\{0\}$

10.2 Uneigentliches Integral 2. Art

Sind die Integrationsgrenzen eines bestimmten Integrals gleichzeitig Unendlichkeitsstellen (Polstellen), so gilt für den Fall, daß

- f stetig für $a < x \leq b$, d. h. a ist Polstelle:

$$\int_a^b f(x)\,dx = \lim_{\varepsilon \to 0} \int_{a+\varepsilon}^b f(x)\,dx$$

- f stetig für $[\,a\,;\,b\,[$, d. h. b ist Polstelle:

$$\int_a^b f(x)\,dx = \lim_{\varepsilon \to 0} \int_a^{b-\varepsilon} f(x)\,dx$$

Beispiel

Prüfen Sie, ob der Graph der Funktion

$$f: x \mapsto \frac{x}{\sqrt{1-x^2}} \; ; \; |x| < 1$$

im I. Quadranten mit der x-Achse und der Asymptote x = 1 eine Fläche mit endlichem Inhalt einschließt.

Lösung:

Aus der nebenstehenden Abbildung entnehmen wir:

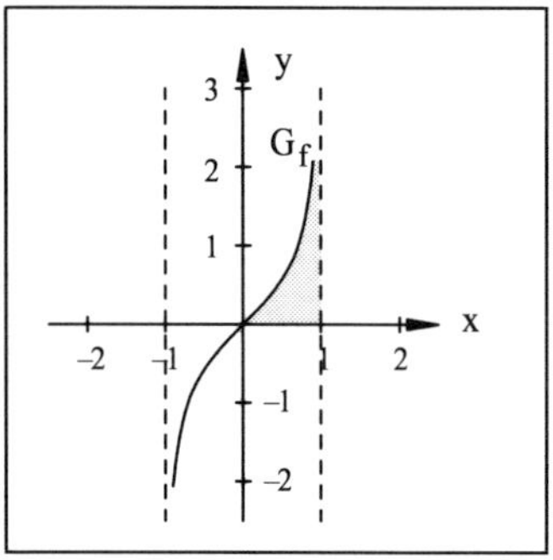

$$A = \int_0^1 \frac{x}{\sqrt{1-x^2}}\,dx$$

Wir substituieren

$$u(x) = \sqrt{1-x^2}$$

$$\Rightarrow\ du = \frac{1(-2x)}{2\sqrt{1-x^2}}\,dx;\ x = 0 \Rightarrow u = 1$$
$$x = 1 \Rightarrow u = 0$$

$$= -\int_1^0 du = -\lim_{\varepsilon\to 0}\int_{1-\varepsilon}^0 du = -\lim_{\varepsilon\to 0}[u]_{1-\varepsilon}^0$$
$$= -\lim_{\varepsilon\to 0}(0-1+\varepsilon) = 1\,[\text{FE}]$$

Aufgaben

155. Untersuchen Sie, ob das uneigentliche Integral existiert:

a) $\int_0^2 \frac{1}{(x-2)^2}\,dx$ **b)** $\int_0^4 \frac{dx}{\sqrt{x}}$ **c)** $\int_{-2}^0 \frac{x^5+x-1}{x^3}\,dx$

156. Zeigen Sie, daß der Graph der Funktion

$$f:\ x \mapsto \frac{x}{1-\sqrt{x+1}} \quad \text{mit } x \in [-1\,;0[\ \cup\ ]0\,;\infty[$$

an der Stelle x = 0 eine stetig behebbare Definitionslücke hat, und berechnen Sie

$$\int_{-1}^0 f(x)\,dx\,!$$

157. Gegeben ist die Funktionenschar

$$f_k:\ x \mapsto \frac{|x|}{\sqrt{k^2 - x^2}} \quad \text{mit } \mathbb{D}_{f_k} = \{x \mid x \in \mathbb{R} \wedge -k < x < k\}$$

Der zu f_k gehörende Graph heißt G_{f_k}.

a) Welches Symmetrieverhalten zeigt G_{f_k}?

b) Welche Asymptoten besitzt G_{f_k}?

c) Weisen Sie nach, daß f_k an der Stelle $x = 0$ ein absolutes Minimum hat!

d) Skizzieren Sie den Graphen G_{f_2}!

e) Berechnen Sie den Inhalt $A(k)$ der Fläche, der von der x-Achse, dem Graphen G_{f_k} und seinen Asymptoten eingeschlossen wird!

Lösungen

1. **a)**

x	$0,5e^{0,5}$
–2	0,2
–1	0,3
0	0,5
1	0,8
2	1,4
4	3,7

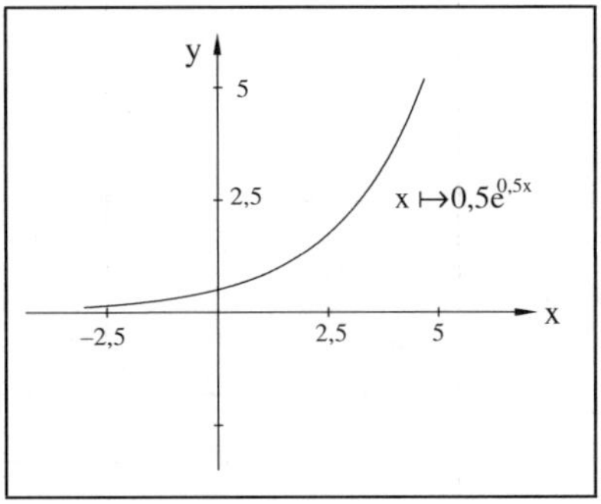

b)

x	$\lvert e^x - 1 \rvert$
–2	0,9
–1	0,6
0	0
1	1,7
2	6,4

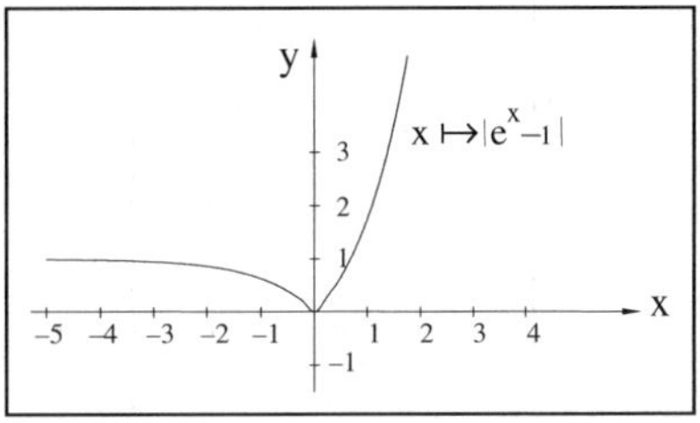

2. **a)**

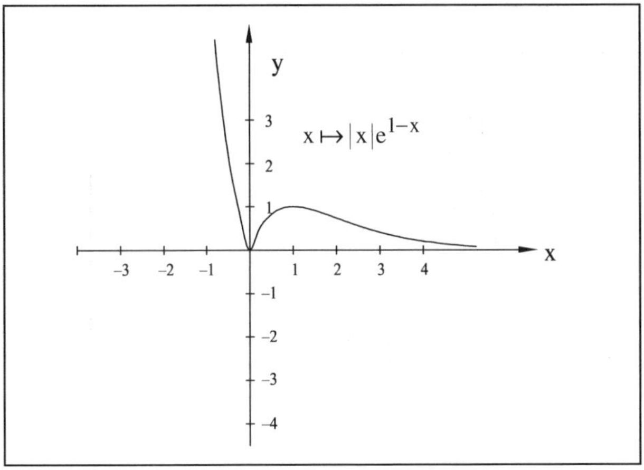

b)

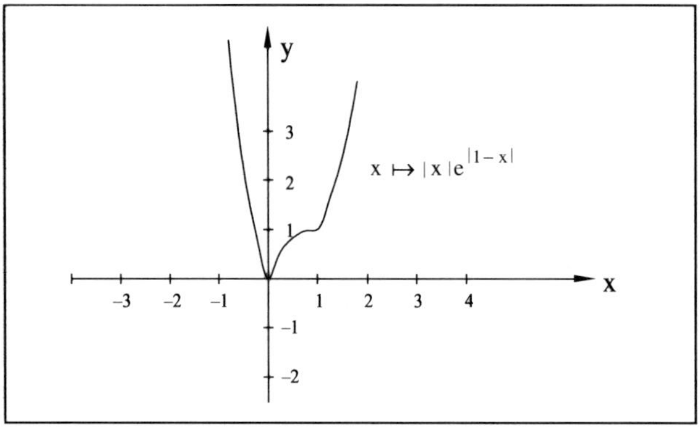
y
3
2
1
-3
-2
-1
1
2
3
4
x
-1
-2
x ↦ |x|e^{|1 - x|}

c)

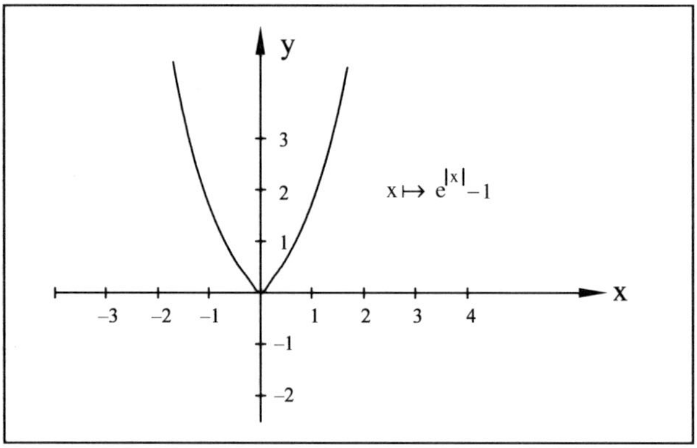
y
3
2
1
-3
-2
-1
1
2
3
4
x
-1
-2
x ↦ e^{|x|} - 1

d)

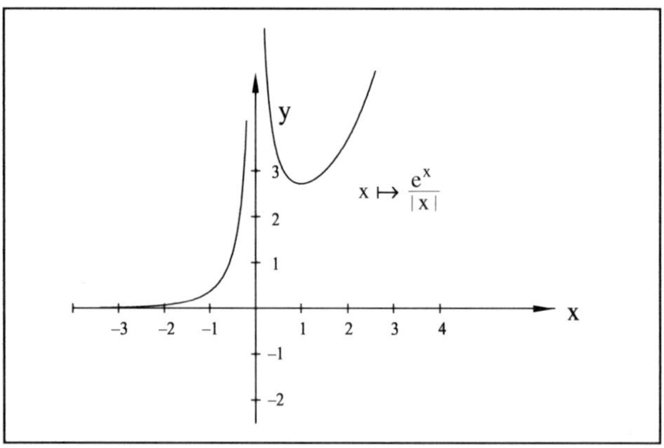
y
3
2
1
-3
-2
-1
1
2
3
4
x
-1
-2
x ↦ e^x / |x|

3. **a)** p: $x \mapsto x^2 e^{-x}$; $x \in \mathbb{R}$

b) f: $x \mapsto x e^{x}$; $x \in \mathbb{R}$

c) g: $x \mapsto x e^{-x}$; $x \in \mathbb{R}$

d) h: $x \mapsto x^2 e^{x}$; $x \in \mathbb{R}$

4. **a)** $f(0) = 0$, $f(1) = 0{,}61$, $f(-2) = -0{,}27$

b) $f(0) = 1$, $f(1) = -0{,}37$, $f(-2) = 36{,}95$

5. **a)** $-e^{1-x}\cdot(-1)(1+x) - e^{1-x} = e^{1-x}(1+x) - e^{1-x}$

$= e^{1-x}(1+x-1) = x\,e^{1-x}$

b) $\frac{1}{2}\left[e^{x}(e^{x}-2) + e^{x}\cdot e^{x}\right] = \frac{1}{2}\left[e^{2x} - 2e^{x} + e^{2x}\right]$

$= \frac{1}{2}(2e^{2x} - 2e^{x}) = \frac{1}{2}\cdot 2\,(e^{2x} - e^{x}) = e^{x}(e^{x}-1)$

c) $-2e^{-x} + (1-2x)\,e^{-x}\cdot(-1) = -1\,(2e^{-x} + e^{-x} - 2x\,e^{-x})$

$= -1\,(3e^{-x} - 2x\,e^{-x}) = -e^{-x}(3-2x)$

d) $$\frac{\frac{e^{x}}{\sqrt{e^{x}-1}}\,e^{x} - e^{x}\sqrt{e^{x}-1}}{e^{2x}} = \frac{\frac{e^{x}}{\sqrt{e^{x}-1}} - \sqrt{e^{x}-1}}{e^{x}} = \frac{\frac{e^{x}-(e^{x}-1)}{\sqrt{e^{x}-1}}}{e^{x}} = \frac{e^{x}-e^{x}+1}{e^{x}\sqrt{e^{x}-1}} = \frac{1}{e^{x}\sqrt{e^{x}-1}}$$

6. $F(1) - F(-1) = -e^{-1} + e^{-1} + 2e^{-1} + 2e^{-1} - (-e + e - 2e + 2e) = 4e^{-1}$

7. **a)** $f\left(-\frac{1+e}{e}\right) = -e\left(-\frac{1+e}{e}\right)e^{-\frac{1+e}{e}} - e^{-\frac{1+e}{e}} = (1+e)\,e^{-\frac{1+e}{e}} - e^{-\frac{1+e}{e}}$

$= e^{-\frac{1+e}{e}}(1+e-1) = e^{1-\frac{1+e}{e}} = e^{\frac{e-1-e}{e}} = e^{-\frac{1}{e}}$

b) $f\left(\ln\frac{5}{2}\right)=(2-e^{\ln\frac{5}{2}})^2+e^{2\ln\frac{5}{2}}=\left(2-\frac{5}{2}\right)^2+e^{\ln\left(\frac{5}{2}\right)^2}$

$=\frac{1}{4}+\frac{25}{4}=\frac{26}{4}=\frac{13}{2}=6{,}5$

c) $f_a\left(\sqrt{\frac{1}{2a}}\right)=4\sqrt{\frac{1}{2a}}\,e^{-a\cdot\frac{1}{2a}}=4\sqrt{\frac{1}{2a}}\,e^{-\frac{1}{2}}$

8. $\ln(2e^2)+e^{\frac{1}{2}\ln 3}-0{,}2e^{-\ln 0{,}1}+10e^{-\ln 5}-\ln\frac{e^2}{2}$

$=\ln 2+\ln e^2+e^{\ln\sqrt{3}}-0{,}2e^{\ln(0{,}1)^{-1}}+10e^{\ln 5^{-1}}-(\ln e^2-\ln 2)$

$=\ln 2+2+\sqrt{3}-0{,}2\cdot(0{,}1)^{-1}+10\cdot 5^{-1}-2+\ln 2$

$=2\ln 2+2+\sqrt{3}-\frac{0{,}2}{0{,}1}+\frac{10}{5}-2=2\ln 2+\sqrt{3}-2+2=2\ln 2+\sqrt{3}$

9. **a)** $f'(x)=3e^{3x+2}\cdot 3=9e^{3x+2}$

b) $f'(x)=e^{3x}\cdot 3+0=3e^{3x}$

c) $f'(x)=e^{x^2}\cdot 2x$

d) $f'(x)=2e^x\cdot e^x=2e^{2x}$

e) $f'(x)=-e^{-\sqrt{x}}\cdot\left(-\frac{1}{2\sqrt{x}}\right)=\frac{1}{2}\cdot\frac{e^{-\sqrt{x}}}{\sqrt{x}}$

f) $f'(x)=-1\cdot e^{\frac{x^2}{1-x}}+(1-x)\,e^{\frac{x^2}{1-x}}\cdot\frac{(1-x)\,2x-x^2(-1)}{(1-x)^2}$

$=e^{\frac{x^2}{1-x}}\left[-1+\frac{(1-x)(2x-2x^2+x^2)}{(1-x)^2}\right]=e^{\frac{x^2}{1-x}}\left(-1+\frac{2x-x^2}{1-x}\right)$

$=e^{\frac{x^2}{1-x}}\left(\frac{-1+x+2x-x^2}{1-x}\right)=\frac{-x^2+3x-1}{1-x}\cdot e^{\frac{x^2}{1-x}}$

g) $$f'(x) = 2\,(e^{\frac{2}{x}} - x)\left[e^{\frac{2}{x}} \cdot \left(-\frac{2}{x^2}\right) - 1\right]$$

$$= 2\,(e^{\frac{2}{x}} - x)\left(-\frac{2}{x^2}\,e^{\frac{2}{x}} - 1\right) = -2\,(e^{\frac{2}{x}} - x)\left(\frac{2}{x^2}\,e^{\frac{2}{x}} + 1\right)$$

h) $$f(x) = (1+e^x)^2\,(1-e^x)^2 = \left[(1+e^x)(1-e^x)\right]^2 = (1-e^{2x})^2$$

$$f'(x) = 2 \cdot (1-e^{2x})(-e^{2x} \cdot 2) = -4e^{2x}(1-e^{2x})$$

10. a) $$f'(x) = \frac{xe^x - e^x \cdot 1}{x^2} = \frac{e^x(x-1)}{x^2}$$

b) $$f'(x) = \frac{(2-e^x)^2\,4e^x - 4e^x \cdot 2\,(2-e^x)(-e^x)}{(2-e^x)^4} = \frac{4e^x\,(2-e^x)\left[2-e^x-2\,(-e^{-x})\right]}{(2-e^x)^4}$$

$$= \frac{4e^x\,(2-e^x+2e^x)}{(2-e^x)^3} = \frac{4e^x\,(2+e^x)}{(2-e^x)^3}$$

c) $$f'(x) = \frac{1}{2} \cdot \frac{xe^x \cdot 1 - (x+1)(1 \cdot e^x + xe^x)}{(xe^x)^2} = \frac{1}{2} \cdot \frac{xe^x - (x+1)\,e^x\,(x+1)}{(xe^x)^2}$$

$$= \frac{1}{2} \cdot \frac{e^x\left[x-(x+1)^2\right]}{(xe^x)^2} = \frac{1}{2} \cdot \frac{x - x^2 - 2x - 1}{x^2 e^x} = -\frac{1}{2} \cdot \frac{x^2+x+1}{x^2 e^x}$$

d) $$f_k'(x) = \frac{ke^x(k-e^x) - ke^x(-e^x)}{(k-e^x)^2} = \frac{ke^x(k-e^x+e^x)}{(k-e^x)^2} = \frac{k^2 e^x}{(k-e^x)^2}$$

e) $$f_k'(x) = \frac{e^{kx} \cdot k\,(e^x) - (e^{kx}-k)\,e^x}{e^{2x}} = \frac{e^x(k\,e^{kx} - e^{kx} + k)}{e^{2x}} = \frac{k\,e^{kx} - e^{kx} + k}{e^x}$$

f) $$f_a'(x) = a^2\,\frac{e^x(a-e^x)^2 - e^x \cdot 2\,(a-e^x)(-e^x)}{(a-e^x)^4} = a^2\,\frac{(a-e^x) \cdot e^x\left[(a-e^x)+2e^x\right]}{(a-e^x)^4}$$

$$= \frac{a^2 \cdot e^x\,(a+e^x)}{(a-e^x)^3}$$

11. $F'(x) = 3 \cdot \frac{1 \cdot e^x}{e^x + 1} - 2 = \frac{3e^x - 2(e^x + 1)}{e^x + 1} = \frac{e^x - 2}{e^x + 1} = f(x)$

12. a)

$$\begin{aligned} & e^x - e^{2x} = 0 \\ \Leftrightarrow\ & e^x (1 - e^x) = 0 \\ \Leftrightarrow\ & e^x = 0 \quad \vee \quad 1 - e^x = 0 \\ & L = \{\ \} \quad\quad \Leftrightarrow \quad x = 0 \end{aligned}$$

Die Lösungszahl heißt 0.

b) $e^{-2x} - 10 = 0 \Leftrightarrow e^{-2x} = 10 \quad \Leftrightarrow \quad -2x = \ln 10$

$\Leftrightarrow \quad x = -0{,}5 \ln 10$

Die Lösungszahl heißt $-0{,}5 \ln 10$ ($\approx -1{,}15$).

c) $2e^{-x}(1 - 4e^{-x}) = 0 \Leftrightarrow 2e^{-x} = 0 \quad \vee \quad 1 - 4e^{-x} = 0$

$$\begin{aligned} L = \{\ \} \quad \Leftrightarrow \quad & \tfrac{1}{4} = e^{-x} \\ \Leftrightarrow \quad & -x = \ln \tfrac{1}{4} \\ \Leftrightarrow \quad & -x = \ln 1 - \ln 4 \\ \Leftrightarrow \quad & -x = 0 - \ln 4 \\ \Leftrightarrow \quad & x = \ln 4 \end{aligned}$$

Die Lösungszahl heißt $\ln 4$ ($\approx 1{,}39$).

d) $\frac{2}{1 + e^x} - 1 + \frac{2e^x}{(1 + e^x)^2} = 0$

Wir substituieren $e^x = u$. Also

$$\begin{aligned} & \frac{2}{1+u} - 1 + \frac{2u}{(1+u)^2} = 0 \quad | \cdot (1+u)^2 \\ \Leftrightarrow\ & 2(1+u) - 1 - 2u - u^2 + 2u = 0 \quad | \cdot (-1) \\ \Leftrightarrow\ & u^2 - 2u - 1 = 0 \\ \Leftrightarrow\ & u = \frac{2 + \sqrt{8}}{2} \quad \vee \quad u = 1 - \sqrt{2} \\ \Leftrightarrow\ & u = 1 + \sqrt{2} \quad \vee \quad u = 1 - \sqrt{2} \end{aligned}$$

Eingesetzt in $e^x = u$ erhalten wir:

$e^x = 1+\sqrt{2} \iff x = \ln\left(1+\sqrt{2}\right)$

$e^x = 1-\sqrt{2}$ ist in $\mathbb{R}$ nicht lösbar.

e) $\frac{1}{4e^x} = \frac{1}{e^x+a} - \frac{1}{4e^x}$; $a \in \mathbb{R}^+$

$\iff \frac{2}{4e^x} = \frac{1}{e^x+a}$

$\iff \frac{1}{2e^x} = \frac{1}{e^x+a}$

$\iff e^x + a = 2e^x \iff a = e^x \iff x = \ln a$

f) $e^{-x^2} = \frac{1}{4} \iff \frac{1}{e^{x^2}} = \frac{1}{4} \iff e^{x^2} = 4 \iff x^2 = \ln 4$

$\iff x = \sqrt{2\ln 2} \vee x = -\sqrt{2\ln 2}$

g) $(e^{-x})^2 = \frac{1}{4} \iff e^{-x} \cdot e^{-x} = \frac{1}{4} \iff e^{-2x} = \frac{1}{4}$

$\iff \frac{1}{e^{2x}} = \frac{1}{4} \iff e^{2x} = 4 \iff 2x = \ln 4 \iff x = \frac{1}{2}\ln 4$

$\iff x = \frac{1}{2} \cdot 2\ln 2 = \ln 2$

h) $\frac{2}{e^{1-\sqrt{x}}} = \frac{2}{e^2}(e^{1-\sqrt{x}})^3 \iff e^{\sqrt{x}-1} = e^{-2}e^{3-3\sqrt{x}}$

$\iff e^{\sqrt{x}-1} = e^{1-3\sqrt{x}} \iff \sqrt{x} - 1 = 1 - 3\sqrt{x} \iff 4\sqrt{x} = 2 \iff x = \frac{1}{4}$

i) $e^{2x} - 3e^x + 2 = 0$

$e^x = z$

$z^2 - 3z + 2 = 0$

$\iff (z-1)(z-2) = 0$

$\iff z = 1 \vee z = 2$

$e^x = 1 \iff x = 0$

$e^x = 2 \iff x = \ln 2$

13. **a)** $a - \frac{a}{e^x} = 3 \quad |\cdot e^x \ \wedge \ a < 0$

$\Leftrightarrow \quad ae^x - a = 3e^x$

$\Leftrightarrow \quad ae^x - 3e^x = a$

$\Leftrightarrow \quad e^x(a-3) = a \ \Leftrightarrow \ e^x = \frac{a}{a-3} \ \Leftrightarrow \ x = \ln\frac{a}{a-3}$

b) $(a - e^x)^2 = a^2; \quad a \in \mathbb{R}^+$

$\Leftrightarrow \quad a^2 - 2ae^x + e^{2x} = a^2$

$\Leftrightarrow \quad e^x(e^x - 2a) = 0 \ \Leftrightarrow \ e^x - 2a = 0 \ \Leftrightarrow \ x = \ln 2a$

14. Wir setzen die Koordinaten des Punktes P in die Funktionsgleichung ein:

$\frac{2}{e} = 2e^{k-2} \ \Leftrightarrow \ \frac{2}{e} = 2\frac{e^k}{e^2} \ \Leftrightarrow \ \frac{e^2}{e} = e^k$

$\Leftrightarrow \quad e = e^k$

$\Leftrightarrow \quad k = 1$

15. **a)** $f(x) = 0$, wo $x \cdot e^x = 0 \ \Leftrightarrow \ x = 0 \ \vee \ e^x = 0$

Nullstelle: 0

b) $f(x) = 0$, wo $(x+1)\,e^x = 0 \ \Leftrightarrow \ x + 1 = 0 \ \Leftrightarrow \ x = -1$

Nullstelle: –1

c) $f(x) = 0$, wo $e^x - 2 = 0 \ \Leftrightarrow \ e^x = 2 \ \Leftrightarrow \ x = \ln 2$

Nullstelle: ln 2

d) $f(x) = 0$, wo $6e^x - 2x\,e^x = 0 \ \Leftrightarrow \ 2e^x(3 - x) = 0 \ \Leftrightarrow \ x = 3$

Nullstelle: 3

e) $f(x) = 0$, wo $e^{-x}(x - e^x) = 0 \ \Leftrightarrow \ x - e^x = 0 \ \Leftrightarrow \ L = \{\ \}$

f hat keine Nullstelle.

f) $f(x) = 0$, wo $e^{\frac{1}{x-3}} - 2 = 0 \ \Leftrightarrow \ e^{\frac{1}{x-3}} = 2 \ \Leftrightarrow \ \frac{1}{x-3} = \ln 2$

$\Leftrightarrow \ \frac{1}{\ln 2} = x - 3 \ \Leftrightarrow \ x = 3 + \frac{1}{\ln 2}$

Nullstelle: $3 + \frac{1}{\ln 2}$

16. Schnittpunkt mit der y-Achse:

$f_a(0) = 4 \cdot 1\,(a-1) = 4\,(a-1)$; also $S_y\,(4a-4\,;\,0)$

Schnittpunkt mit der x-Achse:

$$4e^{-x}(a-e^{-x})=0 \Leftrightarrow a-e^{-x}=0 \Leftrightarrow a=e^{-x}$$
$$\Leftrightarrow e^{x}=\frac{1}{a}$$
$$\Leftrightarrow x=\ln\frac{1}{a}$$
$$\Leftrightarrow x=-\ln a$$

17. a)

$$e^{-x}=1-e^{-x}$$
$$\Leftrightarrow 2e^{-x}=1 \Leftrightarrow e^{-x}=\frac{1}{2} \Leftrightarrow \frac{1}{e^{x}}=\frac{1}{2}$$
$$\Leftrightarrow e^{x}=2$$
$$\Leftrightarrow x=\ln 2$$

$$f(\ln 2)=e^{-\ln 2}=\frac{1}{e^{\ln 2}}=\frac{1}{2}$$

Genau den Punkt $S\,(\ln 2\,;\,\frac{1}{2})$ haben die Graphen gemeinsam.

b)

$$(2-e^{x})^2=(3-e^{x})^2$$
$$\Leftrightarrow 4-4e^{x}+e^{2x}=9-6e^{x}+e^{2x}$$
$$\Leftrightarrow 2e^{x}=5 \Leftrightarrow e^{x}=2{,}5 \Leftrightarrow x=\ln 2{,}5$$

$$f\,(\ln 2{,}5)=(2-e^{\ln 2{,}5})^2=(2-2{,}5)^2=\frac{1}{4}$$

Genau den Punkt $S\,(\ln 2{,}5\,;\,0{,}25)$ haben die Graphen gemeinsam.

18. a) $f'(x)=(x-1)\,e^{2-x}\cdot(-1)+e^{2-x}\cdot 1=e^{2-x}(-x+1+1)=e^{2-x}(2-x)$

$f'(x)=0$, wo $2-x=0 \Leftrightarrow x=2$

Bereich	Aussage über $f'(x)$	Monotonieaussage
$-\infty < x < 2$	$f'(x) > 0$	f streng monoton zunehmend
$2 < x < \infty$	$f'(x) < 0$	f streng monoton abnehmend

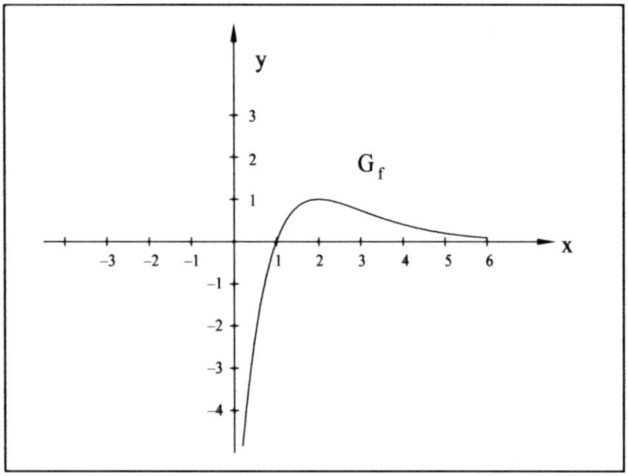

f: $x \mapsto (x-1)\,e^{2-x}$; $x \in \mathbb{R}$

b) $f(x) = (1+e^x)^2\,(1-e^x)^2 = \left[(1+e^x)(1-e^x)\right]^2 = (1-e^{2x})^2$

$f'(x) = 2\,(1-e^{2x})\cdot(-e^{2x})\cdot 2 = -4e^{2x}\,(1-e^{2x})$

$f'(x) = 0$, wo $1-e^{2x} = 0 \Leftrightarrow x = 0$

Bereich	Aussage über f'(x)	Monotonieaussage
$-\infty < x < 0$	$f'(x) < 0$	f streng monoton abnehmend
$0 < x < \infty$	$f'(x) > 0$	f streng monoton zunehmend

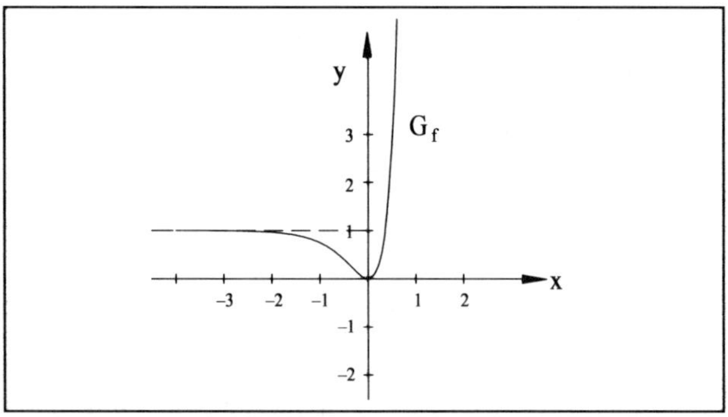

f: $x \mapsto (1+e^x)^2\,(1-e^x)^2 = (1-e^{2x})^2$; $x \in \mathbb{R}$

c) $f'(x) = 4x\,e^{-0,5x^2} \cdot (-2 \cdot 0,5x) + e^{-0,5x^2} \cdot 4$

$= e^{-0,5x^2}(-4x^2 + 4) = 4e^{-0,5x^2}(1 - x^2)$

$f'(x) = 0$, wo $1 - x^2 = 0 \Leftrightarrow x = 1 \;\vee\; x = -1$

Bereich	Aussage über f'(x)	Monotonieaussage
$-\infty < x < -1$	$f'(x) < 0$	f streng monoton abnehmend
$-1 < x < 1$	$f'(x) > 0$	f streng monoton zunehmend
$1 < x < \infty$	$f'(x) < 0$	f streng monoton abnehmend

$f: x \mapsto 4x\,e^{-0,5x^2}$

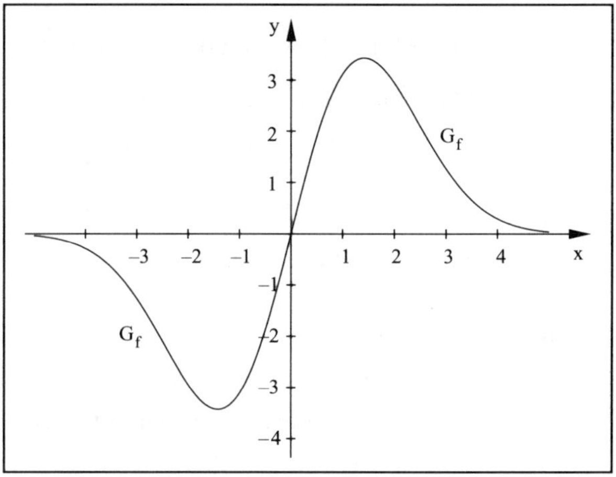

d) $f'(x) = \dfrac{(e^x+1)e^x - (e^x-2)e^x}{(e^x+1)^2} = \dfrac{e^x(e^x+1-e^x+2)}{(e^x+1)^2} = \dfrac{3e^x}{(e^x+1)^2}$

$f'(x) > 0$ für alle $x \in \mathbb{R}$. Daraus folgt, daß f im gesamten Definitionsbereich $\mathbb{D}_f = \mathbb{R}$ streng monoton zunimmt.

$f: x \mapsto \dfrac{e^x - 2}{e^x + 1}$; $x \in \mathbb{R}$

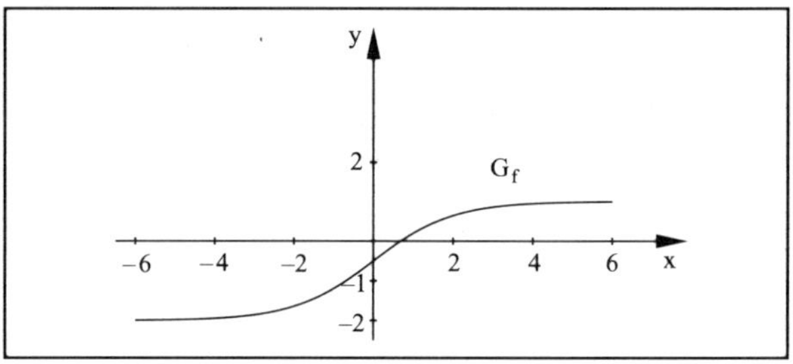

19. a) $f_a'(x) = 4e^{-x} \cdot (-1)(a - e^{-x}) + 4e^{-x}(-e^{-x}) \cdot (-1)$

$= 4e^{-x}(-a + e^{-x} + e^{-x}) = 4e^{-x}(2e^{-x} - a)$

Eine stetige Funktion hat dort eine Extremumsstelle, wo f'(x) das Vorzeichen wechselt.

Da $4e^{-x} > 0$, hängt das Vorzeichen von $f_a'(x)$ vom Term $(2e^{-x} - a)$ ab.

Also:

$f_a'(x) > 0$ für $2e^{-x} - a > 0 \Leftrightarrow e^{-x} > \frac{a}{2} \Leftrightarrow \frac{1}{e^x} > \frac{a}{2}$

$\Leftrightarrow e^x < \frac{2}{a} \Leftrightarrow x < \ln\frac{2}{a}$

$f_a'(x) < 0$ für $2e^{-x} - a < 0 \Leftrightarrow x > \ln\frac{2}{a}$

$\Rightarrow$ Maximum an der Stelle $x = \ln\frac{2}{a}$, wobei $a \in \mathbb{R}_0^+$.

$$f\left(\ln\frac{2}{a}\right) = 4e^{-\ln\frac{2}{a}}\left(a - e^{-\ln\frac{2}{a}}\right) = 4e^{\ln\frac{a}{2}}\left(a - e^{\ln\frac{a}{2}}\right)$$
$$= 4\frac{a}{2} \cdot \left(a - \frac{a}{2}\right) = 4\frac{a}{2} \cdot \frac{a}{2} = a^2$$

Die Graphen haben für alle $a \in \mathbb{R}_0^+$ einen Hochpunkt in $\left(\ln\frac{2}{a} ; a^2\right)$.

b) $f_a'(x) = 4e^{-ax^2} + 4x \cdot e^{-ax^2} \cdot (-2ax)$

$= 4e^{-ax^2} - 8ax^2 e^{-ax^2} = 4e^{-ax^2}(1 - 2ax^2)$

Das Vorzeichen von $f_a'(x)$ hängt vom Term $(1 - 2ax^2)$ ab. Wir überlegen: Der Graph von $y = -2ax^2 + 1$ ist eine nach unten geöffnete Parabel mit dem Scheitel S (0 ; 1), die die x-Achse in $x_1 = -\sqrt{\frac{1}{2a}}$ und $x_2 = \sqrt{\frac{1}{2a}}$ schneidet. Also gilt:

$f_a'(x) < 0$ für $-\infty < x < -\sqrt{\frac{1}{2a}}$

$f_a'(x) > 0$ für $-\sqrt{\frac{1}{2a}} < x < \sqrt{\frac{1}{2a}}$

$f_a'(x) < 0$ für $\sqrt{\frac{1}{2a}} < x < \infty$

Somit besitzt f_a im $x_1 = -\sqrt{\frac{1}{2a}}$ eine Minimumsstelle und in $x_2 = \sqrt{\frac{1}{2a}}$ eine Maximumsstelle.

$$f_a\left(-\sqrt{\frac{1}{2a}}\right) = -4\sqrt{\frac{1}{2a}}\, e^{-a \cdot \frac{1}{2a}} = -4e^{-\frac{1}{2}}\sqrt{\frac{1}{2a}}$$
$$f_a\left(\sqrt{\frac{1}{2a}}\right) = 4e^{-\frac{1}{2}}\sqrt{\frac{1}{2a}}$$

20. $f_a'(x) = \dfrac{e^x(e^x+a)^2 - e^x \cdot 2(e^x+a)e^x}{(e^x+a)^4} = \dfrac{e^x(e^x+a)(e^x+a-2e^x)}{(e^x+a)^4}$

$$= \frac{e^x}{(e^x+a)^2} \cdot \frac{a-e^x}{a+e^x} = \frac{a-e^x}{a+e^x} \cdot f_a(x)$$

Eine stetige Funktion hat dort Extremumsstellen, wo die 1. Ableitung das Vorzeichen wechselt.

Da $f_a(x) > 0$ und $(a + e^x) > 0$ für alle $x \in \mathbb{R}$ und $a \in \mathbb{R}^+$, hängt das Vorzeichen von $f_a'(x)$ nur vom Term $(a - e^x)$ ab. Also:

$$f_a'(x) > 0 \text{ für } a - e^x > 0 \Leftrightarrow e^x < a \Leftrightarrow x < \ln a$$

$$f_a'(x) < 0 \text{ für } a - e^x < 0 \Leftrightarrow a < e^x \Leftrightarrow x > \ln a$$

Somit besitzt f_a an der Stelle $x = \ln a$ eine Maximumsstelle.

$$f_a(\ln a) = \frac{e^{\ln a}}{(e^{\ln a}+a)^2} = \frac{a}{(2a)^2} = \frac{1}{4a}$$

21. a) $f'(x) = -e^{-x^2} \cdot (-2x) = 2x e^{-x^2}$

$f''(x) = 2e^{-x^2} + 2x e^{-x^2} \cdot (-2x) = 2e^{-x^2}(1 - 2x^2)$

Eine Kurve heißt konkav gekrümmt (rechtsgekrümmt) in einem Intervall I, wenn für alle $x \in I$ gilt $f''(x) < 0$.

Da $2e^{-x^2} > 0$ für alle $x \in \mathbb{R}$, so hängt das Vorzeichen von $f''(x)$ nur vom Term $(1 - 2x^2)$ ab. Wir überlegen so:

Der Graph von

$y = -2x^2 + 1$

ist eine nach unten geöffnete Parabel mit Scheitel S (0; 1), die die x-Achse in

$x_1 = -\frac{\sqrt{2}}{2}$ und $x_2 = \frac{\sqrt{2}}{2}$

schneidet.

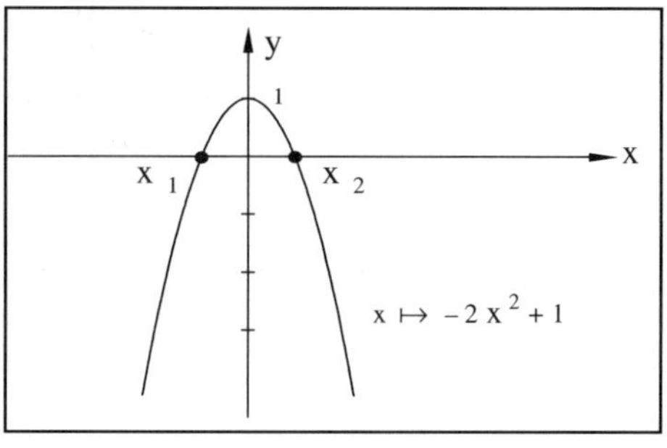

Also folgt daraus:

$$f''(x) < 0 \text{ für } -\infty < x < -\frac{\sqrt{2}}{2} \lor \frac{\sqrt{2}}{2} < x < \infty$$

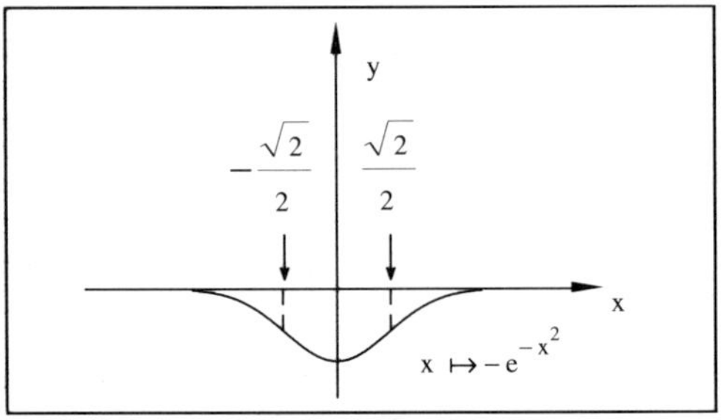

b) $f'(x) = e^x(e^{2x}-1) + e^x(e^{2x}) \cdot 2 = e^x(e^{2x}-1+2e^{2x}) = e^x(3e^{2x}-1)$

$f''(x) = e^x(3e^{2x}-1) + e^x(3e^{2x}) \cdot 2 = e^x(3e^{2x}-1+6e^{2x})$

$= e^x(9e^{2x}-1)$

$f''(x) < 0$, wo $9e^{2x} - 1 < 0 \Leftrightarrow e^{2x} < \frac{1}{9}$

$\Leftrightarrow 2x < \ln\frac{1}{9} \Leftrightarrow x < 0{,}5\ \ln\frac{1}{9}$

$\Leftrightarrow x < -0{,}5\ \ln 9 = -0{,}5\ \ln 3^2 = -\ln 3$

Ergebnis: f ist im Intervall $]-\infty\,; -\ln 3[$ konkav gekrümmt.

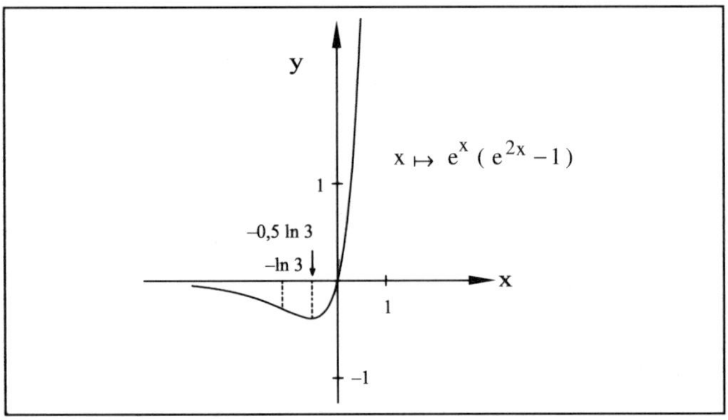

22. a) $\lim\limits_{x \to \infty} \frac{2}{1+e^x} = 0$

$\lim\limits_{x \to -\infty} \frac{2}{1+e^x} = \lim\limits_{x \to +\infty} \frac{2}{1+e^{-x}} = \frac{2}{1+0} = 2$

b) $$\lim_{x\to\infty}\frac{-2e^x}{(1+e^x)^2}=\lim_{x\to\infty}\frac{-2e^x}{1+2e^x+e^{2x}}=\lim_{x\to\infty}\frac{-2e^x}{e^x\left(\frac{1}{e^x}+2+e^x\right)}$$

$$=\lim_{x\to\infty}\frac{-2}{\frac{1}{e^x}+2+e^x}=0$$

$$\lim_{x\to-\infty}\frac{-2e^x}{(1+e^x)^2}=\lim_{x\to+\infty}\frac{-2e^{-x}}{(1+e^{-x})^2}=\frac{0}{1}=0$$

c) $$\lim_{x\to\infty}\frac{e^{3x}+e^{2x}}{2e^{3x}+1}=\lim_{x\to\infty}\frac{e^{3x}(1+e^{-x})}{e^{3x}\left(2+\frac{1}{e^{3x}}\right)}=\lim_{x\to\infty}\frac{1+e^{-x}}{2+e^{-3x}}=\frac{1}{2}$$

$$\lim_{x\to-\infty}\frac{e^{3x}+e^{2x}}{2e^{3x}+1}=\lim_{x\to+\infty}\frac{e^{-3x}+e^{-2x}}{2e^{-3x}+1}=\frac{0}{1}=0$$

d) $$\lim_{x\to\infty}xe^{2-x}=\lim_{x\to\infty}\frac{xe^2}{e^x}=0$$

$$\lim_{x\to-\infty}xe^{2-x}=\lim_{x\to+\infty}-xe^{2+x}=-\infty$$

e) $$\lim_{x\to\infty}\left[(2-e^x)^2+e^{2x}\right]=\infty$$

$$\lim_{x\to-\infty}\left[(2-e^x)^2+e^{2x}\right]=\lim_{x\to+\infty}\left[(2-e^{-x})^2+e^{-2x}\right]=(2-0)^2+0=4$$

f) $$\lim_{x\to\infty}\left(\frac{1}{x}-\frac{1}{e^x-1}\right)=0$$

$$\lim_{x\to-\infty}\left(\frac{1}{x}-\frac{1}{e^x-1}\right)=\lim_{x\to+\infty}\left(-\frac{1}{x}-\frac{1}{e^{-x}-1}\right)=0-\frac{1}{-1}=1$$

23. a) $$\lim_{x\to\infty}\frac{ae^x}{a-e^x}=\lim_{x\to\infty}\frac{e^x\cdot a}{e^x\left(\frac{a}{e^x}-1\right)}=\lim_{x\to\infty}\frac{a}{\frac{a}{e^x}-1}=-a$$

$$\lim_{x\to-\infty}\frac{ae^x}{a-e^x}=\lim_{x\to+\infty}\frac{ae^{-x}}{a-e^{-x}}=\frac{0}{a}=0$$

b) Für a > 0 gilt:

$$\lim_{x\to\infty} \frac{5e^{ax}}{1+e^{ax}} = \lim_{x\to\infty} \frac{e^{ax}\cdot 5}{e^{ax}\left(\frac{1}{e^{ax}}+1\right)} = \lim_{x\to\infty} \frac{5}{\frac{1}{e^{ax}}+1} = 5$$

$$\lim_{x\to-\infty} \frac{5e^{ax}}{1+e^{ax}} = \lim_{x\to+\infty} \frac{5e^{-ax}}{1+e^{-ax}} = \frac{0}{1} = 0$$

Für a < 0 gilt:

$$\lim_{\substack{x\to\infty \\ a>0}} \frac{5e^{-ax}}{1+e^{-ax}} = 0$$

$$\lim_{\substack{x\to-\infty \\ a>0}} \frac{5e^{-ax}}{1+e^{-ax}} = \lim_{x\to+\infty} \frac{5e^{ax}}{1+e^{ax}} = 5$$

c) $$\lim_{x\to\infty} (ae - ae^{-x}) = \lim_{x\to\infty} ae - \lim_{x\to\infty} ae^{-x} = ae - 0 = ae$$

$$\lim_{x\to-\infty} (ae - ae^{-x}) = \lim_{x\to+\infty} (ae - ae^{x}) = \begin{cases} -\infty\,; a>0 \\ +\infty\,; a<0 \end{cases}$$

d) $$\lim_{x\to\infty} \left(1-\frac{2e^{x}}{a+e^{x}}\right) = \lim_{x\to\infty} \left[1-\frac{e^{x}\cdot 2}{e^{x}\left(\frac{a}{e^{x}}+1\right)}\right] = 1-2 = -1$$

$$\lim_{x\to-\infty} \left(1-\frac{2e^{x}}{a+e^{x}}\right) = \lim_{x\to+\infty} \left(1-\frac{2e^{-x}}{a+e^{-x}}\right) = 1-\frac{0}{a} = 1$$

24. a) $$\lim_{x\to\infty} \frac{x+x^2}{e^x} \underset{\text{L'Hospital}}{\uparrow}= \lim_{x\to\infty} \frac{1+2x}{e^x} \underset{\text{L'Hospital}}{\uparrow}= \lim_{x\to\infty} \frac{2}{e^x} = 0$$

b) $$\lim_{x\to\infty} \frac{2\sqrt{e^x}}{x^2} \underset{\text{L'Hospital}}{\uparrow}= \lim_{x\to\infty} \frac{2\,\frac{1}{2\sqrt{e^x}}\cdot e^x}{2x} = \lim_{x\to\infty} \frac{e^x}{2x\sqrt{e^x}}$$

$$\underset{\uparrow}{=} \lim_{x \to \infty} \frac{e^x}{2\left[1\sqrt{e^x} + x\,\frac{1}{2\sqrt{e^x}}\cdot e^x\right]} = \lim_{x \to \infty} \frac{e^x}{2\left[\frac{2e^x + x e^x}{2\sqrt{e^x}}\right]}$$

L'Hospital

$$= \lim_{x \to \infty} \frac{e^x}{\frac{e^x(2+x)}{\sqrt{e^x}}} = \lim_{x \to \infty} \frac{\sqrt{e^x}}{2+x} \underset{\uparrow}{=} \lim_{x \to \infty} \frac{\frac{1}{2\sqrt{e^x}}\,e^x}{1}$$

L'Hospital

$$= \lim_{x \to \infty} \frac{1}{2}\sqrt{e^x} = \infty$$

c) $\lim\limits_{|x| \to \infty} (x-1)\,e^{-|x|} = \lim\limits_{|x| \to \infty} x\,e^{-|x|} - \lim\limits_{|x| \to \infty} e^{-|x|} = 0 - 0 = 0$

d) $\lim\limits_{|x| \to \infty} 4x\,e^{-ax^2} = \lim\limits_{|x| \to \infty} \frac{4x}{e^{ax^2}} = 0 \;;\; a > 0$

e)

$$\lim_{x \to -\infty} 2e^{x-a} = \lim_{x \to +\infty} 2e^{-x-a} = \lim_{x \to +\infty} \frac{2}{e^{x+a}} = 0$$

$$\lim_{x \to -\infty} -2x\,e^{x-a} = \lim_{x \to +\infty} 2x\,e^{-x-a} = \lim_{x \to +\infty} \frac{2x}{e^{x+a}} = 0$$

$$\lim_{x \to -\infty} x^2 e^{x-a} = \lim_{x \to +\infty} (-x)^2\,e^{-x-a} = \lim_{x \to +\infty} \frac{x^2}{e^{x+a}} = 0$$

Also:

$$\lim_{x \to -\infty} \left[(2 - 2x + x^2)\,e^{x-a} - 2e^{-a}\right] = 0 - 2e^{-a} = -2e^{-a}$$

25. a) $\lim\limits_{x \to 0} \frac{e^{2x}-1}{\ln(1+x)} \underset{\uparrow}{=} \lim\limits_{x \to 0+} \frac{2e^{2x}}{\frac{1}{1+x}} = \lim\limits_{x \to 0+} 2(1+x)\,e^{2x} = 2$

L'Hospital

b) $\lim\limits_{x \to 0+} \frac{e^{2x} - e^x}{e^x + \sqrt{x}} = \frac{\lim\limits_{x \to 0+} (e^{2x} - e^x)}{\lim\limits_{x \to 0+} (e^x + \sqrt{x})} = \frac{1-1}{1+0} = \frac{0}{1} = 0$

c) $\lim\limits_{x\to 0+} \frac{e^{-\frac{1}{x}}}{x} = \lim\limits_{x\to 0+} \frac{1}{x\cdot e^{\frac{1}{x}}} = \lim\limits_{x\to 0+} \frac{\frac{1}{x}}{e^{\frac{1}{x}}}$

$$= \lim_{x\to 0+} \frac{-\frac{1}{x^2}}{e^{\frac{1}{x}}\cdot\left(-\frac{1}{x^2}\right)} = \lim_{x\to 0+} \frac{1}{e^{\frac{1}{x}}} = 0$$

↑ L'Hospital $[\frac{\infty}{\infty}]$

d) $\lim\limits_{x\to 1+} e^{\frac{x}{1-x}} = \lim\limits_{h\to 0} e^{\frac{1+h}{1-1-h}} = \lim\limits_{h\to 0} e^{\frac{1+h}{-h}} = \lim\limits_{h\to 0} e^{-\frac{1+h}{h}}$

$$= \lim_{h\to 0} \frac{1}{e^{\frac{1+h}{h}}} = 0$$

e) $\lim\limits_{x\to 1-} e^{\frac{x}{1-x}} = \lim\limits_{h\to 0} e^{\frac{1-h}{1-1+h}} = \lim\limits_{h\to 0} e^{\frac{1-h}{h}} = \infty$

f) $\lim\limits_{x\to 3-} (e^{\frac{1}{x-3}} - 2) = \lim\limits_{h\to 0} (e^{\frac{1}{3-h-3}} - 2) = \lim\limits_{h\to 0} (e^{-\frac{1}{h}} - 2)$

$$= \lim_{h\to 0}\left(\frac{1}{e^{\frac{1}{h}}} - 2\right) = 0 - 2 = -2$$

26. a) $\lim\limits_{x\to 0} \frac{e^x - 1}{x} = \lim\limits_{x\to 0} \frac{e^x}{1} = 1$

↑ L'Hospital $[\frac{0}{0}]$

b) $\lim\limits_{x\to 0} \frac{e^{2x} - 1}{3x} = \lim\limits_{x\to 0} \frac{2e^{2x}}{3} = \frac{2}{3}$

↑ L'Hospital $[\frac{0}{0}]$

c) $$\lim_{x\to 0} \frac{e^{x^2}-\cos x}{x^2} \underset{\uparrow}{=} \lim_{x\to 0} \frac{e^{x^2}\cdot 2x+\sin x}{2x}$$

L'Hospital $[\frac{0}{0}]$

$$\underset{\uparrow}{=} \lim_{x\to 0} \frac{e^{x^2}\cdot 2x\cdot 2x + e^{x^2}\cdot 2+\cos x}{2} = \frac{0+2+1}{2} = \frac{3}{2}$$

L'Hospital $[\frac{0}{0}]$

d) $$\lim_{x\to 0+} x e^{\frac{1}{x}} = \lim_{x\to 0+} \frac{e^{\frac{1}{x}}}{\frac{1}{x}} \underset{\uparrow}{=} \lim_{x\to 0+} \frac{e^{\frac{1}{x}}\cdot\left(-\frac{1}{x^2}\right)}{\left(-\frac{1}{x^2}\right)} = \lim_{x\to 0+} e^{\frac{1}{x}} = \infty$$

L'Hospital $[\frac{\infty}{\infty}]$

27. f ist nicht definiert, wo $2e^x - 1 = 0 \Leftrightarrow e^x = \frac{1}{2} \Leftrightarrow x = -\ln 2$

Also: $\mathbb{D}_{max} = \mathbb{R}\setminus\{-\ln 2\}$

$-\ln 2$ ist Pol 1. Ordnung mit Zeichenwechsel; $x = -\ln 2$ ist senkrechte Asymptote.

$$\lim_{x\to\infty} f(x) = \lim_{x\to\infty} \frac{e^x\left(1+\frac{1}{e^x}\right)}{e^x\left(2-\frac{1}{e^x}\right)} = \frac{1}{2}$$

$$\lim_{x\to-\infty} f(x) = \lim_{x\to+\infty} \frac{e^{-x}+1}{2e^{-x}-1} = \frac{1}{-1} = -1$$

$y = \frac{1}{2}$ ist horizontale Asymptote für $x \to \infty$.

$y = -1$ ist horizontale Asymptote für $x \to -\infty$.

28. a) $$\lim_{x\to-\infty} \left|\frac{e^x - x^2}{x} - (-x)\right| = \lim_{x\to-\infty} \left|\frac{e^x}{x} - x + x\right| = \lim_{x\to-\infty} \left|\frac{e^x}{x}\right|$$

$$= \lim_{x\to+\infty} \left|\frac{e^{-x}}{-x}\right| = \lim_{x\to+\infty} \left|\frac{1}{-x e^x}\right| = 0$$

b) $f\colon x \mapsto \begin{cases} x-2+xe^{x} & \text{für } x \geq 2 \\ -x+2+xe^{x} & \text{für } x < 2 \end{cases}$

$$\lim_{x\to-\infty}\left|-x+2+xe^{x}-(-x+2)\right| = \lim_{x\to-\infty}\left|xe^{x}\right| = \lim_{x\to+\infty}\left|-xe^{-x}\right|$$

$$= \lim_{x\to+\infty}\left|\frac{-x}{e^{x}}\right| = 0$$

29. a) $f(x) = \frac{-0{,}5xe^{x}+1}{0{,}5e^{x}} = \frac{-0{,}5xe^{x}}{0{,}5e^{x}} + \frac{1}{0{,}5e^{x}} = -x + \frac{1}{0{,}5e^{x}}$

$y = -x$ ist schiefe Asymptote für $x \to \infty$.

Nachweis:

$$\lim_{x\to\infty}\left|f(x)-(-x)\right| = \lim_{x\to\infty}\left|-x+\frac{1}{0{,}5e^{x}}+x\right| = \lim_{x\to\infty}\left|\frac{1}{0{,}5e^{x}}\right| = 0$$

b) $y = x + 2$ ist schiefe Asymptote für $x \to \infty$.

Nachweis:

$$\lim_{x\to\infty}\left|f(x)-(x+2)\right| = \lim_{x\to\infty}\left|x+2+\frac{x}{e^{x}}-x-2\right| = 0$$

30. $\mathbf{y = e^{\frac{x}{1-x}}}$

$\lim_{x\to 1-} e^{\frac{x}{1-x}} = \infty$ (siehe 25 e) $\Rightarrow$ x = 1 ist senkrechte Asymptote

$\lim_{|x|\to\infty} e^{\frac{x}{1-x}} = \lim_{|x|\to\infty} e^{\frac{1}{\frac{1}{x}-1}} = e^{-1} \Rightarrow$ $y = \frac{1}{e}$ ist waagrechte Asymptote für $|x| \to \infty$

$\mathbf{y = e^{1-x^{2}}}$

$\lim_{|x|\to\infty} e^{1-x^{2}} = \lim_{|x|\to\infty} \frac{e}{e^{x^{2}}} = 0 \Rightarrow$ y = 0 ist horizontale Asymptote für $|x| \to \infty$

$\mathbf{y = k\,e - k\,e^{-x}}$

$\lim\limits_{x\to\infty}\left(k\,e-\frac{k}{e^x}\right)=k\,e \qquad \Rightarrow \qquad$ y = k e ist waagrechte Asymptote für $x\to\infty$

$\mathbf{y=\dfrac{e^x}{(1-e^x)^2}}$

Die Funktion ist an der Stelle x = 0 nicht definiert. 0 ist Pol 2. Ordnung ohne Zeichenwechsel. Die y-Achse ist senkrechte Asymptote des Funktionsgraphen.

$$\lim_{|x|\to\infty}\frac{e^x}{(1-e^x)^2}=\lim_{|x|\to\infty}\frac{e^x}{1-2e^x+e^{2x}}=\lim_{|x|\to\infty}\frac{e^x}{e^x\left(\frac{1}{e^x}-2+e^x\right)};$$

$$\lim_{|x|\to\infty}\frac{1}{\frac{1}{e^x}-2+e^x}=\begin{cases}\lim\limits_{x\to\infty}\dfrac{1}{\frac{1}{e^x}-2+e^x}=0\\[2ex]\lim\limits_{x\to-\infty}\dfrac{1}{\frac{1}{e^x}-2+e^x}=\lim\limits_{x\to+\infty}\dfrac{1}{e^x-2+e^{-x}}=0\end{cases}$$

$\Rightarrow$ y = 0 ist waagrechte Asymptote für $|x|\to\infty$.

31. **a)** $f_a(x)=1-\frac{2e^x}{a+e^x}$

a > 0: $\mathbb{D}_{max}=\mathbb{R}$

a < 0: $\mathbb{D}_{max}=\mathbb{R}\setminus\{\ln(-a)\}$

Für a > 0 gilt:

$$\lim_{x\to\infty}\left(1-\frac{2e^x}{a+e^x}\right)=\lim_{x\to\infty}\left[1-\frac{2e^x}{e^x\left(\frac{a}{e^x}+1\right)}\right]=\lim_{x\to\infty}\left[1-\frac{2}{\frac{a}{e^x}+1}\right]=1-2=-1$$

$$\lim_{x\to-\infty}\left(1-\frac{2e^x}{a+e^x}\right)=\lim_{x\to\infty}\left(1-\frac{2e^{-x}}{a+e^{-x}}\right)=1-\frac{0}{a}=1$$

G_{f_a} hat für $x\to\infty$ die Asymptote y = –1, für $x\to-\infty$ heißt die Asymptote y = 1.

Für a < 0 gilt:

y = –1 ist horizontale Asymptote für $x\to\infty$. y = 1 ist horizontale Asymptote für $x\to-\infty$.

$\ln(-a)$ ist Pol 1. Ordnung (mit Zeichenwechsel); $x = \ln(-a)$ ist senkrechte Asymptote.

Der Übersicht halber hier die Graphen der Funktionen f_2 und f_{-2}:

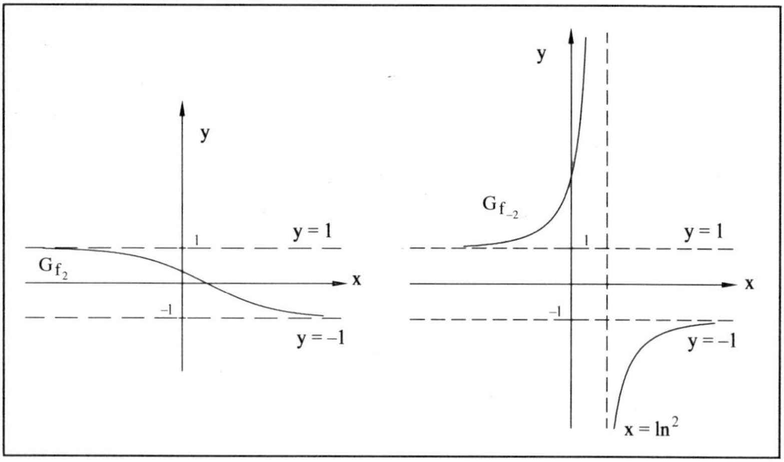

$f_2\colon x \mapsto 1 - \frac{2e^x}{2+e^x};\ x \in \mathbb{R}$ $\qquad$ $f_{-2}\colon x \mapsto 1 - \frac{2e^x}{e^x-2};\ x \in \mathbb{R} \setminus \{\ln 2\}$

b) $f_a(x) = \dfrac{ae^x}{a + e^{2x}}$

$a > 0$: $\mathbb{D}_{max} = \mathbb{R}$

$a < 0$: $\mathbb{D}_{max} = \mathbb{R} \setminus \{\frac{1}{2}\ln(-a)\}$

Für a > 0 gilt:

$$\lim_{x\to\infty} \frac{ae^x}{a+e^{2x}} = \lim_{x\to\infty} \frac{ae^x}{e^x\left(\frac{a}{e^x}+e^x\right)} = \lim_{x\to\infty} \frac{a}{\frac{a}{e^x}+e^x} = 0$$

$$\lim_{x\to-\infty} \frac{ae^x}{a+e^{2x}} = \lim_{x\to+\infty} \frac{ae^{-x}}{a+e^{-2x}} = \frac{0}{a} = 0$$

Für $|x| \to \infty$ ist die x-Achse Asymptote des Graphen G_{f_a}.

Für a < 0 gilt:

Die x-Achse ist Asymptote des Graphen G_{f_a} für $|x| \to \infty$.

$\frac{1}{2}\ln(-a)$ ist Pol 1. Ordnung (mit Zeichenwechsel); $x = \frac{1}{2}\ln(-a)$ ist senkrechte Asymptote.

Der Übersicht halber hier die Graphen der Funktion f_2 und f_{-2}:

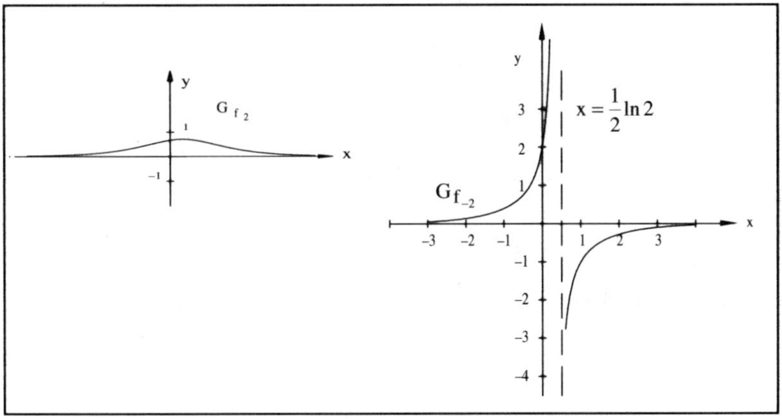

$f_2: x \mapsto \frac{2e^x}{2+e^{2x}}$; $x \in \mathbb{R}$ $\qquad$ $f_{-2}: x \mapsto \frac{-2e^x}{e^{2x}-2}$; $x \in \mathbb{R} \setminus \left\{\frac{1}{2}\ln 2\right\}$

32. $\left.\begin{array}{l} f(x) = |0-1|\, e^{|0|} = 1\cdot 1 = 1 \\ \lim\limits_{x \to 0} |x-1|\, e^{|x|} = 1\cdot 1 = 1 \end{array}\right\} \Rightarrow$ stetig an der Stelle x = 0

Wir untersuchen auf Differenzierbarkeit.

Lösung 1:

$$\lim_{h \to 0} \frac{f(0+h)-f(0)}{h} = \lim_{h \to 0} \frac{|0+h-1|\, e^{|h|}-1}{h}$$

$$= \lim_{h \to 0} \frac{(1-h)\, e^{h}-1}{h} = \lim_{h \to 0} \frac{e^{h}-h\,e^{h}-1}{h}$$

$$\underset{\text{L'Hospital}}{\uparrow}= \lim_{h \to 0} \frac{e^{h}-he^{h}-e^{h}}{1} = \lim_{h \to 0} \frac{-h\cdot e^{h}}{1} = 0$$

$$\lim_{h\to 0}\frac{f(0-h)-f(0)}{-h} = \lim_{h\to 0}\frac{|0-h-1|\,e^{|-h|}-1}{-h}$$

$$= \lim_{h\to 0}\frac{(h+1)\,e^{h}-1}{-h} = \lim_{h\to 0}\frac{h\,e^{h}+e^{h}-1}{-h}$$

$$\underset{\text{L'Hospital}}{\uparrow}= \lim_{h\to 0}\frac{he^{h}+e^{h}+e^{h}}{-1}$$

$$= \lim_{h\to 0}\frac{he^{h}+2e^{h}}{-1}$$

$$= \frac{2}{-1} = -2$$

Die Funktion ist an der Stelle x = 0 nicht differenzierbar.

Lösung 2:

$$f(x) = \begin{cases} -(x-1)\,e^{-x} & \text{für } x \le 0 \\ -(x-1)\,e^{x} & \text{für } 0 < x \le 1 \\ (x-1)\,e^{x} & \text{für } x > 1 \end{cases}$$

$$f'(x) = \begin{cases} -1\cdot e^{-x}+(-x+1)\,e^{-x}\cdot(-1) = e^{-x}(x-2); & x \le 0 \\ -1\cdot e^{x}+(-x+1)\,e^{x} = e^{x}(-x); & 0 < x \le 1 \\ 1\cdot e^{x}+(x-1)\,e^{x} = e^{x}(x); & x > 1 \end{cases}$$

$$\left.\begin{array}{l} \lim\limits_{x\to 0-} f'(x) = 1\cdot(0-2) = -2 \\ \lim\limits_{x\to 0+} f'(x) = 0 \end{array}\right\} \Rightarrow \text{ nicht differenzierbar an der Stelle } x = 0$$

33. $f': x \mapsto \begin{cases} e^x & \text{für } x \le 0 \\ \dfrac{e^x(2-e^x)-e^x(-e^x)}{(2-e^x)^2} = \dfrac{2e^x}{(2-e^x)^2} & \text{für } 0 < x < \ln 2 \end{cases}$

$$\left.\begin{aligned} \lim_{x\to 0+} f'(x) &= \lim_{x\to 0+} \frac{2e^x}{(2-e^x)^2} = \frac{2}{1} = 2 \\ \lim_{x\to 0-} f'(x) &= \lim_{x\to 0-} e^x = 1 \end{aligned}\right\} \Rightarrow \begin{array}{l}\text{nicht differenzierbar}\\ \text{an der Stelle } x = 0\end{array}$$

34. a) $f': x \mapsto \begin{cases} 4\left[(-1)\,e^{x-1} + (1-x)\,e^{x-1}\right] = -4x\,e^{x-1}; & x \le 1 \\ -4 \cdot \dfrac{\frac{1}{x}\cdot x - \ln x}{x^2} = -4 \cdot \dfrac{1-\ln x}{x^2}; & x > 1 \end{cases}$

$$\lim_{x\to 1+} f'(x) = \lim_{x\to 1+} -4\cdot\frac{1-\ln x}{x^2} = -4\cdot\frac{1-0}{1} = -4$$

$$\lim_{x\to 1-} f'(x) = \lim_{x\to 1-} -(4x)\,e^{x-1} = -(4)\cdot e^0 = -4$$

b) $f'': x \mapsto \begin{cases} -4e^{x-1} - 4x\,e^{x-1} = -4\,(1+x)\,e^{x-1}; & x \le 1 \\ -4\,\dfrac{-\frac{1}{x}\cdot x^2 - (1-\ln x)\,2x}{x^4} = -4\,\dfrac{-3+2\ln x}{x^3}; & x > 1 \end{cases}$

$$\lim_{x\to 1+} f''(x) = \lim_{x\to 1+} -4\cdot\frac{-3+2\ln x}{x^3} = -4\cdot\frac{-3}{1} = 12$$

$$\lim_{x\to 1-} f''(x) = \lim_{x\to 1-} -4\,(1+x)\,e^{x-1} = -4\cdot 2\cdot e^0 = -8$$

35. a) $f(x) = 3e^{-x^2}$

$f(-x) = 3e^{-(-x)^2} = 3e^{-x^2} = f(x)$

Der Graph von f ist achsensymmetrisch bezüglich der y-Achse.

b) $f(x) = x\,e^{x^2}$

$f(-x) = -x\,e^{(-x)^2} = -x\,e^{x^2} = -f(x)$

Der Graph von f ist punktsymmetrisch zum Koordinatenursprung.

36. a) $$f(0+x)-1{,}5=\frac{3}{1+e^{x}}-1{,}5=\frac{3-1{,}5-1{,}5e^{x}}{1+e^{x}}=\frac{1{,}5-1{,}5e^{x}}{1+e^{x}}$$

$$-[f(0-x)-1{,}5]=-\frac{3}{1+e^{-x}}+1{,}5=\frac{-3}{1+\frac{1}{e^{x}}}+1{,}5=\frac{-3e^{x}}{e^{x}+1}+1{,}5$$

$$=\frac{-3e^{x}+1{,}5e^{x}+1{,}5}{1+e^{x}}=\frac{1{,}5-1{,}5e^{x}}{1+e^{x}}=f(0+x)-1{,}5$$

Der Graph von f ist punktsymmetrisch zum Punkt Z (0 ; 1,5).

b) $$f\colon\ x\mapsto\begin{cases}4x\,e^{-x} & \text{für } x\geq 0\\ -4x\,e^{x} & \text{für } x<0\end{cases}$$

Ersetzen wir im Term $f(x) = 4x\,e^{-x}$ die Variable x durch (–x), so erhalten wir $f(-x) = 4\,(-x)\,e^{-(-x)} = -4x\,e^{x}$.

Und dies ist gleich der Funktionsgleichung für negative x-Werte. Also ist der Graph von f achsensymmetrisch bezüglich der y-Achse.

c) $$f(1+x)=\frac{e^{1+x}+e}{e^{1+x}-e}=\frac{e^{x}+1}{e^{x}-1}$$

$$-f(1-x)=-\frac{e^{1-x}+e}{e^{1-x}-e}=\frac{-e^{-x}-1}{e^{-x}-1}=\frac{-\frac{1}{e^{x}}-1}{\frac{1}{e^{x}}-1}$$

$$=\frac{-1-e^{x}}{1-e^{x}}=\frac{-(1+e^{x})}{-(e^{x}-1)}=\frac{e^{x}+1}{e^{x}-1}=f(1+x)$$

Der Graph von f ist punktsymmetrisch zum Punkt Z (1 ; 0).

d) $$f(0+x)-1=1-\frac{e^{x}-e^{-x}}{2}-1=-\frac{e^{x}-e^{-x}}{2}$$

$$-[f(0-x)-1]=-1+\frac{e^{-x}-e^{x}}{2}+1=\frac{e^{-x}-e^{x}}{2}$$

$$=\frac{-(e^{x}-e^{-x})}{2}=-\frac{e^{x}-e^{-x}}{2}=f(0+x)-1$$

Der Graph von f ist punktsymmetrisch zum Punkt Z (0 ; 1).

37. $$f_a(\ln a+t)=\frac{e^{\ln a+t}}{(e^{\ln a+t}+a)^2}=\frac{a e^{t}}{(a e^{t}+a)^2}=\frac{a e^{t}}{a^2(e^{t}+1)^2}=\frac{e^{t}}{a(e^{t}+1)^2}$$

$$f_a(\ln a - t) = \frac{e^{\ln a - t}}{(e^{\ln a - t} + a)^2} = \frac{a e^{-t}}{(a e^{-t} + a)^2} = \frac{a e^{-t}}{a^2 (e^{-t} + 1)^2} = \frac{e^{-t}}{a\left(\frac{1}{e^t} + 1\right)^2}$$

$$= \frac{e^{-t} \cdot e^{2t}}{a(1 + e^t)^2} = \frac{e^t}{a(e^t + 1)^2} = f_a(\ln a + t)$$

Der Graph von f_a ist achsensymmetrisch bezüglich der Geraden $x = \ln a$.

38. $$f(\ln 2 - t) = 1 - \frac{8}{e^{2(\ln 2 - t)} + 4} = 1 - \frac{8}{4e^{-2t} + 4} = 1 - \frac{2}{e^{-2t} + 1}$$

$$= 1 - \frac{2e^{2t}}{1 + e^{2t}} = \frac{1 + e^{2t} - 2e^{2t}}{1 + e^{2t}} = \frac{1 - e^{2t}}{1 + e^{2t}}$$

$$-f(\ln 2 + t) = -1 + \frac{8}{e^{2(\ln 2 + t)} + 4} = -1 + \frac{8}{4e^{2t} + 4} = -1 + \frac{2}{e^{2t} + 1}$$

$$= \frac{-e^{2t} - 1 + 2}{e^{2t} + 1} = \frac{1 - e^{2t}}{1 + e^{2t}} = f(\ln 2 - t)$$

Der Graph von f ist achsensymmetrisch bezüglich der Geraden $x = \ln 2$.

39. a) Für alle $x \in \mathbb{R} \setminus \{0\}$ gilt:

$$f(-x) = \frac{1}{(-x)^2} e^{-\frac{1}{|-x|}} = \frac{1}{x^2} e^{-\frac{1}{|-x|}} = f(x)$$

Der Graph von f ist achsensymmetrisch bezüglich der y-Achse.

$$\lim_{h \to 0} \frac{f(0 + h) - f(0)}{h} = \lim_{h \to 0} \frac{\frac{1}{h^2} e^{-\frac{1}{h}}}{h} = \lim_{h \to 0} \frac{e^{-\frac{1}{h}}}{h^3} = \lim_{h \to 0} \frac{1}{h^3 e^{\frac{1}{h}}} = 0$$

Aus Symmetriegründen gilt $\lim\limits_{h \to 0} \frac{f(0 - h) - f(0)}{-h} = 0$.

Daraus folgt, daß f an der Stelle $x = 0$ differenzierbar ist. Es ist $f'(0) = 0$.

b) Für alle $x \in \mathbb{R} \setminus \{0\}$ gilt:

$$f(-x) = \frac{1}{(-x)^3} e^{-\frac{1}{|-x|}} = -\frac{1}{x^3} e^{-\frac{1}{|-x|}} = -f(x)$$

Der Graph von f ist punktsymmetrisch zum Koordinatenursprung.

$$\lim_{h\to 0} \frac{f(0+h)-f(0)}{h} = \lim_{h\to 0} \frac{\frac{1}{h^3} e^{-\frac{1}{h}}}{h} = \lim_{h\to 0} \frac{1}{h^4 e^{\frac{1}{h}}} = 0$$

Aus Symmetriegründen folgt $\lim\limits_{h\to 0} \frac{f(0-h)-f(0)}{-h} = 0$.

Daraus folgt, daß f an der Stelle x = 0 differenzierbar ist. Es ist $f'(0) = 0$.

40. **a**) g **b**) f **c**) p **d**) h

41. **a**) $\mathbb{D}_f = \mathbb{R}$ **b**) $\mathbb{D}_f = \mathbb{R}^+$

c) Der Exponent ist definiert für $x^2 - 1 \geq 0$, also $x^2 \geq 1$. Daraus folgt, daß $\mathbb{D}_f = \mathbb{R} \setminus]-1\,;\,1[$.

d) $f(x) \geq 0$, wo $2 - e^x \geq 0 \Leftrightarrow e^x \leq 2 \Leftrightarrow x \leq \ln 2$

$\mathbb{D}_f =]-\infty\,;\,\ln 2]$

e) $f_k(x)$ nicht definiert für

$$k e^x - 1 = 0 \Leftrightarrow e^x = \frac{1}{k} \Leftrightarrow x = \ln\frac{1}{k} \Leftrightarrow x = -\ln k$$

$\mathbb{D}_{f_k} = \mathbb{R} \setminus \{-\ln k\}$

f) $f_a(x)$ nicht definiert für

$$\begin{aligned} & a + e^{2x} = 0 \ \wedge \ a \in \mathbb{R}^- \\ \Leftrightarrow \quad & e^{2x} = -a \\ \Leftrightarrow \quad & 2x = \ln(-a) \\ \Leftrightarrow \quad & x = \tfrac{1}{2}\ln(-a) \end{aligned}$$

$\mathbb{D}_{f_a} = \mathbb{R} \setminus \{\frac{1}{2}\ln(-a)\}$

g) $f(x) = 0$, wo $e^{2x} - 3e^x + 2 = 0 \Leftrightarrow (e^x - 2)(e^x - 1) = 0$

Man findet die Lösungsmenge

$L = \{0\,;\,\ln 2\}$. Also $\mathbb{D}_f = \mathbb{R} \setminus \{0\,;\,\ln 2\}$

h) Der Exponent ist nicht definiert für x = 1. Daraus folgt, daß
$\mathbb{D}_f = \mathbb{R} \setminus \{1\}$.

42. a) $f(0) = 1 \cdot (1-2) = -1 \quad \Rightarrow \quad S_y(0\,;-1)$

$f(x) = 0$, wo $e^x - 2 = 0 \quad \Leftrightarrow \quad x = \ln 2 \quad \Rightarrow \quad S_x(\ln 2\,;0)$

b) $f(0) = 1 - 0{,}5\,(1-1) = 1 \quad \Rightarrow \quad S_y(0\,;1)$

$$f(x) = 0, \text{ wo } \quad 1 - 0{,}5\,(e^x - e^{-x}) = 0$$
$$\Leftrightarrow \quad e^x - e^{-x} = 2 \quad | \cdot e^x$$
$$\Leftrightarrow \quad e^{2x} - 1 - 2e^x = 0$$

Wir substituieren:

$$e^x = z$$
$$z^2 - 2z - 1 = 0$$
$$\Leftrightarrow \quad z = \frac{2 + \sqrt{4+4}}{2} \quad \vee \quad z = 1 - \sqrt{2}$$
$$z = 1 + \sqrt{2}$$

Also:

$$e^x = 1 + \sqrt{2} \quad \Leftrightarrow \quad x = \ln(1+\sqrt{2})$$

oder

$$e^x = 1 - \sqrt{2} \quad \Leftrightarrow \quad x = \ln(1-\sqrt{2}) \text{ in } \mathbb{R} \text{ nicht lösbar}$$

Der Graph schneidet die x-Achse im Punkt $S_x(\ln(1+\sqrt{2})\,;0)$.

c) $f(0) = -1 \quad \Rightarrow \quad S_y(0\,;-1)$

$f(x) = 0$, wo $x - 1 = 0 \quad \Leftrightarrow \quad x = 1$

Der Graph schneidet die x-Achse im Punkt $S_x(1\,;0)$.

d) $f(0) = e^{-1} \quad \Rightarrow \quad S_y(0; \frac{1}{e})$

Schnittpunkte mit der x-Achse gibt es nicht.

e) $f_a(0) = \frac{1-a}{1+1} = \frac{1-a}{2} \quad \Rightarrow \quad S_y\,(0\,;\frac{1-a}{2})$

$f_a(x) = 0$, wo $e^x - a = 0 \quad \Leftrightarrow \quad e^x = a \quad \Leftrightarrow \quad x = \ln a$

Der Graph schneidet die x-Achse im Punkt $S_x\,(\ln a\,;\,0)$.

43. a) $f'(x) = 2\,[2x\,e^{-0,5x} + x^2 e^{-0,5x} \cdot (-0,5)] = 2x\,e^{-0,5x}\,(2 - 0,5x)$

$f'(x) = 0 \quad \Rightarrow \quad x = 0 \quad \vee \quad x = 4$

$$\left.\begin{array}{l} f'(x) < 0 \text{ für } -\infty < x < 0 \\ f'(x) > 0 \text{ für } \quad 0 < x < 4 \\ f'(0) = 0 \end{array}\right\} \Rightarrow \text{Tiefpunkt in } (0\,;\,0)$$

$$\left.\begin{array}{l} f'(x) > 0 \text{ für } 0 < x < 4 \\ f'(x) < 0 \text{ für } 4 < x < \infty \\ f'(4) = 0 \end{array}\right\} \Rightarrow \text{Hochpunkt in } (4\,;\,32e^{-2} \approx 4{,}3)$$

b) $f'(x) = \frac{x \cdot e^{0,5x} - (0,5x^2 + 2)\,e^{0,5x} \cdot 0,5}{e^x} = \frac{e^{0,5x}\,(-0,25x^2 + x - 1)}{e^x}$

$= e^{-0,5x}\,(-0,25x^2 + x - 1)$

$$\begin{array}{lrl} f'(x) = 0, \text{ wo} & -0,25x^2 + x - 1 = 0 & \\ \Leftrightarrow & -x^2 + 4x - 4 = 0 & \\ \Leftrightarrow & -(x^2 - 4x + 4) = 0 & \\ \Leftrightarrow & -(x-2)^2 = 0 & \Leftrightarrow \quad x = 2 \end{array}$$

Aus der Umformung

$$f'(x) = \left[-\tfrac{1}{4}x^2 + x - 1\right] e^{-0,5x} = -\tfrac{1}{4}\,(x^2 - 4x + 4)\,e^{-0,5x}$$
$$= -\tfrac{1}{4}\,(x-2)^2\,e^{-0,5x}$$

ersieht man, daß

$$f'(x) < 0 \text{ für } -\infty < x < 2 \;\vee\; 2 < x < \infty.$$

f ändert also an der Stelle x = 2 seine Monotonie nicht. Daraus folgt: An der Stelle x = 2 liegt keine lokale Extremumsstelle vor!

44. **a)** $f: x \mapsto \begin{cases} -4x\,e^{x} & \text{für } x \le 0 \\ 4x\,e^{-x} & \text{für } x > 0 \end{cases}$

hat die formale Ableitung

$$f': x \mapsto \begin{cases} -4\,(e^{x} + x\,e^{x}) = -4e^{x}\,(1+x)\,; & x \le 0 \\ 4\left[e^{-x} + x\,e^{-x}\cdot(-1)\right] = 4e^{-x}\,(1-x)\,; & x > 0 \end{cases}$$

$f'(x) = 0$, wo $1 + x = 0 \;\wedge\; x \le 0 \;\Leftrightarrow\; x = -1$

$\qquad\qquad 1 - x = 0 \;\wedge\; x > 0 \;\Leftrightarrow\; x = 1$

$$\left.\begin{array}{ll} f'(x) > 0 \text{ für} & -\infty < x < -1 \\ f'(x) < 0 \text{ für} & -1 < x < 0 \\ f'(-1) = 0 & \end{array}\right\} \Rightarrow \text{Hochpunkt in } (-1\,;\,4e^{-1})$$

Aus der Achsensymmetrie (siehe S. 148, Aufgabe 36 b!) folgt, daß $(1;\,4e^{-1})$ ebenso Hochpunkt des Graphen von f ist.

Wegen $\lim\limits_{x \to 0-} f'(x) = -4 \ne \lim\limits_{x \to 0+} f'(x) = 4$ ist f in $x_0 = 0$ nicht differenzierbar. Es gilt:

$$\left.\begin{array}{ll} f'(x) < 0 \text{ für} & -1 < x < 0 \\ f'(x) > 0 \text{ für} & 0 < x < 1 \end{array}\right\} \Rightarrow \text{Tiefpunkt in } (0;\,0)$$

b) $f_a : x \mapsto \begin{cases} -(x-a)\,e^{x} = (a-x)\,e^{x} & \text{für } x \le a \\ (x-a)\,e^{x} & \text{für } x > a \end{cases}$

hat die formale Ableitung

$$f_a' : x \mapsto \begin{cases} -1e^{x} + (a-x)\,e^{x} = (a-1-x)\,e^{x} & \text{für } x \le a \\ e^{x} + (x-a)\,e^{x} = (1-a+x)\,e^{x} & \text{für } x > a \end{cases}$$

$f_a'(x) = 0$, wo $\quad a - 1 - x = 0 \quad \wedge\; x \le a$

$\qquad\Leftrightarrow\qquad x = a - 1$

oder

$\qquad 1 - a + x = 0 \quad \wedge\; x > a$

$\qquad\Leftrightarrow\qquad x = a - 1$ nicht erfüllbar

$$\left.\begin{array}{ll} f_a'(x) > 0 \text{ für} & -\infty < x < a-1 \\ f_a'(x) < 0 \text{ für} & a-1 < x < a \\ f_a'(a-1) = 0 & \end{array}\right\} \Rightarrow \text{Hochpunkt in } (a-1\,;\,e^{a-1})$$

f_a ist an der Stelle $x_0 = a$ nicht differenzierbar.

$$\left.\begin{array}{ll} f_a'(x) < 0 \text{ für } & a-1 < x < a \\ f_a'(x) > 0 \text{ für } & x > a \\ f_a'(a) = 0 & \end{array}\right\} \Rightarrow \text{Tiefpunkt in } (a\,;\,0)$$

45. a) An der Stelle $x = -1$ ist der Exponent des Funktionsterms nicht definiert, so daß die Funktion dort eine Definitionslücke hat. Also: $\mathbb{D}_f = \mathbb{R} \setminus \{-1\}$

b) $$\lim_{|x|\to\infty} e^{\frac{x}{x+1}} = \lim_{|x|\to\infty} e^{\frac{x}{x\left(1+\frac{1}{x}\right)}} = \lim_{|x|\to\infty} e^{\frac{1}{1+\frac{1}{x}}} = e$$

$$\lim_{x\to -1+} e^{\frac{x}{x+1}} = \lim_{h\to 0} e^{\frac{-1+h}{-1+h+1}} = \lim_{h\to 0} e^{\frac{-1+h}{h}} = e^{\lim\limits_{h\to 0}\frac{-1+h}{h}} = e^{-\infty} = 0$$

$$\lim_{x\to -1-} e^{\frac{x}{x+1}} = \lim_{h\to 0} e^{\frac{-1-h}{-1-h+1}} = \lim_{h\to 0} e^{\frac{-1-h}{-h}} = e^{\lim\limits_{h\to 0}\frac{1+h}{h}} = \infty$$

Die Gerade mit der Gleichung $y = e$ ist horizontale Asymptote des Graphen für $|x| \to \infty$.

Für den linken Zweig des Graphen ist die Gerade mit der Gleichung $x = -1$ vertikale Asymptote.

c) Wir definieren $f(-1) = 0$. Dann gilt:

$$\lim_{h\to 0} \frac{f(-1+h) - f(-1)}{h} = \lim_{h\to 0} \frac{e^{\frac{-1+h}{-1+h+1}} - 0}{h} = \lim_{h\to 0} \frac{e^{\frac{-(1-h)}{h}}}{h} = \lim_{h\to 0} \frac{1}{h e^{\frac{1-h}{h}}} = 0$$

d)

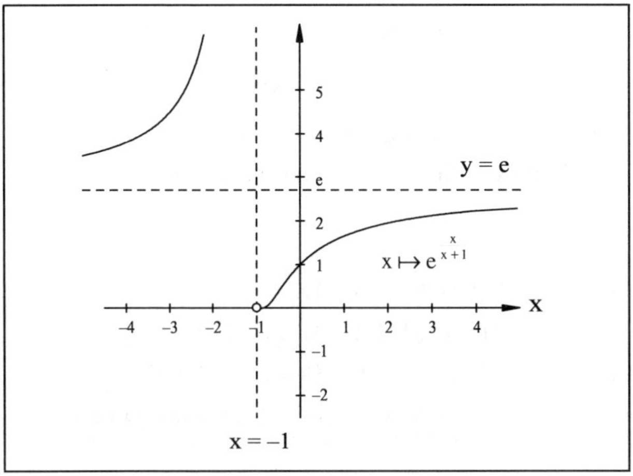

46. a) $f'(x) = \dfrac{e^{2x} - (x+1)\,2e^{2x}}{e^{4x}} = \dfrac{e^{2x}(1-2x-2)}{e^{4x}} = \dfrac{-1-2x}{e^{2x}}$

$f''(x) = \dfrac{-2e^{2x} - (-1-2x)\,2e^{2x}}{e^{4x}} = \dfrac{e^{2x}(-2+2+4x)}{e^{4x}} = \dfrac{4x}{e^{2x}}$

$f''(x) = 0$, wo $4x = 0 \Leftrightarrow x = 0$

$$\left.\begin{array}{ll} f''(x) < 0 \text{ für } & -\infty < x < 0 \\ f''(x) > 0 \text{ für } & 0 < x < \infty \\ f''(0) = 0 & \end{array}\right\} \Rightarrow \text{Wendepunkt in } (0\,;\,1)$$

b) $f_k'(x) = 4\left[-e^{-x}(k - e^{-x}) + e^{-x}(e^{-x})\right] = 4e^{-x}(2e^{-x} - k)$

$f_k''(x) = 4\left[-e^{-x}(2e^{-x} - k) + e^{-x}(-2e^{-x})\right]$

$= 4(-2e^{-2x} + k\,e^{-x} - 2e^{-2x}) = 4e^{-x}(k - 4e^{-x})$

Eine differenzierbare Funktion hat dort eine Wendestelle, wo $f_k''(x)$ das Vorzeichen wechselt. Also:

$$f_k''(x) > 0 \text{ für } k - 4e^{-x} > 0 \quad \Leftrightarrow \quad e^{-x} < \frac{k}{4}$$

$$\Leftrightarrow \quad x > -\ln\frac{k}{4}$$

$$f_k''(x) < 0 \text{ für } k - 4e^{-x} < 0 \quad \Leftrightarrow \quad e^{-x} > \frac{k}{4}$$

$$\Leftrightarrow \quad x < -\ln\frac{k}{4}$$

An der Stelle $x = -\ln\frac{k}{4}$ wechselt f_k'' das Vorzeichen. Daraus folgt, daß $f_k(x)$ an der Stelle $x = -\ln\frac{k}{4}$ eine Wendestelle hat.

47. a) $f'(x) = e^{1-x} + x\,e^{1-x}\cdot(-1) = (1-x)\,e^{1-x}$

$f''(x) = -1\cdot e^{1-x} + (1-x)\,e^{1-x}\cdot(-1) = (x-2)\,e^{1-x}$

$f'''(x) = e^{1-x} + (x-2)\,e^{1-x}\cdot(-1) = (3-x)\,e^{1-x}$ (*)

(*) Laut Aufgabentext existiert der Wendepunkt. Ein Nachweis wäre also nicht erforderlich. Der Übung halber wird hier der Nachweis mit Hilfe der 3. Ableitung vorgerechnet.

$f''(x) = 0$, wo $x - 2 = 0 \quad \Leftrightarrow \quad x = 2$

$f'''(2) \neq 0 \quad \Rightarrow \quad W\left(2\,;\frac{2}{e}\right)$

Wendetangente:

$$f'(2) = \frac{-1}{e}$$

$$\frac{y - \frac{2}{e}}{x-2} = \frac{-1}{e} \quad \Rightarrow \quad y - \frac{2}{e} = \frac{-1}{e}x + \frac{2}{e}$$

$$y = \frac{-1}{e}x + \frac{4}{e}$$

(4 ; 0) eingesetzt, ergibt

$$0 = -\frac{1}{e}\cdot 4 + \frac{4}{e} \quad (w)$$

Damit ist gezeigt, daß die Wendetangente durch den Punkt (4 ; 0) geht.

b) $f_a'(x) = e^{2-\frac{x}{a}} + (x-a)\,e^{2-\frac{x}{a}}\cdot\left(-\frac{1}{a}\right) = \left(2 - \frac{1}{a}x\right)e^{2-\frac{x}{a}}$

$f_a''(x) = -\frac{1}{a}\,e^{2-\frac{x}{a}} + \left(2 - \frac{1}{a}x\right)e^{2-\frac{x}{a}}\cdot\left(-\frac{1}{a}\right) = \left(\frac{x}{a^2} - \frac{3}{a}\right)e^{2-\frac{x}{a}}$

$f_a''(x) = 0$, wo $\frac{x}{a^2} - \frac{3}{a} = 0 \quad \Leftrightarrow \quad x = 3a$

Laut Aufgabentext existiert der Wendepunkt.

Also: $W_a\,(3a\,;\,2a\,e^{-1})$

$f_a'(3a) = -e^{-1}$ unabhängig von a!

Alle Wendetangenten haben die Steigung $-e^{-1}$ und sind folglich untereinander parallel.

48. **a)** $f_t'(x) = -t\,e^{-x}$; $f_t'(1) = -t\,e^{-1}$

Gleichung der Tangente im Kurvenpunkt P $(1\,;\,t\,e^{-1})$:

$$y = f_t(1) + f_t'(1)(x-1)$$
$$y = t\,e^{-1} - t\,e^{-1}(x-1)$$
$$\Leftrightarrow\quad y = t\,e^{-1}(1-x+1)$$
$$\Leftrightarrow\quad y = t\,e^{-1}(2-x)$$

Wir erkennen: Alle Tangenten haben den gemeinsamen Punkt (2 ; 0).

b) $f(x) = (x+1)\,e^{-x}$

$f'(x) = e^{-x} + (x+1)\,e^{-x}\cdot(-1) = e^{-x}(1-x-1) = -x\,e^{-x}$

Es gibt offensichtlich zwei Tangenten.
Wir nehmen an B $(u\,;\,(u+1)\,e^{-u})$ sei einer der Berührpunkte. Die Steigung der Tangente ist gleich dem Differenzenquotienten der Punkte B und P:

$$m = \frac{(u+1)\,e^{-u} - 0}{u-(-2)} = \frac{(u+1)\,e^{-u}}{u+2}$$

Andererseits gilt:

$$m = f'(u) = -u\,e^{-u}$$

Durch Gleichsetzen der beiden Terme für m erhalten wir eine Gleichung für u:

$$\frac{(u+1)\,e^{-u}}{u+2} = -u\,e^{-u}$$
$$\Leftrightarrow\quad u+1 = -u\,(u+2)$$
$$\Leftrightarrow\quad u^2 + 3u + 1 = 0$$
$$\Leftrightarrow\quad u = \frac{-3+\sqrt{9-4}}{2} \;\vee\; u = \frac{-3-\sqrt{5}}{2}$$

Die Berührpunkte haben die Abszissenwerte

$$x_1 = \frac{1}{2}(-3+\sqrt{5}) \quad \text{und} \quad x_2 = \frac{1}{2}(-3-\sqrt{5})$$

49. a) $f(x) = \frac{x^2}{e^x} = x^2 e^{-x}$

$$f'(x) = 2xe^{-x} + x^2 e^{-x} \cdot (-1) = (2x - x^2)e^{-x} = x(2-x)e^{-x}$$

↑ Produktregel

$$f''(x) = (2-2x)e^{-x} + (2x - x^2)e^{-x} \cdot (-1) = (2 - 2x - 2x + x^2)e^{-x}$$
$$= (x^2 - 4x + 2)e^{-x}$$

Nullstellen: $f(x) = 0$, wo $x^2 = 0 \Leftrightarrow x = 0$

Nullstellen von f': $x(2-x) = 0 \Leftrightarrow x = 0 \vee x = 2$

$$\left.\begin{array}{ll} f'(x) < 0 & \text{für } -\infty < x < 0 \\ f'(x) > 0 & \text{für } 0 < x < 2 \\ f'(0) = 0 & \end{array}\right\} \Rightarrow \text{Tiefpunkt in } (0\,;\,0)$$

$$\left.\begin{array}{ll} f'(x) > 0 & \text{für } 0 < x < 2 \\ f'(x) < 0 & \text{für } 2 < x < \infty \\ f'(2) = 0 & \end{array}\right\} \Rightarrow \text{Hochpunkt in } (2\,;\,4e^{-2} \approx 0{,}5)$$

Nullstellen von f'':

$$x^2 - 4x + 2 = 0$$

$$\Leftrightarrow \quad x = \frac{4 + \sqrt{16-8}}{2} \vee x = \frac{4 - \sqrt{8}}{2}$$

$$\Leftrightarrow \quad x = 2 + \sqrt{2} \vee x = 2 - \sqrt{2}$$

Wegen Vorzeichenwechsel von f'':

$W_1\,(2 - \sqrt{2}\ ;\ \approx 0{,}2)$, $\quad W_2\,(2 + \sqrt{2}\ ;\ \approx 0{,}4)$

$\lim\limits_{x \to \infty} f(x) = 0; \quad \lim\limits_{x \to -\infty} f(x) = \infty$

x-Achse ist Asymptote für $x \to \infty$.

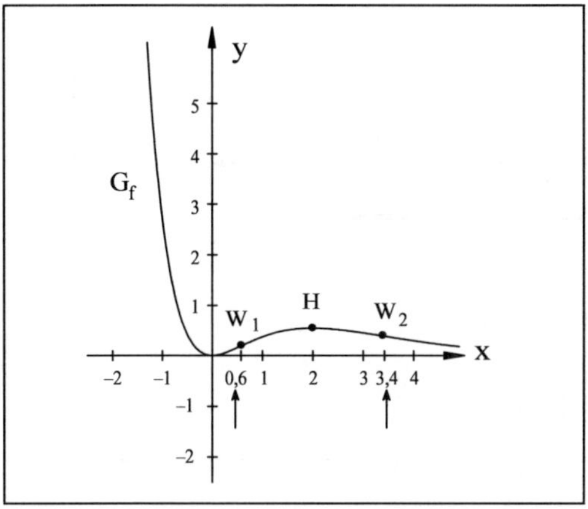

$f: x \mapsto \frac{x^2}{e^x}; \quad x \in \mathbb{R}$

$H(2; \approx 0{,}5)$, $T(0; 0)$, $W_1(\approx 0{,}6; \approx 0{,}2)$, $W_2(\approx 3{,}4; \approx 0{,}4)$

b) $f(x) = (x - e^x)\, e^{-x}$

$f'(x) = (1 - e^x)\, e^{-x} + (x - e^x)\, e^{-x} \cdot (-1) = (1 - x)\, e^{-x}$

$f''(x) = -1e^{-x} + (1 - x)\, e^{-x} \cdot (-1) = (x - 2)\, e^{-x}$

Nullstelle: $f(x) = 0$, wo $x - e^x = 0 \Leftrightarrow L = \{\ \}$
Nullstelle von f': $1 - x = 0 \Leftrightarrow x = 1$
Nullstelle von f'': $x - 2 = 0 \Leftrightarrow x = 2$

$$\left.\begin{array}{l} f'(x) > 0 \text{ für } -\infty < x < 1 \\ f'(x) < 0 \text{ für } 1 < x < \infty \\ f'(1) = 0 \end{array}\right\} \Rightarrow \text{Hochpunkt in } H\left(1; \frac{1-e}{e} \approx -0{,}6\right)$$

Wegen Vorzeichenwechsel von f'': $W\left(2; \frac{2 - e^2}{e^2} \approx -0{,}7\right)$

$$\lim_{x \to \infty} f(x) = \lim_{x \to \infty} \left(\frac{x}{e^x} - 1\right) = -1$$

$$\lim_{x \to -\infty} f(x) = \lim_{x \to \infty} (-x - e^{-x}) \cdot e^x = \lim_{x \to \infty} (-x e^x - 1) = -\infty$$

Die Gerade $y = -1$ ist Asymptote für $x \to \infty$.

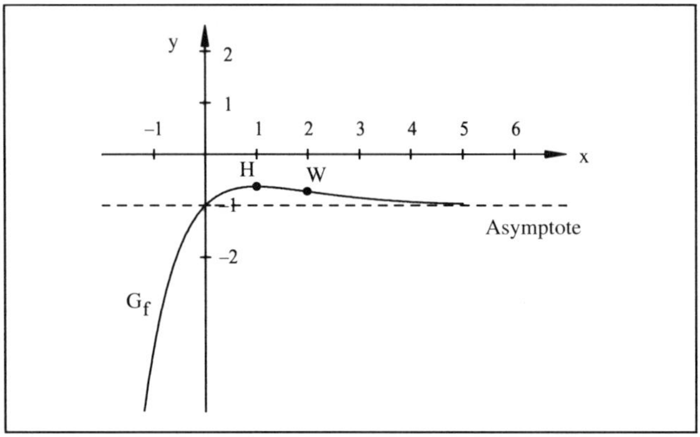

f: $x \mapsto \dfrac{x - e^x}{e^x}$; $x \in \mathbb{R}$ H (1 ; ≈ – 0,6), W (2 ; ≈ – 0,7)

c) $f(x) = \frac{1}{2}(2 - e^x)^2$

$f'(x) = -e^x(2 - e^x)$

$f''(x) = -e^x(2 - e^x) + (-e^x)(-e^x) = -e^x(2 - 2e^x) = -2e^x(1 - e^x)$

Nullstelle: $f(x) = 0$, wo $2 - e^x = 0 \Leftrightarrow x = \ln 2$

Nullstelle von f': $2 - e^x = 0 \Leftrightarrow x = \ln 2$

Nullstelle von f'': $1 - e^x = 0 \Leftrightarrow x = 0$

Wegen Vorzeichenwechsel von f' $\Rightarrow$ T (ln 2 ; 0)

Wegen Vorzeichenwechsel von f'' $\Rightarrow$ $W\left(0 ; \frac{1}{2}\right)$

$$\lim_{x \to \infty} f(x) = \infty$$

$$\lim_{x \to -\infty} f(x) = \lim_{x \to \infty} \frac{1}{2}(2 - e^{-x})^2 = \frac{4}{2} = 2$$

Die Gerade y = 2 ist Asymptote für $x \to -\infty$.

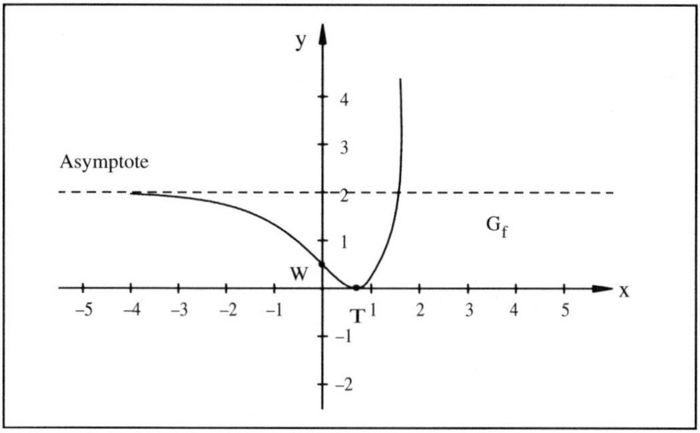

$f: x \mapsto \frac{1}{2}(2-e^x)^2;\ x \in \mathbb{R}$ $\qquad T(\ln 2;0),\ W\left(0;\frac{1}{2}\right)$

50. a) $f(x) = \frac{e^x - x^2}{x}$; $x \in \mathbb{R} \setminus \{0\}$

Der Graph von f ist weder achsen- noch punktsymmetrisch.
Wir bilden die erste Ableitung:

$$f'(x) = \frac{(e^x - 2x)\cdot x - (e^x - x^2)\cdot 1}{x^2} = \frac{(x-1)e^x - x^2}{x^2}$$

Nullstelle von f: $\qquad e^x = x^2 \quad \Leftrightarrow x \approx -0{,}7$ (durch Probieren)
Nullstelle von f': $\quad (x-1)\,e^x = x^2 \quad \Leftrightarrow x \approx 1{,}5$ (durch Probieren)

Wegen Vorzeichenwechsels von f' an der Stelle x = 1,5 hat G_f im Punkt T (≈ 1,5 ; ≈ 1,5) einen Tiefpunkt.

$$\lim_{x \to 0+} f(x) = \lim_{h \to 0} \frac{e^h - h^2}{h} = \infty$$

$$\lim_{x \to 0-} f(x) = \lim_{h \to 0} \frac{e^{-h} - h^2}{-h} = -\infty$$

$$\lim_{x \to \infty} f(x) = \lim_{x \to \infty} \frac{e^x - x^2}{x} = \infty$$

Aus $f(x) = \frac{e^x - x^2}{x} = \frac{e^x}{x} - x$ ersehen wir, daß y = –x schräge Asymptote des Graphen von f für $x \to -\infty$ ist. Nachweis:

$$\lim_{x \to -\infty} \left| f(x) - (-x) \right| = \lim_{x \to -\infty} \left| \frac{e^x}{x} - x + x \right| = \lim_{x \to -\infty} \left| \frac{e^x}{x} \right|$$

$$= \lim_{x \to +\infty} \left| \frac{1}{e^x \cdot (-x)} \right| = 0$$

Asymptoten:
x = 0 ist vertikale Asymptote; y = –x ist schiefe Asymptote für $x \to -\infty$.

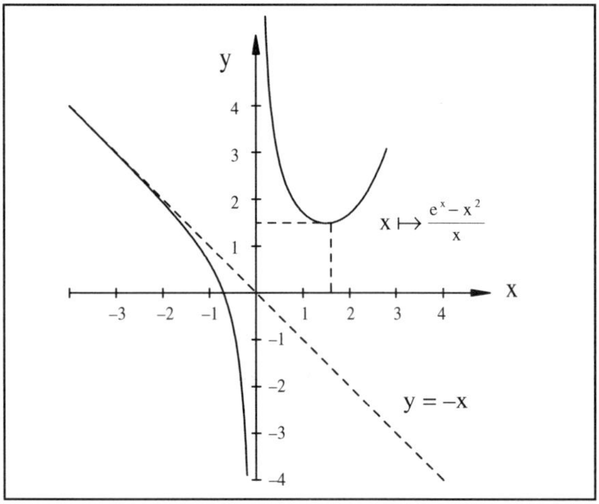

b) $f(x) = e^{\frac{1}{x-3}} - 2 \; ; \; x \in \mathbb{R} \setminus \{3\}$

Der Graph von f ist weder achsen- noch punktsymmetrisch.

Wir bilden die erste Ableitung:

$$f'(x) = e^{\frac{1}{x-3}} \cdot (-1)\,(x-3)^{-2} = -\frac{e^{\frac{1}{x-3}}}{(x-3)^2}$$

f(x) = 0, wo $e^{\frac{1}{x-3}} - 2 = 0$. Also:

$$e^{\frac{1}{x-3}} - 2 = 0 \quad \Leftrightarrow \quad e^{\frac{1}{x-3}} = 2$$

$$\Leftrightarrow \quad \frac{1}{x-3} = \ln 2 \quad \Leftrightarrow \quad \frac{1}{\ln 2} = x - 3$$

$$\Leftrightarrow \quad x = 3 + \frac{1}{\ln 2} \quad \approx 4{,}4$$

Nullstelle von f': $f'(x) \neq 0$ für alle $x \in \mathbb{D}_f$

$$\lim_{x\to 3+} f(x) = \lim_{h\to 0}\left(e^{\frac{1}{3+h-3}}-2\right) = \lim_{h\to 0}\left(e^{\frac{1}{h}}-2\right) = \infty$$

$$\lim_{x\to 3-} f(x) = \lim_{h\to 0}\left(e^{\frac{1}{3-h-3}}-2\right) = \lim_{h\to 0}\left(e^{-\frac{1}{h}}-2\right) = \lim_{h\to 0}\left(\frac{1}{e^{\frac{1}{h}}}-2\right) = -2$$

$$\lim_{x\to +\infty} f(x) = \lim_{x\to +\infty}\left(e^{\frac{1}{x-3}}-2\right) = 1-2 = -1$$

$$\lim_{x\to -\infty} f(x) = \lim_{x\to -\infty}\left(e^{\frac{1}{x-3}}-2\right) = 1-2 = -1$$

Die Gerade $y = -1$ ist horizontale Asymptote für $|x| \to \infty$. Die Gerade $x = 3$ ist senkrechte Asymptote bei rechtsseitiger Annäherung an die Stelle $x = 3$.
Bei linksseitiger Annäherung an die Stelle $x = 3$ hat f ein Randminimum. Dieses Randminimum ist gleichzeitig absolutes Minimum der Funktion f.

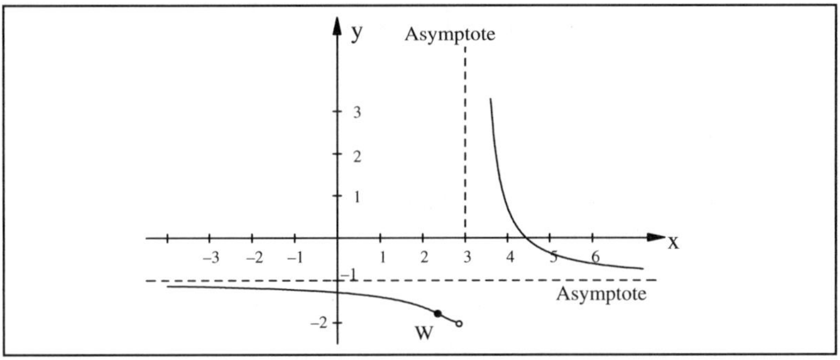

$f\colon x \mapsto e^{\frac{1}{x-3}} - 2\ ;\ x \in \mathbb{R}\setminus\{3\}$

G_f hat an der Stelle $x = 2{,}5$ einen Wendepunkt (hier nicht verlangt).

c) $f(x) = \dfrac{4e^{-x^2}}{x-2}\ ;\ x \in \mathbb{R}\setminus\{2\}$

Der Graph ist weder achsen- noch punktsymmetrisch.

Wir bilden die erste Ableitung:

$$f'(x) = \frac{4e^{-x^2}\cdot(-2x)(x-2) - 4e^{-x^2}\cdot 1}{(x-2)^2} = \frac{4e^{-x^2}(-2x^2+4x-1)}{(x-2)^2}$$

$$= -\frac{4e^{-x^2}(2x^2-4x+1)}{(x-2)^2}$$

Nullstelle von f':

$$2x^2 - 4x + 1 = 0$$

$$\Leftrightarrow \qquad x = \frac{4+\sqrt{16-8}}{4} \vee x = \frac{4-\sqrt{8}}{4}$$

$$\Leftrightarrow \qquad x = 1+\frac{1}{2}\sqrt{2} \quad \vee \quad x = 1-\frac{1}{2}\sqrt{2}$$

$$y \approx -0{,}75 \qquad\qquad y \approx -2{,}2$$

$$\left.\begin{array}{ll} f'(x) < 0 \text{ für} & -\infty < x < 1-\frac{1}{2}\sqrt{2} \\ f'\left(1-\frac{1}{2}\sqrt{2}\right) = 0 & \\ f'(x) > 0 \text{ für} & 1-\frac{1}{2}\sqrt{2} < x < 1+\frac{1}{2}\sqrt{2} \end{array}\right\} \Rightarrow \begin{array}{l}\text{Tiefpunkt in} \\ \left(1-\frac{1}{2}\sqrt{2}\,;\approx -2{,}2\right)\end{array}$$

$$\left.\begin{array}{ll} f'(x) > 0 \text{ für} & 1-\frac{1}{2}\sqrt{2} < x < 1+\frac{1}{2}\sqrt{2} \\ f'\left(1+\frac{1}{2}\sqrt{2}\right) = 0 & \\ f'(x) < 0 \text{ für} & 1+\frac{1}{2}\sqrt{2} < x < 2 \end{array}\right\} \Rightarrow \begin{array}{l}\text{Hochpunkt in} \\ \left(1+\frac{1}{2}\sqrt{2}\,;\approx -0{,}75\right)\end{array}$$

$$\lim_{x \to 2-} f(x) = -\infty$$

$$\lim_{x \to 2+} f(x) = +\infty$$

Die Gerade x = 2 ist vertikale Asymptote des Graphen von f.

$$\lim_{|x| \to \infty} f(x) = 0$$

Die x-Achse ist horizontale Asymptote des Graphen von f.

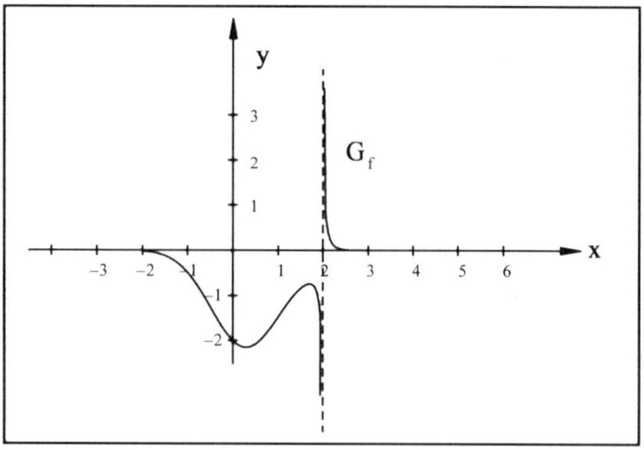

f: $x \mapsto \frac{4e^{-x^2}}{x-2}$; $x \in \mathbb{R}\setminus\{2\}$

51. a) $f(x) = 2(1-e^{-x})^2 \; ; \quad x \in \mathbb{R}^+$

$f'(x) = 4\underbrace{(1-e^{-x})}_{>0}\underbrace{(e^{-x})}_{>0} > 0$ für alle $x \in \mathbb{R}^+$

f ist im gesamten Definitionsbereich differenzierbar und es gilt dort $f'(x) > 0 \Rightarrow$ f besitzt Umkehrfunktion. Es gilt $\mathbb{D}_{f^{-1}} = \mathbb{W}_f$.

Wir lösen die gegebene Funktionsgleichung nach x auf:

$$y = 2(1-e^{-x})^2 \quad \wedge x > 0$$

$$\Leftrightarrow \quad \frac{y}{2} = (1-e^{-x})^2$$

$$\Leftrightarrow \quad \sqrt{\frac{y}{2}} = 1 - e^{-x}$$

$$\Leftrightarrow e^{-x} = 1 - \sqrt{\frac{y}{2}} \quad \Leftrightarrow \quad x = -\ln\left(1 - \sqrt{\frac{y}{2}}\right)$$

Wir vertauschen x mit y:

$$y = -\ln\left(1 - \sqrt{\frac{x}{2}}\right)$$

$$f^{-1}\colon \; x \mapsto -\ln\left(1 - \sqrt{\frac{x}{2}}\right) \; ; \quad 0 < x < 2$$

b) $f(x) = \frac{e^x + e}{e^x - e} \; ; \; x \in \;]-\infty, 1[\; \cup \;]1 ; \infty[$

f hat genau dann eine Umkehrfunktion, wenn f in beiden Intervallen $]-\infty, 1[\; \cup \;]1 ; \infty[$ monoton ist und wenn beide Teilfunktionen

$$f_1\colon \; x \mapsto \frac{e^x + e}{e^x - e} \text{ mit } x \in \;]-\infty ; 1[\quad \text{und}$$

$$f_2\colon \; x \mapsto \frac{e^x + e}{e^x - e} \text{ mit } x \in \;]1 ; \infty[$$

keine gemeinsamen Funktionswerte haben.

Wir untersuchen auf Monotonie:

$$f'(x) = \frac{e^x(e^x - e) - (e^x + e)e^x}{(e^x - e)^2} = \frac{e^{2x} - e^{1+x} - e^{2x} - e^{1+x}}{(e^x - e)^2}$$

$$= \frac{-2e^{1+x}}{(e^x - e)^2} < 0 \text{ für alle } x \in \mathbb{R} \setminus \{1\}$$

Wir bestimmen den jeweiligen Wertebereich der Teilfunktionen f_1 und f_2:

$$\lim_{x \to -\infty} f_1(x) = \lim_{x \to \infty} \frac{e^{-x}+e}{e^{-x}-e} = \lim_{x \to \infty} \frac{\frac{1}{e^x}+e}{\frac{1}{e^x}-e} = -1$$

$$\lim_{x \to 1-} f_1(x) = -\infty$$

$$\lim_{x \to \infty} f_2(x) = \lim_{x \to \infty} \frac{e^x+e}{e^x-e} = \lim_{x \to \infty} \frac{e^x\left(1+\frac{e}{e^x}\right)}{e^x\left(1-\frac{e}{e^x}\right)} = 1$$

$$\lim_{x \to 1+} f_2(x) = +\infty$$

Ergebnis: $\mathbb{W}_{f_1} =]-\infty\,; -1\,[\,;\ \ \mathbb{W}_{f_2} =]\,1\,; \infty\,[$

Die Graphen der Teilfunktionen können damit keinen Punkt gemeinsam haben.

Wir folgen daraus, daß f in $\mathbb{D}_f$ umkehrbar ist.

Es ist $\mathbb{D}_{f^{-1}} =]-\infty\,; -1\,[\ \cup\ ]\,1\,; \infty\,[$.

$$y = \frac{e^x+e}{e^x-e}\ ;\quad x \in \mathbb{R}\setminus\{1\}$$

$$ye^x - ye = e^x + e$$

$$\Leftrightarrow\ ye^x - e^x = e + ey$$

$$\Leftrightarrow\ e^x(y-1) = e(1+y)$$

$$\Leftrightarrow\ e^x = \frac{e(1+y)}{y-1} \quad \Leftrightarrow\ x = \ln\frac{e(1+y)}{y-1}$$

Also:

$$f^{-1}\colon\ x \mapsto \ln\frac{e(1+x)}{x-1} \quad \text{mit } x \in\ ]-\infty\,; -1\,[\ \cup\ ]\,1\,; \infty\,[$$

52. **a)** $f_k(x) = x - ke^x\ ;\ x \in \mathbb{R}$ und $k \in \mathbb{R}^+$

$f'_k(x) = 1 - ke^x$

$f''_k(x) = -ke^x$

$$f_k'(x) = 0, \text{ wo } 1 - k e^x = 0 \quad \Leftrightarrow \quad e^x = \frac{1}{k}$$
$$\Leftrightarrow \quad x = -\ln k$$
$$y = -\ln k - k \cdot \frac{1}{k} = -\ln k - 1$$

$f''(-\ln k) = -k \cdot \frac{1}{k} = -1 \;\Rightarrow\; H_k(-\ln k\,;\, -\ln k - 1)$ ist Hochpunkt.

Wir eliminieren aus den Gleichungen $x = -\ln k$ und $y = -\ln k - 1$ den Parameter k:

$$y = x - 1$$

Die Hochpunkte liegen auf der Geraden $y = x - 1$ mit $x \in \mathbb{R}$.

b) $x = \ln a$

$$y = \frac{e^{\ln a}}{(a + e^{\ln a})^2} = \frac{a}{(a + a)^2} = \frac{a}{4a^2} = \frac{1}{4a}$$

Wir eliminieren a:

$$x = \ln a \quad \Leftrightarrow \quad a = e^x \qquad (1)$$
$$y = \frac{1}{4a} \qquad (2)$$

(1) in (2) $\quad y = \frac{1}{4e^x} = \frac{1}{4} e^{-x}$

Die gesuchte Gleichung lautet $K(x) = \frac{1}{4} e^{-x}$.

c) Der Schnittpunkt berechnet sich aus

$$\frac{1}{t} e^{-tx^2} = -2x e^{-tx^2} \quad \Leftrightarrow \quad \frac{1}{t} = -2x \qquad \wedge \quad t > 0$$
$$\Leftrightarrow \quad t = -\frac{1}{2x} \qquad \wedge \quad x < 0$$
$$y = -2x e^{\frac{1}{2x} \cdot x^2}$$
$$y = -2x e^{\frac{x}{2}}$$

Geometrischer Ort: $\; y = -2x e^{\frac{x}{2}} \;$ mit $x < 0$

d) $y = \frac{1}{t} e^{-tx^2}\,; \quad t > 0$ und $x \in \mathbb{R}$

$$y' = \frac{1}{t} e^{-tx^2} (-2xt) = -2x\, e^{-tx^2}$$

Aus $-1 = -2x\,e^{-tx^2}$ folgt $1 = 2x\,e^{-tx^2}$

Der Berührpunkt B (x ; y) muß den Gleichungen genügen:

(1) $y = \frac{1}{t} e^{-tx^2} \quad \wedge\ t > 0$

(2) $1 = 2x\,e^{-tx^2}$

Wir eliminieren t, indem wir bilden (1) : (2), also

$$\frac{y}{1} = \frac{1}{2tx} \quad \Leftrightarrow \quad t = \frac{1}{2xy}$$

und in (2) einsetzen:

$$1 = 2x\,e^{-\frac{1}{2xy}x^2}$$

$$\Leftrightarrow \quad 1 = 2x\,e^{-\frac{x}{2y}}$$

$$\Leftrightarrow \quad \frac{1}{2x} = e^{-\frac{x}{2y}}$$

$$\Leftrightarrow \quad -\ln 2x = -\frac{x}{2y} \quad \Leftrightarrow \quad y = \frac{1}{2}\frac{x}{\ln(2x)} \quad \text{mit } x > \frac{1}{2}$$

Geometrischer Ort: $y = \frac{1}{2} \cdot \frac{x}{\ln(2x)}; \quad x > \frac{1}{2}$

53. $A = \int_{-e}^{e} \frac{1}{2}(e^x + e^{-x})\,dx = 2 \cdot \frac{1}{2}\int_0^e (e^x + e^{-x})\,dx$

$\uparrow$ Wir nutzen die Symmetrie aus.

$$= \left[e^x - e^{-x}\right]_0^e = \left[e^e - e^{-e} - (1-1)\right] = (e^e - e^{-e})$$

$\approx 15{,}1$ [FE]

Anmerkung: Tastenfolge zur Berechnung von e^e ($\approx 15{,}15$): [1] [e^x] [e^x]

54. $G_g \cap G_f$:

$$5 - 4e^{-x} = e^x \qquad | \cdot e^x$$

$$\Leftrightarrow \quad 5e^x - 4 = e^{2x}$$

$$\Leftrightarrow \quad e^{2x} - 5e^x + 4 = 0$$

Wir setzen $e^x = z$:

$$z^2 - 5z + 4 = 0 \quad \Leftrightarrow \quad (z-1)(z-4) = 0 \quad \Leftrightarrow \quad z = 1 \ \vee \ z = 4$$

Also:

$$e^x = 1 \quad \vee \quad e^x = 4$$
$$\Leftrightarrow \quad x = 0 \quad \Leftrightarrow \quad x = \ln 4 = 2\ln 2$$

Die Geraden schneiden sich in den Punkten $S_1\,(0\,;\,1)$ und $S_2\,(2\ln 2\,;\,4)$.

Inhalt des eingeschlossenen Flächenstücks:

$$A = \int_0^{2\ln 2} (5 - 4e^{-x} - e^x)\,dx = \left[5x + 4e^{-x} - e^x\right]_0^{2\ln 2}$$
$$= 10\ln 2 + 4\cdot e^{-\ln 4} - e^{\ln 4} - (0 + 4 - 1)$$
$$= 10\ln 2 + 4\cdot\frac{1}{e^{\ln 4}} - 4 - 3 = 10\ln 2 + 4\cdot\frac{1}{4} - 7$$
$$= 10\ln 2 - 6 \approx 0{,}93\,[\text{FE}]$$

55. **a**) $\lim\limits_{x\to-\infty} (e^x - 2)^2 = 4$

b) $(e^x - 2)^2 = 4 \quad \Leftrightarrow \quad |e^x - 2| = 2$

$$\Leftrightarrow \quad e^x - 2 = 2 \quad \vee \quad -(e^x - 2) = 2$$
$$\Leftrightarrow \quad x = \ln 4 \quad \Leftrightarrow \quad e^x = 0$$
$$L = \{\ \}$$

$\Rightarrow S\,(\ln 4\,;\,4)$

c) $A = \int_{-4}^{\ln 4} \left[4 - (e^x - 2)^2\right] dx = \int_{-4}^{\ln 4} (4 - e^{2x} + 4e^x - 4)\,dx$

$$= \int_{-4}^{\ln 4} (4e^x - e^{2x})\,dx = \left[4e^x - \tfrac{1}{2}e^{2x}\right]_{-4}^{\ln 4}$$
$$= 4e^{\ln 4} - \tfrac{1}{2}e^{2\ln 4} - 4e^{-4} + \tfrac{1}{2}e^{-8}$$
$$= 16 - \tfrac{1}{2}\cdot 16 - 4e^{-4} + \tfrac{1}{2}e^{-8} = 8 - 4e^{-4} + \tfrac{1}{2}e^{-8} \approx 7{,}93\,[\text{FE}]$$

56. $f(x) = e^{1-0{,}5x^2}$

$f'(x) = -x\,e^{1-0{,}5x^2}$

$f''(x) = -e^{1-0{,}5x^2} + (-x)e^{1-0{,}5x^2} \cdot (-x)$

$= (x^2 - 1)e^{1-0{,}5x^2}$

$f'(x) = 0 \Rightarrow x = 0;\ f'(0) = 0 \Rightarrow G_{f'}$ geht durch den Ursprung

$f''(x) = 0 \Rightarrow x = 1 \vee x = -1$

Wegen Vorzeichenwechsels von f' gilt: G_f hat Hochpunkt in (0 ; e).

Wegen Vorzeichenwechsels von f'' gilt: $G_{f'}$ hat Tiefpunkt in $(1 ; -\sqrt{e})$ und Hochpunkt in $(-1 ; \sqrt{e})$

G_f ist symmetrisch zur y-Achse; $G_{f'}$ ist punktsymmetrisch zum Ursprung. Beide Graphen nähern sich der x-Achse asymptotisch.

$$A = \left|\int_0^1 -x\,e^{1-0{,}5x^2}dx\right| = \left|\left[e^{1-0{,}5x^2}\right]_0^1\right| = \left|e^{0{,}5} - e\right| \approx 1{,}07\,[\text{FE}]$$

57. a)

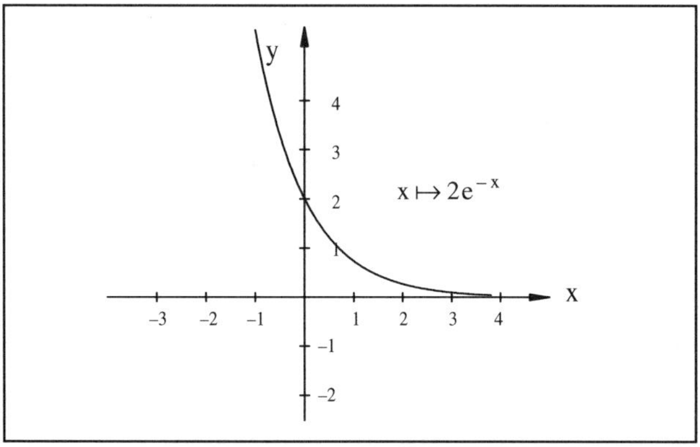

b) $A(t) = \int_0^t 2e^{-ax}dx = \left[-\frac{2}{a}e^{-ax}\right]_0^t = -\frac{2}{a}e^{-at} + \frac{2}{a}$

$\lim\limits_{t\to\infty} A(t) = \lim\limits_{t\to\infty}\left[-\frac{2}{a}e^{-at} + \frac{2}{a}\right] = \frac{2}{a}$

Aus dem Ansatz $\frac{2}{a} = 3$ folgt $a = \frac{2}{3}$.

58. **a)** *Nullstellen:*

$$f(x)=0,\text{ wo } 2e^{x}-e^{2x}=0 \;\Leftrightarrow\; e^{x}(2-e^{x})=0$$
$$\Leftrightarrow\; 2-e^{x}=0$$
$$\Leftrightarrow\; x=\ln 2$$

relative Extrema:

$$f'(x)=2e^{x}-2e^{2x}=2\,(e^{x}-e^{2x})=2e^{x}\,(1-e^{x})$$
$$f'(x)=0 \;\Rightarrow\; 1-e^{x}=0 \;\Leftrightarrow\; 1=e^{x} \;\Leftrightarrow\; x=0$$

$$\left.\begin{array}{ll} f'(x)>0 \text{ für} & -\infty<x<0 \\ f'(x)<0 \text{ für} & 0<x<\infty \\ f'(0)=0 & \end{array}\right\} \Rightarrow \text{Hochpunkt in } H\,(0\,;\,1)$$

Wendestellen:

$$f''(x)=2e^{x}(-e^{x})+(1-e^{x})\,2e^{x}$$
$$=2e^{x}(1-2e^{x})$$

$$f''(x)=0 \Rightarrow 1-2e^{x}=0 \;\Leftrightarrow\; \tfrac{1}{2}=e^{x}$$
$$\Leftrightarrow\; \ln\tfrac{1}{2}=x$$
$$\Leftrightarrow\; x=-\ln 2$$

Wegen Vorzeichenwechsels von f" gilt: Wendepunkt in W $\left(-\ln 2\,;\,\frac{3}{4}\right)$

$$f(-\ln 2)=2e^{-\ln 2}-e^{2(-\ln 2)}=2\frac{1}{e^{\ln 2}}-e^{-\ln 2^{2}}$$
$$=\frac{2}{2}-\frac{1}{e^{\ln 4}}=1-\frac{1}{4}=\frac{3}{4}$$

Verhalten für $|x|\to\infty$:

$$\lim_{x\to\infty}\;=-\infty$$
$$\lim_{x\to-\infty} f(x)=\lim_{x\to\infty} 2e^{-x}-e^{2(-x)}=0-0=0$$

b) *Graph:*

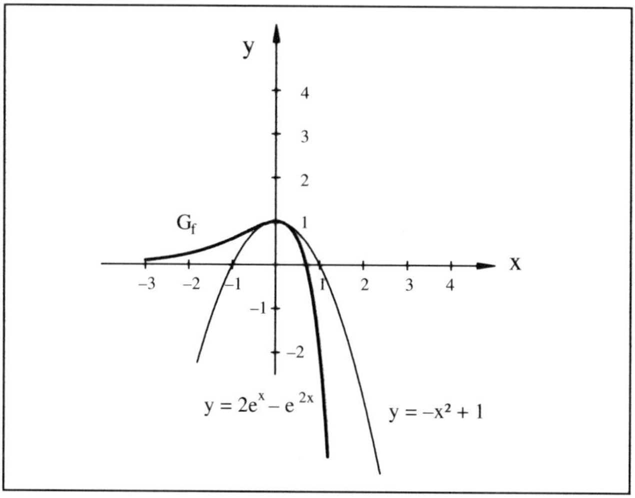

c) $A = \int_0^1 (-x^2+1)\,dx - \int_0^{\ln 2}(2e^x - e^{2x})\,dx = \left[-\frac{x^3}{3}+x\right]_0^1 - \left[2e^x - \frac{1}{2}e^{2x}\right]_0^{\ln 2}$

$= -\frac{1}{3}+1-\left(2e^{\ln 2} - \frac{1}{2}e^{2\ln 2} - 2 + \frac{1}{2}\right) = -\frac{1}{3}+1-\left(2\cdot 2 - \frac{1}{2}\cdot 4 - 2 + \frac{1}{2}\right)$

$= -\frac{1}{3}+1-\frac{1}{2} = \frac{1}{6}$ [FE]

59. **a**) $\int e^x (e^x+1)^{-2}\,dx = \int t^{-2}dt = -t^{-1}+C = -(e^x+1)^{-1}+C$

Wir setzen $g(x) = e^x + 1 = t$, also $g'(x) = e^x$ und $f(t) = t^{-2}$.

b) $\int e^{3x-2}\,dx = \int \frac{1}{3}e^t\,dt = \frac{1}{3}e^t + C = \frac{1}{3}e^{3x-2}+C$

Wir setzen $t = 3x - 2 = g(x)$, also $g'(x) = 3$ und $f(t) = \frac{1}{3}e^t$.

c) $\int (e^x + 2e^{x+2})\,dx = \int e^x dx + 2\int e^{x+2}\,dx$

$= e^x + C_1 + 2e^{x+2} + C_2$

$= e^x + 2e^{x+2} + C$

d) $\int\left(\sqrt{e^x}-\frac{1}{\sqrt{e^x}}\right)e^{\frac{x}{2}}dx=\int\left(\sqrt{e^x}-\frac{1}{\sqrt{e^x}}\right)\sqrt{e^x}\,dx$

$=\int(e^x-1)\,dx=e^x-x+C$

e) $\int 2x\,e^{x^2}dx=\int e^t dt=e^t+C=e^{x^2}+C$

Wir setzen $t=x^2=g(x)$, also $g'(x)=2x$ und $f(t)=e^t$.

f) $\int x^2e^{x^3}dx=\frac{1}{3}\int e^t dt=\frac{1}{3}e^{x^3}+C$

Wir setzen $t=x^3=g(x)$, also $g'(x)=3x^2$ und $f(t)=\frac{1}{3}e^t$.

g) $\int\frac{e^{\sqrt{x}}}{\sqrt{x}}dx=\int 2e^t dt=2\int e^t dt=2e^t+C=2e^{\sqrt{x}}+C$

Wir setzen $t=\sqrt{x}=g(x)$, also $g'(x)=\frac{1}{2\sqrt{x}}$ und $f(t)=2e^t$.

h) $\int(e^x+5)^3e^x dx=\int t^3dt=\frac{t^4}{4}+C=\frac{1}{4}(e^x+5)^4+C$

Wir setzen $t=e^x+5=g(x)$, also $g'(x)=e^x$ und $f(t)=t^3$.

60. a) $\int_0^1 e^x\sqrt{e^x-1}\,dx$ mit der Substitution $\sqrt{e^x-1}=t$

Substitution: $\sqrt{e^x-1}=t \Rightarrow e^x-1=t^2$

$\Leftrightarrow e^x=t^2+1$

$\Leftrightarrow x=\ln(t^2+1)$

Ersatz von dx:

$$\frac{dx}{dt}=\frac{1}{t^2+1}\cdot 2t=\frac{2t}{t^2+1}$$

Neue Integrationsgrenzen:

$x=0 \Rightarrow t=0$

$x=1 \Rightarrow t=\sqrt{e-1}$

Wir setzen ein:

$$\int_0^1 e^x \sqrt{e^x-1}\,dx = \int_0^{\sqrt{e-1}} (t^2+1)\,t\cdot\frac{2t}{t^2+1}\,dt = 2\int_0^{\sqrt{e-1}} t^2\,dt$$

$$= 2\left[\frac{t^3}{3}\right]_0^{\sqrt{e-1}} = \frac{2}{3}\left(\sqrt{e-1}\right)^3 \approx 1{,}50$$

b) $\int_0^1 \frac{e^x}{2e^x-1}\,dx$ mit der Substitution $t = 2e^x - 1$

Substitution: $2e^x-1=t \;\Rightarrow\; \frac{dt}{dx}=2e^x \;\Leftrightarrow\; dx=\frac{dt}{2e^x}$

Neue Integrationsgrenzen:

$x = 0 \;\Rightarrow\; t = 1$

$x = 1 \;\Rightarrow\; t = 2e - 1$

Wir setzen ein:

$$\int_0^1 \frac{e^x}{2e^x-1}\,dx = \int_1^{2e-1} \frac{e^x}{t}\cdot\frac{dt}{2e^x} = \frac{1}{2}\int_1^{2e-1}\frac{dt}{t} = \frac{1}{2}\left[\ln|t|\right]_1^{2e-1}$$

$$= \frac{1}{2}\ln(2e-1) \approx 0{,}74$$

c) $\int_0^{\ln 2} \frac{e^{2x}-3e^x}{e^x+2}\,dx$ mit der Substitution $t = e^x + 2$

Substitution: $e^x+2=t \;\Rightarrow\; \frac{dt}{dx}=e^x \;\Leftrightarrow\; dx=\frac{dt}{e^x}$

Neue Integrationsgrenzen:

$x = 0 \;\Rightarrow\; t = 3$

$x = \ln 2 \;\Rightarrow\; t = 4$

Wir setzen ein:

$$\int_0^{\ln 2} \frac{e^x\,(e^x-3)}{e^x+2}\,dx = \int_3^4 \frac{e^x\,(t-5)}{t}\cdot\frac{dt}{e^x} = \int_3^4 \frac{t-5}{t}\,dt = \int_3^4\left(1-\frac{5}{t}\right)dt$$

$$= \left[t-5\ln|t|\right]_3^4 = 4-5\ln 4-(3-5\ln 3)$$

$$= 1+5(\ln 3-\ln 4) = 1+5\ln\frac{3}{4} \approx -0{,}44$$

61. **a)** $\int \frac{e^x + a}{e^x + a\,x}\,dx = \ln|e^x + a\,x| + C$

b) $\int \frac{1}{1+e^{-x}}\,dx = \int \frac{1}{1+\frac{1}{e^x}}\,dx = \int \frac{1}{\frac{e^x+1}{e^x}}\,dx = \int \frac{e^x}{e^x+1}\,dx = \ln\left|e^x+1\right| + C$

62. **a)** $\int\limits_{-1}^{0} \frac{2e^x}{3+e^x}\,dx = 2\int\limits_{-1}^{0} \frac{e^x}{3+e^x}\,dx = 2\Big[\ln\left|3+e^x\right|\Big]_{-1}^{0}$

$= 2\Big[\ln 4 - \ln(3+e^{-1})\Big] \approx 0{,}34$

b) $\int\limits_{0}^{1} \frac{e^{3x}}{2+e^{3x}}\,dx = \frac{1}{3}\int\limits_{0}^{1} \frac{3e^{3x}}{2+e^{3x}}\,dx = \frac{1}{3}\Big[\ln\left|2+e^{3x}\right|\Big]_{0}^{1} = \frac{1}{3}\Big[\ln\left(2+e^3\right) - \ln 3\Big]$

$= \frac{1}{3}\ln\frac{2+e^3}{3} \approx 0{,}67$

63. $\int\limits_{0}^{z} \frac{e^x}{1+e^x}\,dx = \int\limits_{0}^{1} (3x^2 + 2x + 1)\,dx$

$\Leftrightarrow \quad \Big[\ln\left|1+e^x\right|\Big]_{0}^{z} = \Big[3\frac{x^3}{3} + 2\cdot\frac{x^2}{2} + x\Big]_{0}^{1}$

$\Leftrightarrow \quad \ln(1+e^z) - \ln 2 = 3$

$\Leftrightarrow \quad \ln(1+e^z) = 3 + \ln 2$

$\Leftrightarrow \quad 1+e^z = e^{3+\ln 2}$

$\Leftrightarrow \quad e^z = e^{3+\ln 2} - 1$

$\Leftrightarrow \quad e^z = 2e^3 - 1$

$\Leftrightarrow \quad z = \ln(2e^3 - 1)$

64. a) *Symmetrie:*

$$f(-x) = \frac{e^{-x} - e^{-(-x)}}{e^{-x} + e^{-(-x)}} = \frac{e^{-x} - e^{x}}{e^{-x} + e^{x}} = \frac{-(e^{x} - e^{-x})}{e^{x} + e^{-x}} = -\frac{e^{x} - e^{-x}}{e^{x} + e^{-x}} = -f(x)$$

Der Graph G_f ist punktsymmetrisch zum Ursprung.

Schnittpunkte mit den Koordinatenachsen:

$$f(0) = \frac{e^{0} - e^{0}}{e^{0} + e^{0}} = \frac{1-1}{1+1} = 0$$

Der Graph geht durch den Ursprung.

Verhalten für $|x| \to \infty$:

$$\lim_{x \to +\infty} f(x) = \lim_{x \to +\infty} \frac{e^{x} - e^{-x}}{e^{x} + e^{-x}} = \lim_{x \to +\infty} \frac{e^{x}(1 - e^{-2x})}{e^{x}(1 + e^{-2x})} = 1$$

Aus Symmetriegründen folgt $\lim\limits_{x \to -\infty} f(x) = -1$.

Oder durch Rechnung:

$$\lim_{x \to -\infty} f(x) = \lim_{x \to -\infty} \frac{e^{x} - e^{-x}}{e^{x} + e^{-x}} = \lim_{x \to +\infty} \frac{e^{-x} - e^{x}}{e^{-x} + e^{x}} = \lim_{x \to +\infty} \frac{e^{x}(e^{-2x} - 1)}{e^{x}(e^{-2x} + 1)} = -1$$

Monotonieverhalten:

$$f'(x) = \frac{(e^{x} + e^{-x})(e^{x} + e^{-x}) - (e^{x} - e^{-x})(e^{x} - e^{-x})}{(e^{x} + e^{-x})^{2}}$$

$$= \frac{e^{2x} + 2e^{x}e^{-x} + e^{-2x} - e^{2x} + 2e^{x}e^{-x} - e^{-2x}}{(e^{x} + e^{-x})^{2}} = \frac{4e^{0}}{(e^{x} + e^{-x})^{2}}$$

$$= \frac{4}{(e^{x} + e^{-x})^{2}} > 0 \text{ für alle } x \in \mathbb{R}$$

G_f ist im gesamten Definitionsbereich streng monoton steigend.

Wendepunkte:

Aus $f'(x) > 0$ für alle $x \in \mathbb{R}$, der Punktsymmetrie und der Tatsache, daß $y = -1$ und $y = +1$ horizontale Asymptoten des Graphen von f sind, folgt, daß G_f im Ursprung genau einen Wendepunkt hat.

Graph:

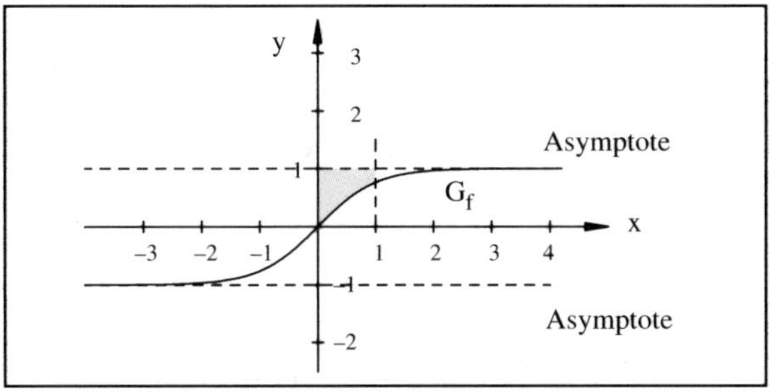

$f: x \mapsto \frac{e^x - e^{-x}}{e^x + e^{-x}}$; $x \in \mathbb{R}$

b) $A = 1 \cdot 1 - \int_0^1 \frac{e^x - e^{-x}}{e^x + e^{-x}}\,dx = 1 - \left[\ln\,(e^x + e^{-x})\right]_0^1 = 1 - \ln\,(e + e^{-1}) + \ln\,(1+1)$

$= 1 + \ln 2 - \ln\left(e + \frac{1}{e}\right) \approx 0{,}57\ [FE]$

65. **a**) $\int x\,e^{-x}dx = -e^{-x} \cdot x + \int e^{-x}dx$

$u(x) = x \quad \Rightarrow \quad u'(x) = 1$
$v'(x) = e^{-x} \quad \Rightarrow \quad v(x) = -e^{-x}$

$= -x\,e^{-x} - e^{-x} + C$
$= -e^{-x}\,(x+1) + C$

b) $\int x^2 e^{-x}dx = -x^2 e^{-x} + 2\int x\,e^{-x}dx$

$u(x) = x^2 \quad \Rightarrow \quad u'(x) = 2x$
$v'(x) = e^{-x} \quad \Rightarrow \quad v(x) = -e^{-x}$

$= -x^2 e^{-x} + 2\left[-e^{-x}\,(x+1)\right] + C$

siehe a

$= -e^{-x}\,(x^2 + 2x + 2) + C$

66. a) $\int x^2 \sin x\, dx = -x^2 \cos x + 2 \int x \cos x\, dx$ (1)

$u(x) = x^2 \Rightarrow u'(x) = 2x$
$v'(x) = \sin x \Rightarrow v(x) = -\cos x$

$\int x \cos x\, dx = x \sin x - \int \sin x\, dx = x \sin x + \cos x + C_1$ (2)

$u(x) = x \Rightarrow u'(x) = 1$
$v'(x) = \cos x \Rightarrow v(x) = \sin x$

(2) in (1)

$$\int x^2 \sin x\, dx = -x^2 \cos x + 2\left(x \sin x + \cos x\right) + C$$
$$= -x^2 \cos x + 2x \sin x + 2\cos x + C$$
$$= 2x \sin x + (2 - x^2) \cos x + C$$

Also:

$$\int_0^{\pi} x^2 \sin x\, dx = \Big[2x \sin x + (2 - x^2) \cos x\Big]_0^{\pi}$$
$$= (2 - \pi^2) \cdot (-1) - 2 = \pi^2 - 2 - 2 = \pi^2 - 4 \approx 5{,}87$$

b) $\int e^{-\sqrt{x}} dx = 2 \int e^t \cdot t\, dt$ (1)

Wir setzen $t = -\sqrt{x}$, also $\frac{dt}{dx} = -\frac{1}{2\sqrt{x}}$
$\Leftrightarrow dx = -2\sqrt{x}\, dt = 2t\, dt$

$\int e^t \cdot t\, dt = t e^t - \int e^t dt = t e^t - e^t + C_1$ (2)

$u(t) = t \Rightarrow u'(t) = 1$
$v'(t) = e^t \Rightarrow v(t) = e^t$

(2) in (1) mit $t = -\sqrt{x}$

$$\int e^{-\sqrt{x}} dx = 2\,(-\sqrt{x}\, e^{-\sqrt{x}} - e^{-\sqrt{x}}) + C$$
$$= -2e^{-\sqrt{x}}(\sqrt{x} + 1) + C$$

Also:

$$\int_0^1 (1 - e^{-\sqrt{x}})\, dx = \Big[x + 2e^{-\sqrt{x}}(\sqrt{x} + 1)\Big]_0^1$$
$$= 1 + 2e^{-1} \cdot 2 - 2 = 4e^{-1} - 1 \approx 0{,}47$$

67. a) (1) $$\int_{-\infty}^{0} e^x dx = \lim_{a\to-\infty} \int_{a}^{0} e^x dx = \lim_{a\to-\infty} \left[e^x\right]_a^0 = \lim_{a\to-\infty} (1-e^a) = 1$$

(2) $$\int_{0}^{\infty} 2e^{-x} dx = \lim_{b\to\infty} 2\int_{0}^{b} e^{-x} dx = \lim_{b\to\infty} 2\left[-e^{-x}\right]_0^b$$
$$= 2\lim_{b\to\infty} (-e^{-b}+1) = 2\cdot 1 = 2$$

(3) $$\int x\, e^{-x^2} dx = \int e^{-t}\cdot\frac{dt}{2} = -\frac{1}{2}e^{-t} + C$$

$t = x^2 \Rightarrow dt = 2x\, dx$

$$= -\frac{1}{2}e^{-x^2} + C$$

$$\int_{-\infty}^{+\infty} x\, e^{-x^2} dx = \lim_{\substack{a\to-\infty\\ b\to+\infty}} \left[-\frac{1}{2}\, e^{-x^2}\right]_a^b$$
$$= \lim_{\substack{a\to-\infty\\ b\to+\infty}} -\frac{1}{2}(e^{-b^2} - e^{-a^2}) = 0$$

b) $$\int_{-\infty}^{+\infty} e^x dx = \lim_{\substack{a\to-\infty\\ b\to+\infty}} (e^b - e^a) = \lim_{b\to+\infty} e^b$$
existiert nicht

$$\int_{-\infty}^{+\infty} e^{-|x|} dx = \int_{-\infty}^{0} e^x dx + \int_{0}^{\infty} e^{-x} dx = \lim_{a\to-\infty} \left[e^x\right]_a^0 + \lim_{b\to\infty} \left[-e^{-x}\right]_0^b$$
$$= \lim_{a\to-\infty} (1-e^a) + \lim_{b\to\infty} (-e^{-b}+1) = 1+1 = 2$$

c) $$\int \frac{e^x}{(e^x+1)^2}\, dx = \int \frac{dt}{t^2} = -\frac{1}{t} + C = -\frac{1}{e^x+1} + C$$

$t = e^x + 1 \Rightarrow dt = e^x dx$

$$A(r) = \int_0^r \frac{e^x}{(e^x+1)^2}\, dx = \left[-\frac{1}{e^x+1}\right]_0^r = -\frac{1}{e^r+1} + \frac{1}{2}$$

$$\lim_{r\to\infty} A(r) = \frac{1}{2}\,[\text{FE}]$$

d) $\int 4x\,e^{-\frac{1}{4}x^2}dx = \int 8e^{-t}dt = -8e^{-t} + C = -8e^{-\frac{1}{4}x^2} + C$

$t = \frac{1}{4}x^2 \quad \Rightarrow \quad dt = \frac{1}{2}x\,dx$

$$A(r) = \int_0^r 4x\,e^{-\frac{1}{4}x^2}dx = \left[-8e^{-\frac{1}{4}x^2}\right]_0^r = -8e^{-\frac{1}{4}r^2} + 8$$

$$A = \lim_{r\to\infty} A(r) = \lim_{r\to\infty}(-8e^{-\frac{1}{4}r^2} + 8) = 8\,[\text{FE}]$$

e) $\int \frac{2e^x}{1+e^{2x}}dx$ Substitution: $e^x = t \quad \Rightarrow \frac{dt}{dx} = e^x \Rightarrow dx = \frac{1}{e^x}dt$,

also $\int \frac{2e^x}{1+e^{2x}}dx = \int \frac{2}{1+t^2}dt = 2\arctan(e^x) + c$

$$A = 2\lim_{b\to\infty}\int_0^b \frac{2e^x}{1+e^{2x}}dx = 2\lim_{b\to\infty}(2\arctan(e^b) - 2\arctan(e^0))$$

$$= 2\cdot\left(2\cdot\frac{\pi}{2} - 2\cdot\frac{\pi}{4}\right) = 2\cdot\frac{\pi}{2} = \pi$$

f) (1) $F'(x) = -3\cdot\frac{1}{1+e^{-x}}\cdot(-e^{-x}) = 3\frac{\frac{1}{e^x}}{1+\frac{1}{e^x}} = 3\frac{1}{e^x+1}$

(2) $A = \lim_{b\to\infty}\int_0^b \frac{3}{e^x+1}dx = \lim_{b\to\infty}\left[-3\ln(1+e^{-x})\right]_0^b$

$$= \lim_{b\to\infty}\left[-3\ln(1+e^{-b}) + 3\ln 2\right] = 3\ln 2\,[\text{FE}]$$

68. a) $F'(x) = -e^{1-x}\cdot(-1) - \left[e^{1-x} + x\,e^{1-x}\cdot(-1)\right] = e^{1-x} - e^{1-x} + x\,e^{1-x} = x\,e^{1-x}$

b) $\int_{-1}^k x\,e^{1-x}dx = \left[-e^{1-x} - x\,e^{1-x}\right]_{-1}^k = -e^{1-k} - k\,e^{1-k} - (-e^2 + e^2)$

$$= e^{1-k}(-1-k)$$

c) $\lim_{k\to\infty}\left[-(1+k)\,e^{1-k}\right] = \lim_{k\to\infty}\frac{-(1+k)\,e}{e^k} = \lim_{k\to\infty}\left(\frac{-e}{e^k} + \frac{-k\,e}{e^k}\right) = 0 + 0 = 0$

Die ins Unendliche reichende Fläche zwischen G_f und der positiven x-Achse hat denselben Flächeninhalt wie die Fläche, die von G_f mit der Vertikalen $x = -1$ sowie der negativen x-Achse eingeschlossen wird.

69. a) *Nullstelle:* Es gibt mindestens eine Nullstelle $x = -\ln a$.

Monotonie und Extremumsstellen:

$F'_a(x) = 4e^{-x}(a - e^{-x})$

$F'_a(x) = 0$, wo $a - e^{-x} = 0 \Leftrightarrow a = e^{-x}$

$\Leftrightarrow x = -\ln a$

$F'_a(x) > 0$ für $a - e^{-x} > 0 \Leftrightarrow a > e^{-x}$

$\Leftrightarrow \ln a > -x$

$\Leftrightarrow x > -\ln a$

$F'_a(x) < 0$ für $a - e^{-x} < 0 \Leftrightarrow x < -\ln a$

Ergebnis: An der Stelle $x = -\ln a$ liegt eine Minimumsstelle vor. Weitere Extremumsstellen gibt es nicht.

Wendestellen:

$$F''_a(x) = f'_a(x) = 4e^{-x}(e^{-x}) + (a - e^{-x})(-4e^{-x})$$
$$= 4e^{-x}(e^{-x} - a + e^{-x}) = 4e^{-x}(2e^{-x} - a)$$

$F''_a(x) = 0$, wo $2e^{-x} - a = 0 \Leftrightarrow e^{-x} = \frac{a}{2}$

$\Leftrightarrow x = -\ln\frac{a}{2}$

Aus $F''_a(x) > 0$ für $x < -\ln\frac{a}{2}$ und $F''_a(x) < 0$ für $x > -\ln\frac{a}{2}$ folgt, daß F_a genau eine Wendestelle bei $x = -\ln\frac{a}{2}$ hat.

Integralfreie Darstellung:

Wir betrachten zunächst das unbestimmte Integral:

$$\int 4e^{-x}(a - e^{-x})\,dx = \int 4t\,dt = 4\frac{t^2}{2} + C = 2(a - e^{-x})^2 + C$$

$t = a - e^{-x} \Rightarrow dt = e^{-x}dx$

Damit gilt:

$$F_a(x) = \int_{-\ln a}^{x} 4e^{-t}(a - e^{-t})\,dt = 2\Big[(a - e^{-t})^2\Big]_{-\ln a}^{x}$$
$$= 2\Big[(a - e^{-x})^2 - (a - a)^2\Big] = 2(a - e^{-x})^2$$

b) *Nullstelle:* Es gibt mindestens eine Nullstelle $x = -\frac{1}{a}$.

Monotonie und Extremumsstellen:

$$F_a'(x) = a^2\left(x+\frac{1}{a}\right)e^{-ax}$$

$$F_a'(x) = 0, \text{ wo } x = -\frac{1}{a}$$

$$\left.\begin{array}{l} F_a'(x) > 0 \text{ für } \quad x > -\frac{1}{a} \\ F_a'(x) < 0 \text{ für } \quad x < -\frac{1}{a} \\ F_a'\left(-\frac{1}{a}\right) = 0 \end{array}\right\} \Rightarrow \text{Minimumsstelle an der Stelle } x = -\frac{1}{a}$$

Wendestellen:

$$\begin{aligned} F_a''(x) = f_a'(x) &= a^2\left[e^{-ax} + \left(x+\frac{1}{a}\right)(-a)\,e^{-ax}\right] \\ &= a^2e^{-ax}\left(1-ax-1\right) \\ &= a^2e^{-ax}\left(-ax\right) = -a^3x\,e^{-ax} \end{aligned}$$

$$F_a''(x) = 0 \quad \text{für } x = 0$$

Aus $F_a''(x) > 0$ für $x < 0$ und $F_a''(x) < 0$ für $x > 0$ folgt, daß F_a an der Stelle $x = 0$ genau eine Wendestelle hat.

Integrale Darstellung:

Wir betrachten zunächst das unbestimmte Integral $\int\left(x+\frac{1}{a}\right)e^{-ax}dx$

Wir setzen:

$$u(x) = x + \frac{1}{a} \quad \Rightarrow \quad u'(x) = 1$$
$$v'(x) = e^{-ax} \quad \Rightarrow \quad v(x) = -\frac{1}{a}e^{-ax}$$

Also:

$$\begin{aligned} \int\left(x+\frac{1}{a}\right)e^{-ax}dx &= \left(x+\frac{1}{a}\right)\left(-\frac{1}{a}\right)e^{-ax} + \int\frac{1}{a}e^{-ax}dx \\ &= -\frac{1}{a}\left(x+\frac{1}{a}\right)e^{-ax} + \frac{1}{a}\left(-\frac{1}{a}e^{-ax}\right) + C \\ &= -\frac{1}{a}e^{-ax}\left(x+\frac{1}{a}+\frac{1}{a}\right) + C \\ &= -\frac{1}{a}e^{-ax}\left(x+\frac{2}{a}\right) + C \end{aligned}$$

Damit gilt:

$$F_a(x) = a^2 \int_{-\frac{1}{a}}^{x} \left(t + \frac{1}{a}\right) e^{-at}\, dt = a^2 \left[-\frac{1}{a} e^{-at} \left(t + \frac{2}{a}\right)\right]_{-\frac{1}{a}}^{x}$$

$$= -a\left[e^{-ax}\left(x + \frac{2}{a}\right) - e\left(\frac{1}{a}\right)\right]$$

70. **a**) Verschiebung des Graphen von $y = \ln x$ um 1 nach links:

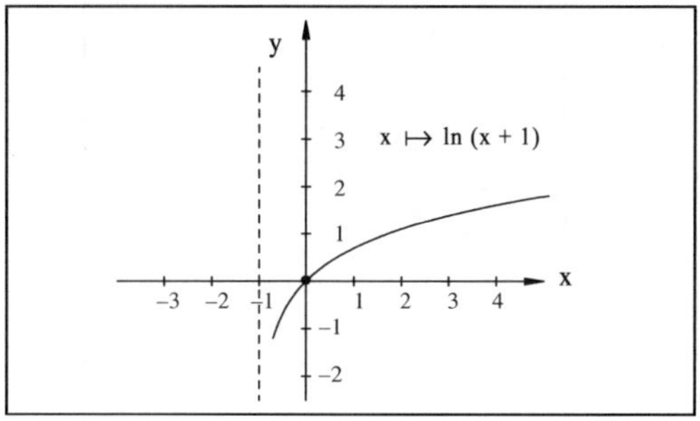

b) Verschiebung des Graphen von $y = \ln x$ um 1 nach oben:

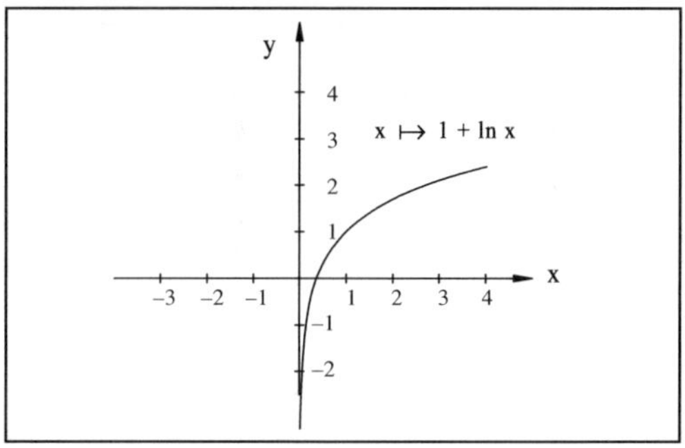

c) Der Teil des Graphen von $y = \ln x$, der unterhalb der x-Achse verläuft wird an der x-Achse gespiegelt.

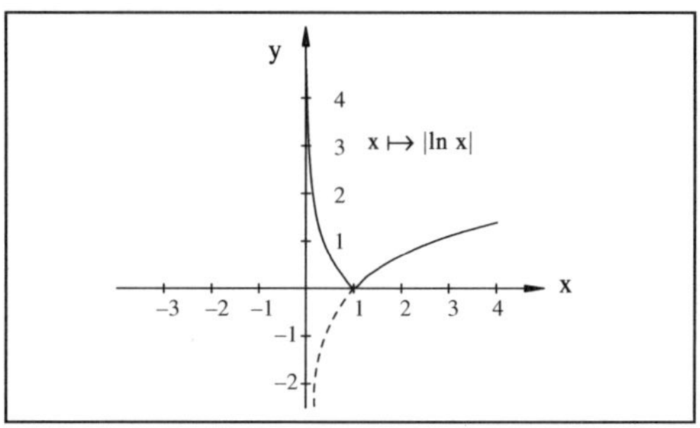

71. [ ]

[x]

[ ]

72. **a)**

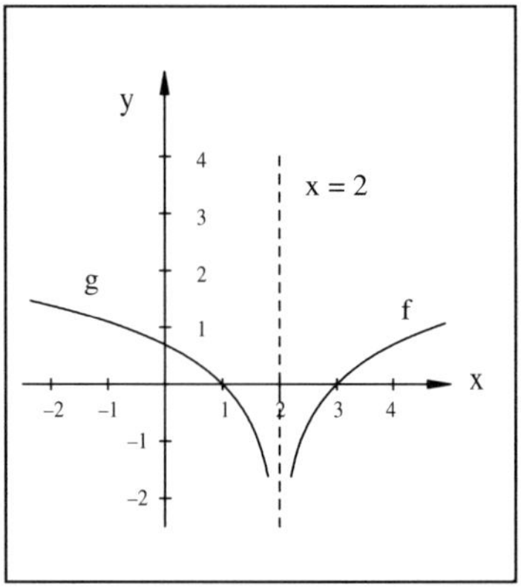

b)

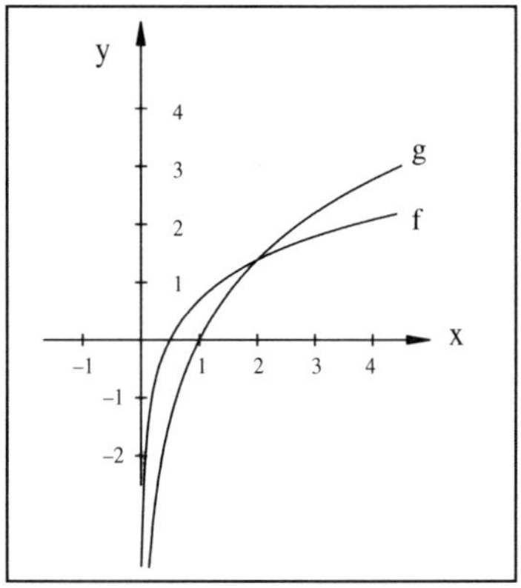

c)

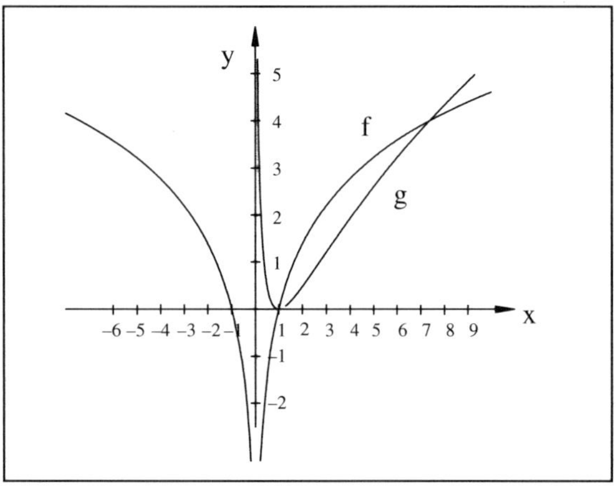

73. $f(0{,}5) = -1{,}95$, $f(1) = -1{,}10$

74. **a)** $\frac{1}{3}\ln 27 - \ln 3 + \frac{1}{2}\ln 64 - 2\ln 2^2 = \frac{1}{3}\ln 3^3 - \ln 3 + \frac{1}{2}\ln 8^2 - 2\ln 2^2$

$= \frac{3}{3}\ln 3 - \ln 3 + \ln 8 - 4\ln 2$

$= \ln 2^3 - 4\ln 2 = 3\ln 2 - 4\ln 2 = -\ln 2$

b) $2\ln 1 - 4\ln 2 + \ln\frac{1}{3} + 4\ln 3 = 0 - 4\ln 2 + \ln 1 - \ln 3 + 4\ln 3$

$= -4\ln 2 + 3\ln 3 = \ln\frac{3^3}{2^4} = \ln\frac{27}{16}$

75. **a)** $(\ln e^2)^2 - \ln\sqrt{e} + \sqrt{\ln e} = 4 - \frac{1}{2} + 1 = 4{,}5$

b) $\ln e^{-1} - \ln 2e + \ln 2 = -1 - (\ln 2 + \ln e) + \ln 2 = -1 - \ln 2 - 1 + \ln 2 = -2$

c) $-4e + 2e\ln e^2 + 4 - 2\ln e = -4e + 4e\ln e + 4 - 2\ln e$

$= -4e + 4e + 4 - 2 = 2$

d) $e^{2\ln e} - e^{\ln\sqrt{e}} = e^{\ln e^2} - e^{\ln e^{1/2}} = e^2 - e^{1/2} = e^2 - \sqrt{e} \approx 5{,}74$

76. **a)** $(\ln e^{x+1})\cdot(\ln e^{-x^2}) = (x+1)\ln e\cdot(-x^2)\ln e$

$= (x+1)(-x^2)\cdot 1 = -x^3 - x^2;\ x \in \mathbb{R}$

b) $\ln(x+1) + \ln(x-1) - 2\ln x = \ln(x+1)(x-1) - \ln x^2$

$= \ln\frac{(x+1)(x-1)}{x^2};\ x > 1$

c) $x - \ln(1+e^x) = \ln e^x - \ln(1+e^x) = \ln\frac{e^x}{1+e^x}\ ;\ x \in \mathbb{R}$

77. **a)** $\ln x^2 = 2\ ;\quad x \in \mathbb{R} \setminus \{0\}$

$\Leftrightarrow \quad x^2 = e^2$

$\Leftrightarrow \quad x = e \ \vee \ x = -e$

$L = \{e\ ;-e\}$

b) $2 \ln x = 1\ ;\quad x \in \mathbb{R}^+$

$\Leftrightarrow \quad \ln x = 0{,}5$

$\Leftrightarrow \quad x = e^{0{,}5}$

$L = \{\sqrt{e}\}$

c) $(\ln x + 1)^2 = 2\ ;\quad x \in \mathbb{R}^+$

$\Leftrightarrow \quad |\ln x + 1| = \sqrt{2}$

$\Leftrightarrow \quad \ln x + 1 = \sqrt{2} \ \vee \ -(\ln x + 1) = \sqrt{2}$

$\Leftrightarrow \quad x = e^{\sqrt{2}-1} \qquad \Leftrightarrow \ x = e^{-(\sqrt{2}+1)}$

$L = \{e^{\sqrt{2}-1}\ ; e^{-(\sqrt{2}+1)}\}$

d) $x \ln x = x\ ;\quad x \in \mathbb{R}^+$

$\Leftrightarrow \quad x \ln x - x = 0$

$\Leftrightarrow \quad x(\ln x - 1) = 0 \quad \Leftrightarrow \quad \ln x - 1 = 0$

$\Leftrightarrow \quad x = e$

$L = \{e\}$

e) $2 \ln x - (\ln x)^2 = 0\ ;\quad x \in \mathbb{R}^+$

$\Leftrightarrow \quad \ln x\,(2 - \ln x) = 0$

$\Leftrightarrow \quad \ln x = 0 \ \vee \ 2 - \ln x = 0$

$x = 1 \qquad x = e^2$

$L = \{1\ ; e^2\}$

f) $\ln(2x^2 + e) = 0\ ;\quad x \in \mathbb{R}$

$\Leftrightarrow \quad 2x^2 + e = 1$

$\Leftrightarrow \quad x^2 = \frac{1-e}{2} \quad \Leftrightarrow \ |x| = \sqrt{\underbrace{\frac{1-e}{2}}_{<0}}$

$L = \{\ \}$

g) $\ln|x^2-1|+1=0$; $x \in \mathbb{R}\setminus\{1;-1\}$

$\Leftrightarrow \quad |x^2-1| = e^{-1}$

$\Leftrightarrow \quad x^2-1=e^{-1} \quad \vee \quad -(x^2-1)=e^{-1}$

$\Leftrightarrow \quad |x| = \sqrt{e^{-1}+1} \quad \vee \quad |x| = \sqrt{1-e^{-1}}$

$L = \left\{\sqrt{e^{-1}+1}\,;\ -\sqrt{e^{-1}+1}\,;\ \sqrt{1-e^{-1}}\,;\ -\sqrt{1-e^{-1}}\right\}$

h) $k+1-k\ln x=0$; $x \in \mathbb{R}^+$, $k \in \mathbb{R}\setminus\{0\}$

$\Leftrightarrow \quad \ln x = \frac{k+1}{k} \quad \Leftrightarrow \quad x = e^{\frac{k+1}{k}}$

$L = \{e^{\frac{k+1}{k}}\}$

78. **a**) $y = \ln(x^2-5x+7)$

Nullstellen: $y=0$, wo $\quad \ln(x^2-5x+7)=0$

$\Leftrightarrow \quad x^2-5x+7=1$

$\Leftrightarrow \quad x^2-5x+6=0$

$\Leftrightarrow \quad (x-2)(x-3)=0$

$\Leftrightarrow \quad x=2 \vee x=3$

Nullstellen: 2 ; 3

b) $y = \frac{\ln x+1}{x}$

Nullstellen: $y=0$, wo $\quad \ln x+1=0$

$\Leftrightarrow \quad \ln x=-1$

$\Leftrightarrow \quad x=e^{-1}$

Nullstelle: e^{-1}

c) $y = \ln\frac{(x-1)x}{2}$

Nullstellen: $y = 0$, wo

$$\begin{aligned} & \ln\frac{(x-1)x}{2} = 0 \\ \Leftrightarrow\quad & \frac{(x-1)x}{2} = 1 \\ \Leftrightarrow\quad & x^2 - x = 2 \\ \Leftrightarrow\quad & x^2 - x - 2 = 0 \\ \Leftrightarrow\quad & (x-2)(x+1) = 0 \\ \Leftrightarrow\quad & x = 2 \ \vee\ x = -1 \end{aligned}$$

Nullstellen: –1 ; 2

d) $y = x \ln x^2$

Nullstelle: $y = 0$, wo

$$\begin{aligned} & x \ln x^2 = 0 \\ \Leftrightarrow\quad & x = 0 \ \vee\ \ln x^2 = 0 \\ \Leftrightarrow\quad & x = 0 \ \vee\ x^2 = 1 \\ & \Leftrightarrow\ x = 1 \ \vee\ x = -1 \end{aligned}$$

Nullstellen: –1 ; 0 ; 1

79. a) $\ln\frac{1}{x(4+x^2)} = \ln\frac{4}{4+x^2}$

$\Leftrightarrow \quad \frac{1}{x(4+x^2)} = \frac{4}{4+x^2} \quad \Leftrightarrow \ x = \frac{1}{4}$

Die Graphen schneiden sich im Punkt S ($\frac{1}{4}$; –0,02).

b) $(1 + \ln x) \ln x = 1 + \ln x$

$\Leftrightarrow \quad \ln x = 1 \ \vee\ \ln x = -1$

Die Graphen schneiden sich im Punkt S (e ; 2) und in T(e^{-1} ; 0).

c) $\ln x^2 = \ln^2 x$

$$\Leftrightarrow \quad \ln^2 x - \ln x^2 = 0 \quad \Leftrightarrow \quad (\ln x)^2 - 2\ln x = 0$$
$$\Leftrightarrow \quad \ln x(\ln x - 2) = 0$$
$$\Leftrightarrow \quad \ln x = 0 \quad \vee \quad \ln x = 2$$
$$\Leftrightarrow \quad x = 1 \quad \vee \quad x = e^2$$

Es gibt also die beiden Schnittpunkte S_1 (1; 0) und S_2 (e^2; 4).

80. $\ln(-x^2 + 3x + 10) = \ln\left[(x+2)(5-x)\right] = \ln(x+2) + \ln(5-x)$

81. **a**) x = –2 und x = 2 sind vertikale Asymptoten.

$\lim\limits_{|x|\to\infty} \ln\left|4 - x^2\right| = \infty \Rightarrow$ Es existieren keine horizontalen Asymptoten.

b) Es existieren keine vertikalen Asymptoten.

$\lim\limits_{x\to\infty} \left[\ln(1+e^x) - x\right] = 0 \quad \Rightarrow$ x-Achse ist horizontale Asymptote für $x \to \infty$.

$\lim\limits_{x\to-\infty} \left[\ln(1+e^x) - x\right] = \infty$

c) $\lim\limits_{x\to 1+} \left(-2 + \ln\frac{x+1}{x-1}\right) = \infty \quad \Rightarrow x = 1$ ist senkrechte Asymptote.

$\lim\limits_{x\to -1-} \left(-2 + \ln\frac{x+1}{x-1}\right) = -\infty \Rightarrow x = -1$ ist senkrechte Asymptote.

$$\lim_{|x|\to\infty}\left(-2+\ln\frac{x+1}{x-1}\right)=\lim_{|x|\to\infty}\left[-2+\ln\frac{x\left(1+\frac{1}{x}\right)}{x\left(1-\frac{1}{x}\right)}\right]$$

$$=\lim_{|x|\to\infty}\left[-2+\ln\frac{1+\frac{1}{x}}{1-\frac{1}{x}}\right]=-2$$

$\Rightarrow$ y = –2 ist horizontale Asymptote.

d) $\lim\limits_{x\to\infty}\left(1+\frac{\ln x}{x}\right)=1 \qquad \Rightarrow\ y=1$ ist horizontale Asymptote.

$$\lim_{x\to\infty}\frac{\ln x}{x}\underset{\text{L'Hospital}}{\overset{\uparrow}{=}}\lim_{x\to\infty}\frac{\frac{1}{x}}{1}=0$$

$\lim\limits_{x\to 0+}\left(1+\frac{\ln x}{x}\right)=-\infty \qquad \Rightarrow$ y-Achse ist vertikale Asymptote.

82. $$\lim_{|x|\to\infty}\left(\left(x+\frac{\ln|x|}{x}\right)-x\right)=\lim_{|x|\to\infty}\frac{\ln|x|}{x}\underset{\text{L'Hospital}}{\overset{\uparrow}{=}}\lim_{|x|\to\infty}\frac{\frac{1}{|x|}}{1}=\lim_{|x|\to\infty}\frac{1}{|x|}=0$$

83. $\lim\limits_{x\to 1+}\ln\frac{x-1}{3x}=-\infty \quad \Rightarrow$ x = 1 ist senkrechte Asymptote.

$\lim\limits_{x\to 0-}\ln\frac{x-1}{3x}=+\infty \quad \Rightarrow$ y-Achse ist senkrechte Asymptote.

$$\lim_{|x|\to\infty}\ln\frac{x-1}{3x}=\lim_{|x|\to\infty}\ln\frac{x\left(1-\frac{1}{x}\right)}{3x}=\lim_{|x|\to\infty}\ln\frac{1-\frac{1}{x}}{3}=\ln\frac{1}{3}=-\ln 3$$

$\Rightarrow$ y = –ln 3 ist waagrechte Asymptote.

84. a) $$\lim_{x\to 1}\frac{\ln x}{x-1}\underset{\text{L'Hospital}}{\overset{\uparrow}{=}}\lim_{x\to 1}\frac{\frac{1}{x}}{1}=1$$

b) $\lim\limits_{x\to\infty} \ln\frac{x^2+2}{x^2+1} = \lim\limits_{x\to\infty} \ln\frac{x^2\left(1+\frac{2}{x^2}\right)}{x^2\left(1+\frac{1}{x^2}\right)} = \lim\limits_{x\to\infty} \ln\frac{1+\frac{2}{x^2}}{1+\frac{1}{x^2}} = \ln 1 = 0$

c) $\lim\limits_{x\to a} \frac{\ln\frac{x}{a}}{x-a} \underset{\uparrow}{=} \lim\limits_{x\to a} \frac{\frac{1}{\frac{x}{a}}\cdot\frac{1}{a}}{1} = \lim\limits_{x\to a} \frac{1}{x} = \frac{1}{a}$

L'Hospital

d) $\lim\limits_{x\to\infty} \ln\frac{e^x}{1+e^x} = \lim\limits_{x\to\infty} \ln\frac{e^x}{e^x\left(\frac{1}{e^x}+1\right)} = \lim\limits_{x\to\infty} \ln\frac{1}{\frac{1}{e^x}+1} = \ln 1 = 0$

85. a) $f'(x) = \frac{1}{\frac{x}{2}}\cdot\frac{1}{2} = \frac{1}{x}$

b) $f'(x) = \frac{1}{\frac{1}{x}}\cdot\left(-\frac{1}{x^2}\right) = -\frac{1}{x}$

c) $f'(x) = 2\frac{1}{\left(\frac{1}{x}\right)^2}\cdot 2\left(\frac{1}{x}\right)\left(\frac{-1}{x^2}\right) = \frac{-4}{x}$

d) $f'(x) = \frac{1}{x^2+2x}\cdot(2x+2) = \frac{2(x+1)}{x(x+2)}$

e) $f'(x) = \frac{x\cdot\frac{1}{x}-\ln x}{x^2} = \frac{1-\ln x}{x^2}$

f) $f'(x) = \frac{\frac{1}{x}\cdot x - \ln|x|}{x^2} - \frac{1}{2}\,\frac{\frac{1}{x^2}\cdot 2x\cdot x - \ln x^2}{x^2} = \frac{1-\ln|x|}{x^2} - \frac{1}{2}\,\frac{2-\ln x^2}{x^2}$

$= \frac{2-2\ln|x|-2+\ln x^2}{2x^2} = \frac{\ln x^2 - 2\ln|x|}{2x^2}$

g) $f'(x) = \sqrt{x} \cdot \frac{1}{x} + \ln x \cdot \frac{1}{2\sqrt{x}} = \frac{\sqrt{x}}{x} + \frac{1}{2}\frac{\sqrt{x}}{2x}\ln x = \frac{\sqrt{x}}{x}\left(1 + \frac{1}{2}\ln x\right)$

h) $f'(x) = x\left(\frac{1}{x}\right) + (-2 + \ln x) \cdot 1 = 1 - 2 + \ln x = -1 + \ln x$

i) $f'(x) = \frac{1}{\ln|2x|} \cdot \frac{1}{2x} \cdot 2 = \frac{1}{x \ln|2x|}$

j) $f'(x) = 2(\ln x) \cdot \frac{1}{x} - \left(x \cdot \frac{1}{x} + \ln x\right) = \frac{2}{x}\ln x - 1 - \ln x$

86. **a)** $f(x) = (\ln x)^2 \quad \Rightarrow \quad f'(x) = 2\ln x \cdot \frac{1}{x} = \frac{2}{x}\ln x$

$$f''(x) = \frac{2}{x} \cdot \frac{1}{x} + \ln x \cdot \left(\frac{-2}{x^2}\right) = \frac{2}{x^2}(1 - \ln x)$$

b) $f'(1) = 0 \Rightarrow$ Graph hat an der Stelle x = 1 eine horizontale Tangente.

$f''(1) = 2 \wedge f'(1) = 0 \Rightarrow$ Graph hat an der Stelle x = 1 einen Tiefpunkt.

87. **a)** $f'(x) = \frac{1}{\ln x} \cdot \frac{1}{x} = \frac{1}{x \ln x}$

b) $f'(x) = 2(2\ln x - 1) \cdot 2 \cdot \frac{1}{x} = \frac{4}{x}(2\ln x - 1)$

c) $f'(x) = \frac{1}{2\sqrt{\ln x}} \cdot \frac{1}{x} - \frac{1}{\sqrt{x}} \cdot \frac{1}{2\sqrt{x}} = \frac{1}{2x\sqrt{\ln x}} - \frac{1}{2x}$

d) $f(x) = \ln 1 - \ln(1 - e^x)^2 = 0 - 2\ln(1 - e^x) = -2\ln(1 - e^x)$

$f'(x) = -2 \cdot \frac{1 \cdot (-e^x)}{1 - e^x} = \frac{2e^x}{1 - e^x}$

e) $f'(x) = \frac{1}{\frac{1+x^2}{1-x^2}} \cdot \frac{2x(1-x^2)-(1+x^2)(-2x)}{(1-x^2)^2} = \frac{1-x^2}{1+x^2} \cdot \frac{2x-2x^3+2x+2x^3}{(1-x^2)^2}$

$= \frac{(1-x^2)(4x)}{(1+x^2)(1-x^2)^2} = \frac{4x}{(1+x^2)(1-x^2)} = \frac{4x}{1-x^4}$

f) $f'(x) = \frac{1 \cdot (\ln x - 1) - x\left(\frac{1}{x}\right)}{(\ln x - 1)^2} = \frac{\ln x - 1 - 1}{(\ln x - 1)^2} = \frac{-2 + \ln x}{(\ln x - 1)^2}$

88. **a)** $f_k'(x) = \frac{1}{\frac{2x-k}{3x}} \cdot \frac{2\cdot(3x)-(2x-k)\cdot 3}{9x^2} = \frac{3x}{2x-k} \cdot \frac{6x-6x+3k}{9x^2} = \frac{3k}{3x(2x-k)} = \frac{k}{x(2x-k)}$

b) $f_k'(x) = \frac{1}{2} - \frac{1}{k-e^{x/2}} \cdot \left(-e^{\frac{x}{2}} \cdot \frac{1}{2}\right) = \frac{1}{2} + \frac{0{,}5e^{x/2}}{k-e^{x/2}}$

89. **a)** $\frac{1}{2}x - 1 > 0 \iff x > 2 \Rightarrow \mathbb{D}_f = \,]2\,;\infty[$

b) $\frac{1}{1+x^2} > 0$ erfüllt für alle $x \in \mathbb{R} \Rightarrow \mathbb{D}_f = \mathbb{R}$

c) $\frac{1}{x} > 0 \iff x > 0 \Rightarrow \mathbb{D}_f = \,]0\,;\infty[$

d) $|x-1| = 0 \iff x = 1 \Rightarrow \mathbb{D}_f = \mathbb{R}\setminus\{1\}$

e) Der Nennerterm darf nicht null werden. Also:

$$1 - \ln x = 0 \iff x = e \Rightarrow \mathbb{D}_f = \,]0\,;e[\, \cup \,]e\,;\infty[$$

f) $\left.\begin{array}{l} x+1>0 \iff x>-1 \\ \frac{1}{x} \text{ definiert für } x \in \mathbb{R}\setminus\{0\} \end{array}\right\} \Rightarrow \mathbb{D}_f = \,]-1\,;0[\, \cup \,]0\,;\infty[$

g) $\frac{x-1}{2x} > 0$

Fallunterscheidung:

$$x-1>0 \;\wedge\; 2x>0 \quad \text{oder} \quad x-1<0 \;\wedge\; 2x<0$$

$$\Leftrightarrow \quad x>1 \;\wedge\; x>0 \qquad \Leftrightarrow \quad x<1 \;\wedge\; x<0$$

$$L_1 =]1;\infty[\qquad L_2 =]-\infty;0[$$

$\mathbb{D}_f =]-\infty\,;0[\; \cup \;]1\,;\infty[$

h) $\mathbb{D}_f = \mathbb{R}^+ \setminus \{1\}$

i) Der Nennerterm darf nicht null werden. Also:

$$\ln(e^x + e^{2x}) = 0 \;\Leftrightarrow\; e^{2x} + e^x = 1$$

$$\Leftrightarrow\; e^{2x} + e^x - 1 = 0$$

Wir setzen $e^x = z$:

$$z^2 + z - 1 = 0 \;\Leftrightarrow\; z = \frac{-1+\sqrt{5}}{2} \;\vee\; z = \frac{-1-\sqrt{5}}{2}$$

Also:

$$e^x = \frac{-1+\sqrt{5}}{2} \qquad \vee \quad e^x = \frac{-1-\sqrt{5}}{2}$$

$$\Leftrightarrow \quad x = \ln\left(\frac{-1+\sqrt{5}}{2}\right) \qquad L = \{\;\}$$

$$\mathbb{D}_f = \mathbb{R}\setminus\left\{\ln\left(\frac{-1+\sqrt{5}}{2}\right)\right\}$$

j) $\frac{e^x - e^2}{e^x + e^2} > 0 \;\Leftrightarrow\; e^x - e^2 > 0 \;\Leftrightarrow\; e^x > e^2 \;\Leftrightarrow\; x > 2$

$\mathbb{D}_f =]2\,;\infty[$

90. a) $f(x) = x(2 - \ln x)\,;\;\; \mathbb{D}_f =]0\,;\infty[$

$f'(x) = 1 \cdot (2 - \ln x) + x \cdot \left(-\frac{1}{x}\right) = 2 - \ln x - 1 = 1 - \ln x$

$f'(x) = 0$, wo $\;1 - \ln x = 0 \;\Leftrightarrow\; x = e$

Bereich	Aussage über f '(x)	Monotonieaussage
$0 < x < e$	$f'(x) > 0$	f streng monoton wachsend
$e < x < \infty$	$f'(x) < 0$	f streng monoton abnehmend

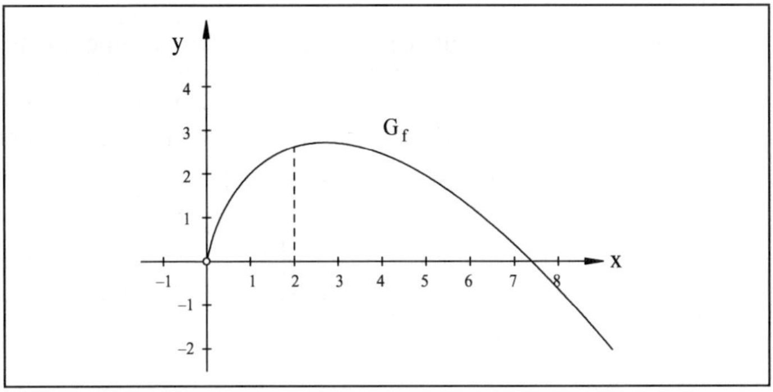

f: $x \mapsto x\,(2 - \ln x)$; $x \in \mathbb{R}^+$

b) $f(x) = \ln \frac{x}{4-x}$; $\mathbb{D}_f =]0\,;4[$

$$f'(x) = \frac{1}{\frac{x}{4-x}} \cdot \frac{4 - x - x \cdot (-1)}{(4-x)^2} = \frac{4-x}{x} \cdot \frac{4}{(4-x)^2} = \frac{4}{x\,(4-x)}$$

$f'(x) > 0$ für $0 < x < 4 \Rightarrow$ f streng monoton wachsend.

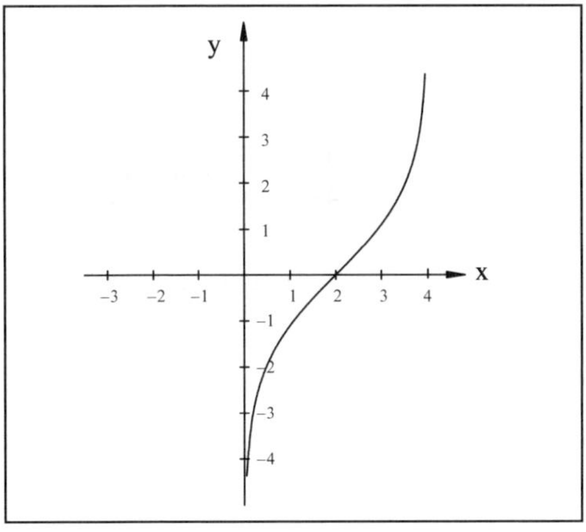

f: $\mapsto \ln \frac{x}{4-x}$; $x \in]0\,;4[$

c) $f(x) = \ln(1 - x^2)$; $\mathbb{D}_f =]-1 ; 1[$

$$f'(x) = \frac{1}{1-x^2} \cdot (-2x) = \frac{-2x}{1-x^2}$$

$f'(x) = 0$, wo $x = 0$

Bereich	Aussage über f'(x)	Monotonieaussage
$-1 < x < 0$	$f'(x) > 0$	f streng monoton wachsend
$0 < x < 1$	$f'(x) < 0$	f streng monoton abnehmend

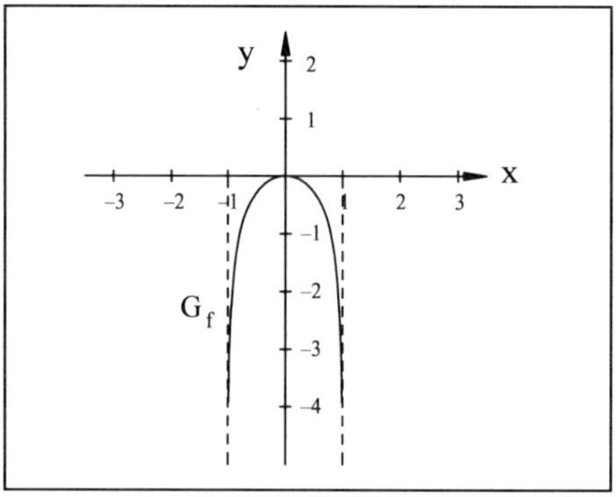

f: $x \mapsto \ln(1 - x^2)$; $x \in]-1 ; 1[$

d) $f(x) = \ln\frac{x-1}{3x}$; $\mathbb{D}_f = \mathbb{R} \setminus [-1 ; 1]$

$$f'(x) = \frac{1}{\frac{x-1}{3x}} \cdot \frac{1 \cdot 3x - (x-1) \cdot 3}{9x^2} = \frac{3x}{x-1} \cdot \frac{3x - 3x + 3}{9x^2} = \frac{1}{x(x-1)}$$

Bereich	Aussage über f'(x)	Monotonieaussage
$-\infty < x < 0$	$f'(x) > 0$	f streng monoton wachsend
$1 < x < \infty$	$f'(x) > 0$	f streng monoton wachsend

Graph: siehe Seite 52!

91. **a)** (4) $\mathbb{D}_f = \mathbb{R}$

b) (1) zwei Nullstellen;

$$\lim_{x\to 0+} f'(x) = \lim_{x\to 0+}\left(\tfrac{x}{x} + \ln x\right) = \lim_{x\to 0+}(1 + \ln x) = -\infty .$$

Damit scheiden (2) und (3) aus, und (1) muß der zugehörige Graph sein.

c) (2) zwei Nullstellen;

$$\lim_{x\to 0+} f'(x) = \lim_{x\to 0+}\left(\tfrac{x^2}{x} + 2x\ln x\right) = \lim_{x\to 0+}(x + 2x\ln x) = 0$$

d) (3) doppelte Nullstelle bei $x = 1$

92. a) $f(-x) = \frac{\ln(-x)^2}{-x} = -\frac{\ln x^2}{x} = -f(x) \Rightarrow$ punktsymmetrisch zum Ursprung

b) $f(-x) = 1 - (-x)^2 - \ln|-x| = 1 - x^2 - \ln|x| = f(x) \Rightarrow$ symmetrisch zur y-Achse

c) $f(-x) = \ln\frac{1-x}{1+x} = \ln\frac{1}{\frac{1+x}{1-x}} = \ln 1 - \ln\frac{1+x}{1-x} = -f(x) \Rightarrow$ punktsymmetrisch zum Ursprung

93.

	Schnittpunkt S_x mit der x-Achse	Schnittpunkt S_y mit der y-Achse
a)	$f(x) = 0$, wo $-2 + \ln(x+1) = 0$ $\Leftrightarrow\quad x + 1 = e^2$ $\Leftrightarrow\quad x = e^2 - 1$ $S_x\,(e^2 - 1\,;\,0)$	$f(0) = -2 + \ln 1 = -2$ $S_y\,(0\,;\,-2)$
b)	$f(x) = 0$, wo $-x + \ln(x+2) = 0$ $\Leftrightarrow\quad \ln(x+2) = x$ Nullstellen (durch Probieren oder mit GTR): $x_1 \approx 1{,}14$ $x_2 \approx -1{,}84$	$f(0) = -0 + \ln 2 = \ln 2$ $S_y\,(0\,;\,\ln 2)$

94. **a)** $f'(x) = 1 \cdot (\ln x)^2 + x \cdot 2(\ln x) \cdot \frac{1}{x} = (\ln x)^2 + 2\ln x$

$f''(x) = 2 \cdot \frac{1}{x} \ln x + \frac{2}{x} = \frac{2}{x}(\ln x + 1)$

$f''(x) = 0$, wo $\ln x + 1 = 0 \;\Leftrightarrow\; x = \frac{1}{e}$

$$\left.\begin{array}{l} f''(x) < 0 \text{ für } 0 < x < \frac{1}{e} \\ f''(x) > 0 \text{ für } \frac{1}{e} < x < \infty \\ f''\left(\frac{1}{e}\right) = 0 \end{array}\right\} \Rightarrow \text{Wendepunkt in } \left(\frac{1}{e}; \frac{1}{e}\right)$$

b) $f(x) = \begin{cases} 1 - x^2 - \ln x; & x > 0 \\ 1 - x^2 - \ln(-x); & x < 0 \end{cases}$

$f'(x) = \begin{cases} -2x - \frac{1}{x}; & x > 0 \\ -2x - \frac{1}{-x} \cdot (-1) = -2x - \frac{1}{x}; & x < 0 \end{cases}$

Also: $f'(x) = -2x - \frac{1}{x}$; $x \in \mathbb{R} \setminus \{0\}$

Daraus folgt:

$f''(x) = -2 + \frac{1}{x^2}$; $x \in \mathbb{R} \setminus \{0\}$

$f''(x) = 0$, wo $-2 + \frac{1}{x^2} = 0 \;\Leftrightarrow\; x^2 = \frac{1}{2}$

$\Leftrightarrow\; x = \frac{1}{2}\sqrt{2} \vee x = -\frac{1}{2}\sqrt{2}$

Also: $W_1\left(\frac{1}{2}\sqrt{2}; \frac{1}{2} - \ln\frac{\sqrt{2}}{2}\right)$, $W_2\left(-\frac{1}{2}\sqrt{2}; \frac{1}{2} - \ln\frac{\sqrt{2}}{2}\right)$

95. **a)** $f(-x) = \frac{\ln(-x)^2}{-x} = -\frac{\ln x^2}{x} = -f(x) \Rightarrow$ punktsymmetrisch zum Ursprung

$f'(x) = \frac{\frac{1}{x^2} \cdot 2x \cdot x - \ln x^2}{x^2} = \frac{2 - \ln x^2}{x^2}$

$f''(x) = \frac{-\frac{1}{x^2} \cdot 2x \cdot x^2 - (2 - \ln x^2)\, 2x}{x^4} = \frac{-2(3 - \ln x^2)}{x^3}$

Nullstellen:

$x^2 = 1 \;\Leftrightarrow\; x = 1 \vee x = -1$

Also: $N_1\,(1\,;0)$, $N_2\,(-1\,;0)$

Schnittpunkt mit der y-Achse:

f(0) ist nicht definiert.

Monotonieverhalten und Extempunkte:

$$f'(x) = 0, \text{ wo } 2 - \ln x^2 = 0 \;\Leftrightarrow\; x^2 = e^2$$
$$\Leftrightarrow\; x = e \vee x = -e$$

$$\left.\begin{array}{l} f'(x) < 0 \text{ für } -\infty < x < -e \\ f'(-e) = 0 \\ f'(x) > 0 \text{ für } -e < x < 0 \end{array}\right\} \Rightarrow \text{Tiefpunkt } T\left(-e\,;-\frac{2}{e}\right)$$

Wegen Punktsymmetrie: Hochpunkt $H\left(e\,;\frac{2}{e}\right)$

Wendepunkte:

$$f''(x) = 0, \text{ wo } 3 - \ln x^2 = 0 \;\Leftrightarrow\; x^2 = e^3$$
$$\Leftrightarrow\; x = e\sqrt{e} \vee x = -e\sqrt{e}$$

$$\left.\begin{array}{l} f''(x) < 0 \text{ für } -\infty < x < -e\sqrt{e} \\ f''(-e\sqrt{e}) = 0 \\ f''(x) < 0 \text{ für } -e\sqrt{e} < x < 0 \end{array}\right\} \Rightarrow \text{Wendepunkt } W_1\left(-e\sqrt{e}; \frac{-3}{e\sqrt{e}}\right)$$

Wegen Punktsymmetrie: Wendepunkt $W_2\left(e\sqrt{e}\,; \frac{3}{e\sqrt{e}}\right)$

Asymptoten:

$$\lim_{|x| \to \infty} \frac{\ln x^2}{x} = 0 \Rightarrow \text{x-Achse ist Asymptote für } |x| \to \infty.$$

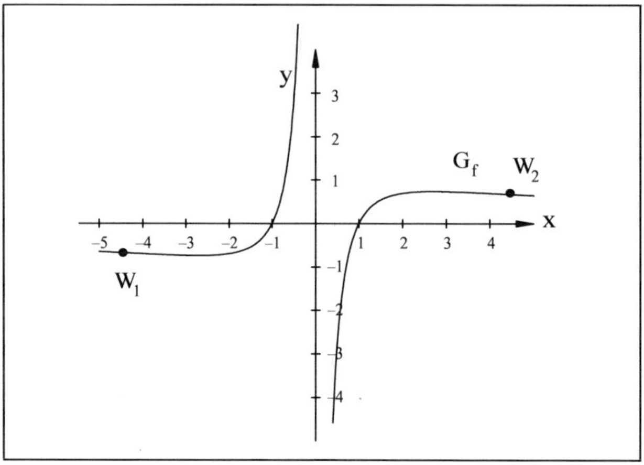

$f: x \mapsto \frac{\ln x^2}{x}$; $x \in \mathbb{R}\setminus\{0\}$

b) *Symmetrie:* keine einfache

$$f'(x) = \frac{1}{\frac{1}{x}} \cdot \left(-\frac{1}{x^2}\right) = -\frac{1}{x}$$

$$f''(x) = \frac{1}{x^2}$$

Nullstellen:

$\frac{1}{x} = 1 \quad \Leftrightarrow \quad x = 1$

Also: N (1 ; 0)

Schnittpunkt mit der y-Achse:

f (0) ist nicht definiert.

Monotonieverhalten und Extrempunkte:

$f'(x) < 0$ für $x \in \mathbb{R}^+ \Rightarrow$ G_f streng monoton fallend. Es gibt daher keine Extrempunkte.

Wendepunkte:

$f''(x) > 0$ für $x \in \mathbb{R}^+ \Rightarrow$ G_f links gekrümmt im gesamten Definitionsbereich.

Asymptoten:

$\lim\limits_{x \to 0+} \ln \frac{1}{x} = \infty \Rightarrow$ y-Achse ist vertikale Asymptote für $x \to 0+$.

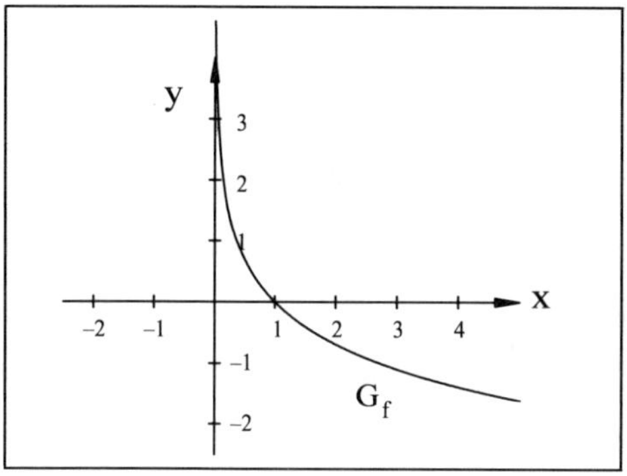

$f: x \mapsto \ln \frac{1}{x}\ ;\ x \in \mathbb{R}^+$

c) *Symmetrie:* keine einfache

$$f'(x) = \frac{1}{x} \ln x + (1 + \ln x) \frac{1}{x} = \frac{1}{x}(1 + 2 \ln x)$$

$$f''(x) = -\frac{1}{x^2}(1 + 2 \ln x) + \frac{1}{x}\left(2 \cdot \frac{1}{x}\right) = \frac{1}{x^2}(1 - 2 \ln x)$$

Nullstellen:

$$\begin{aligned} & (1 + \ln x) \ln x = 0 \\ \Leftrightarrow \quad & 1 + \ln x = 0 \quad \vee \quad \ln x = 0 \\ \Leftrightarrow \quad & \ln x = -1 \quad \vee \quad x = 1 \\ \Leftrightarrow \quad & x = e^{-1} \quad \vee \quad x = 1 \end{aligned}$$

Also: $N_1\left(\frac{1}{e}\,;0\right)$, $N_2\,(1\ ;\ 0)$

Schnittpunkt mit der y-Achse:

f (0) ist nicht definiert.

Monotonieverhalten und Extrempunkte:

$$f'(x) = 0, \text{ wo } \frac{1}{x}(1 + 2 \ln x) = 0 \quad \Leftrightarrow \quad 2 \ln x = -1$$

$$\Leftrightarrow \quad x = e^{-\frac{1}{2}} = \frac{1}{\sqrt{e}}$$

$$\left.\begin{array}{ll} f'(x)<0 \text{ für } & 0<x<e^{-\frac{1}{2}} \\ f'(e^{-\frac{1}{2}})=0 & \\ f'(x)>0 \text{ für } & e^{-\frac{1}{2}}<x<\infty \end{array}\right\} \Rightarrow \text{Tiefpunkt } T\left(\frac{1}{\sqrt{e}}; -\frac{1}{4}\right)$$

Wendepunkte:

$$f''(x)=0, \text{ wo } \frac{1}{x^2}(1-2\ln x)=0 \iff 2\ln x=1$$

$$\iff \quad x=e^{\frac{1}{2}}=\sqrt{e}$$

$$\left.\begin{array}{ll} f''(x)>0 \text{ für } & 0<x<\sqrt{e} \\ f''(\sqrt{e})=0 & \\ f''(x)<0 \text{ für } & \sqrt{e}<x<\infty \end{array}\right\} \Rightarrow \text{Wendepunkt } W\left(\sqrt{e}; \frac{3}{4}\right)$$

Asymptoten:

$\lim\limits_{x\to 0+}\left[(1+\ln x)\ln x\right]=\infty \Rightarrow$ y-Achse ist vertikale Asymptote für $x \to \infty$.

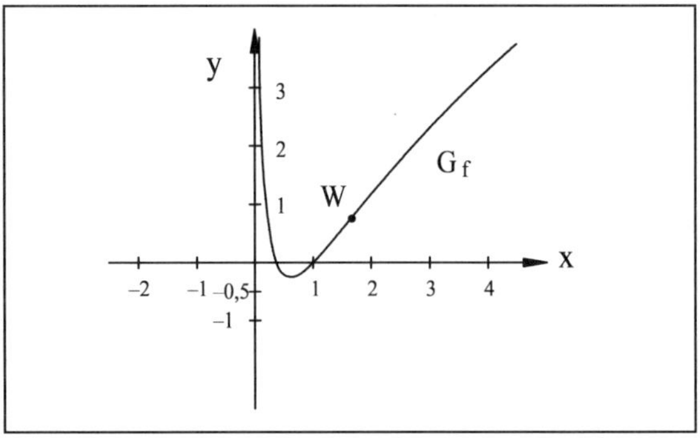

$f: x \mapsto (1+\ln x)\ln x \ ; \ x \in \mathbb{R}^+$

d) *Symmetrie:* keine einfache

$$f'(x)=\frac{1}{\frac{x-1}{2x}}\cdot\frac{1\cdot 2x-(x-1)\cdot 2}{4x^2}=\frac{2x}{x-1}\cdot\frac{2}{4x^2}=\frac{1}{x(x-1)}=(x^2-x)^{-1}$$

$$f''(x)=-1(x^2-x)^{-2}(2x-1)=\frac{1-2x}{(x^2-x)^2}$$

Nullstellen:

$$\ln\frac{x-1}{2x}=0 \iff \frac{x-1}{2x}=1$$
$$\iff x-1=2x$$
$$\iff x=-1$$

Also: N (–1 ; 0)

Schnittpunkt mit der y-Achse:

f (0) ist nicht definiert.

Monotonieverhalten und Extrempunkte:

$f'(x) > 0$ für $x \in \mathbb{D}_f \Rightarrow$ G_f streng monoton steigend. Es gibt keine Extrempunkte

Wendepunkte:

Notwendige Bedingung:

$f''(x)=0$, wo $1-2x=0$

$$\iff x=\frac{1}{2}\notin \mathbb{D}_f$$

Es gibt keine Wendepunkte.

Asymptoten:

$$\lim_{|x|\to\infty} \ln\frac{x-1}{2x} = \lim_{|x|\to\infty} \ln\frac{x\left(1-\frac{1}{x}\right)}{2x} = \ln\frac{1}{2} = -\ln 2$$

$y = -\ln 2$ ist horizontale Asymptote für $|x| \to \infty$.

$\lim\limits_{x\to 1+} \ln\frac{x-1}{2x} = -\infty \quad \Rightarrow$ x = 1 ist vertikale Asymptote

$\lim\limits_{x\to 0-} \ln\frac{x-1}{2x} = +\infty \quad \Rightarrow$ y-Achse ist vertikale Asymptote

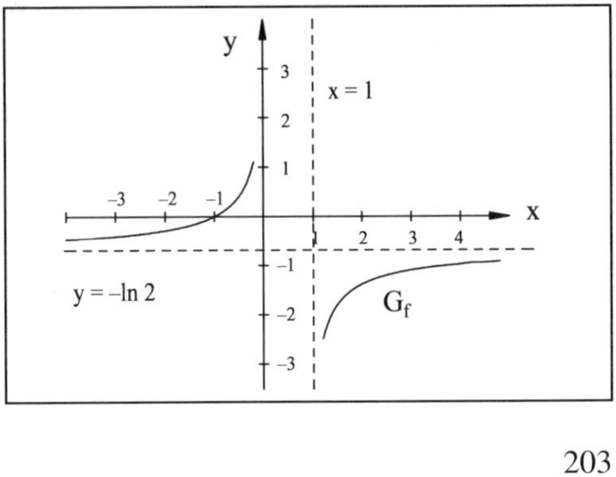

$f: x \mapsto \ln\frac{x-1}{2x}$; $x \in \mathbb{R}\setminus[0 ; 1]$

e) *Symmetrie:*

$$f(-x) = \ln\frac{4}{4+(-x)^2} = \ln\frac{4}{4+x^2} = f(x) \;\Rightarrow \text{symmetrisch zur y-Achse}$$

$$f'(x) = \frac{1}{\frac{4}{4+x^2}} \cdot \frac{-4(2x)}{(4+x^2)^2} = \frac{-2x}{4+x^2}$$

$$f''(x) = \frac{-2\cdot(4+x^2)-(-2x)\cdot 2x}{(4+x^2)^2} = \frac{-8+2x^2}{(4+x^2)^2} = \frac{2(x^2-4)}{(4+x^2)^2}$$

Nullstellen:

$$\ln\frac{4}{4+x^2} = 0 \;\Leftrightarrow\; \frac{4}{4+x^2} = 1 \;\Leftrightarrow\; 4 = 4+x^2 \;\Leftrightarrow\; x = 0$$

Also: N (0 ; 0)

Schnittpunkt mit der y-Achse:

$f(0) = \ln 1 = 0$

Monotonieverhalten und Extrempunkte:

$f'(x) = 0$, wo $-2x = 0 \;\Leftrightarrow\; x = 0$

$$\left.\begin{array}{ll} f'(x) > 0 \text{ für} & -\infty < x < 0 \\ f'(0) = 0 & \\ f'(x) < 0 \text{ für} & 0 < x < \infty \end{array}\right\} \Rightarrow \text{Hochpunkt H } (0\,;\,0)$$

Wendepunkte:

$f''(x) = 0$, wo $x^2 - 4 = 0 \;\Leftrightarrow\; x = 2 \;\vee\; x = -2$

$$\left.\begin{array}{ll} f''(x) > 0 \text{ für} & -\infty < x < -2 \\ f''(-2) = 0 & \\ f''(x) < 0 \text{ für} & -2 < x < 2 \end{array}\right\} \Rightarrow \text{Wendepunkt } W_1\,(-2\,;\,\ln\tfrac{1}{2})$$

Aus Symmetriegründen: Wendepunkt $W_2\,(2\,;\,\ln\frac{1}{2})$

Asymptoten:

keine

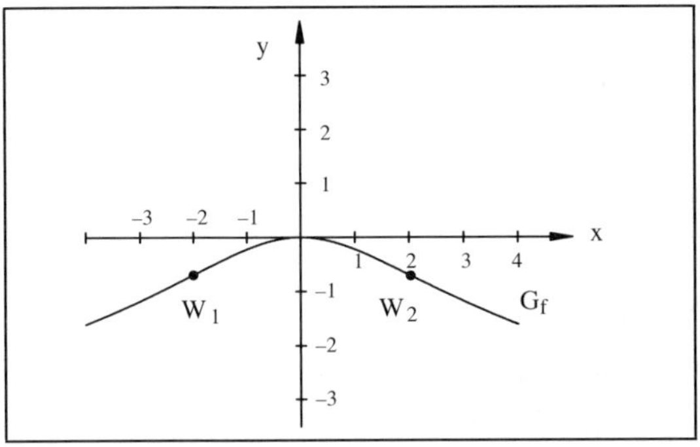

$f: x \mapsto \ln \frac{4}{4+x^2}$; $x \in \mathbb{R}$

96. $A(x) = x \cdot \ln \frac{1}{x}$

$$A'(x) = 1 \cdot \ln \frac{1}{x} + x \cdot \frac{1}{\frac{1}{x}} \cdot \left(-\frac{1}{x^2}\right) = \ln \frac{1}{x} - 1$$

$$A''(x) = \frac{1}{\frac{1}{x}} \cdot \left(-\frac{1}{x^2}\right) = -\frac{1}{x}$$

$$A'(x) = 0, \text{ wo } \ln \frac{1}{x} - 1 = 0 \iff \ln \frac{1}{x} = 1$$

$$\iff \frac{1}{x} = e \iff x = \frac{1}{e}$$

$$\left.\begin{array}{l} A''\left(\frac{1}{e}\right) < 0 \\ A'\left(\frac{1}{e}\right) = 0 \end{array}\right\} \Rightarrow \text{Der Flächeninhalt wird maximal für } x = \frac{1}{e}.$$

$$A_{max} = \frac{1}{e} \ln \frac{1}{\frac{1}{e}} = \frac{1}{e} \ln e = \frac{1}{e} [FE]$$

97. **a)** $f_{k_1}(x) = f_{k_2}(x)$; $k_1 \neq k_2$

$$\iff \ln \frac{k_1}{k_1 - x^2} = \ln \frac{k_2}{k_2 - x^2}$$

$$\iff \frac{k_1}{k_1 - x^2} = \frac{k_2}{k_2 - x^2}$$

$$\iff k_1(k_2 - x^2) = k_2(k_1 - x^2)$$

$$\iff k_1 k_2 - k_1 x^2 = k_2 k_1 - k_2 x^2$$

$$\Leftrightarrow \quad k_2x^2 - k_1x^2 = 0$$
$$\Leftrightarrow \quad x^2(k_1 - k_1) = 0 \quad \Leftrightarrow \quad x = 0$$
$$f_k(0) = \ln\frac{k}{k} = 0$$

Genau der Nullpunkt ist allen Graphen der Schar gemeinsam.

b) $f_{k_1}(x) = f_{k_2}(x)\ ;\ k_1 \neq k_2$

$$\Leftrightarrow \quad (k_1 + \ln x)\ln x = (k_2 + \ln x)\ln x$$
$$\Leftrightarrow \quad (k_1 + \ln x - k_2 - \ln x)\ln x = 0$$
$$\Leftrightarrow \quad (k_1 - k_2)\ln x = 0 \Leftrightarrow \ln x = 0 \Leftrightarrow \quad x = 1$$
$$f_k(1) = 0$$

Genau der Punkt S (1 ; 0) ist allen Graphen der Schar gemeinsam.

98. **a**) *Extremstellen:*

$$f_k(x) = \frac{k + \ln kx}{x}$$
$$f_k'(x) = \frac{\frac{1}{kx} \cdot k \cdot x - k - \ln kx}{x^2} = \frac{1 - k - \ln kx}{x^2}$$

$$f_k'(x) = 0 \Leftrightarrow 1 - k - \ln kx = 0 \quad \Leftrightarrow \quad \ln kx = 1 - k$$
$$\Leftrightarrow \quad x = \frac{1}{k}e^{1-k}$$
$$y = \frac{k + 1 - k}{x} = \frac{1}{x}$$

Ortskurve:

Die Hochpunkte liegen auf der Kurve mit der Gleichung $y = \frac{1}{x}$.

b) *Nullstelle:*

$$f_k(x) = 0 \Leftrightarrow k + \ln kx = 0 \quad \Leftrightarrow \quad \ln kx = -k$$
$$\Leftrightarrow \quad x = \frac{1}{k}e^{-k}$$

Die Integrationsgrenzen lauten damit

$$x_1 = \frac{1}{k}e^{-k} \quad \text{und} \quad x_2 = \frac{1}{k}e^{1-k}$$

Stammfunktion zu f_k:

$$\int \frac{k+\ln kx}{x}\,dx = \int \frac{k}{x}\,dx + \int \frac{\ln kx}{x}\,dx = k\ln x + C_1 + \int \frac{\ln kx}{x}\,dx$$

$$\int \frac{\ln kx}{x}\,dx = \int \frac{1}{x}\ln kx\,dx = \int z\,dz = \frac{1}{2}z^2 + C$$

Wir setzen $z = \ln kx \;\Rightarrow\; \frac{dz}{dx} = \frac{1}{kx}\cdot k = \frac{1}{x}$

Ein Stammfunktionsterm zu

$$f_k(x) = \frac{k}{x} + \frac{\ln kx}{x}$$

ist

$$F_k(x) = k\ln x + \frac{1}{2}\ln^2(kx)$$

Flächeninhalt:

$$A = \int_{x_1}^{x_2} \left(\frac{k}{x} + \frac{\ln kx}{x}\right) dx = \left[k\ln x + \frac{1}{2}\ln^2(kx)\right]_{\frac{1}{k}e^{-k}}^{\frac{1}{k}e^{1-k}}$$

$$= k\ln\left(\frac{1}{k}e^{1-k}\right) + \frac{1}{2}\ln^2(e^{1-k}) - k\ln\left(\frac{1}{k}e^{-k}\right) - \frac{1}{2}\ln^2(e^{-k})$$

$$= k\ln\frac{\frac{1}{k}e^{1-k}}{\frac{1}{k}e^{-k}} + \frac{1}{2}\left[(1-k)(1-k) - (-k)(-k)\right]$$

$$= k\ln e^{1-k+k} + \frac{1}{2}(1-2k+k^2-k^2) = k\ln e + \frac{1}{2}(1-2k)$$

$$= k + \frac{1}{2} - k = \frac{1}{2}\,[FE]$$

Zur Veranschaulichung ist hier der Graph der Funktion f_1 abgebildet.

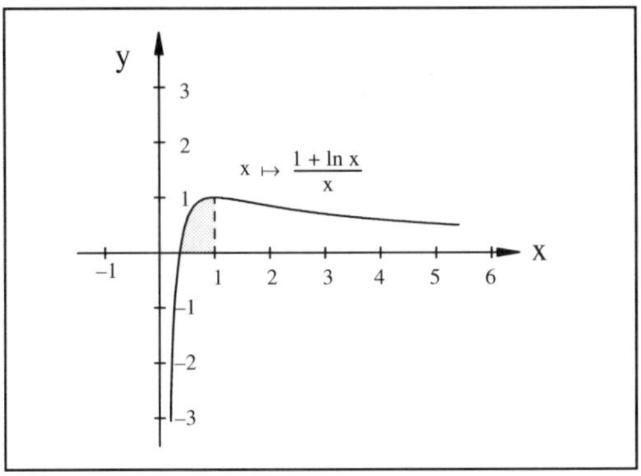

99. *Schnittpunkt mit der x-Achse:*

$$f_k(x) = 0 \iff \ln\frac{x-k}{2x} = 0 \iff \frac{x-k}{2x} = 1$$
$$\iff x - k = 2x \iff x = -k$$

Schnittwinkel mit der x-Achse:

$$\tan\alpha = f_k'(-k)$$

$$f_k'(x) = k \cdot \frac{1}{\frac{x-k}{2x}} \cdot \frac{1 \cdot 2x - (x-k) \cdot 2}{4x^2} = \frac{2x \cdot k}{x-k} \cdot \frac{2x - 2x + 2k}{4x^2} = \frac{2kx \cdot (-2x)}{(x-k)\,4x^2} = -\frac{k}{x-k}$$

$$f_k'(-k) = -\frac{k}{-k-k} = \frac{1}{2} \text{ unabhängig von k!}$$

$$\tan\alpha = \frac{1}{2} \iff \alpha \approx 26{,}6°$$

Alle Graphen der Funktionenschar schneiden die x-Achse unter dem Winkel 26,6°.

100. a)

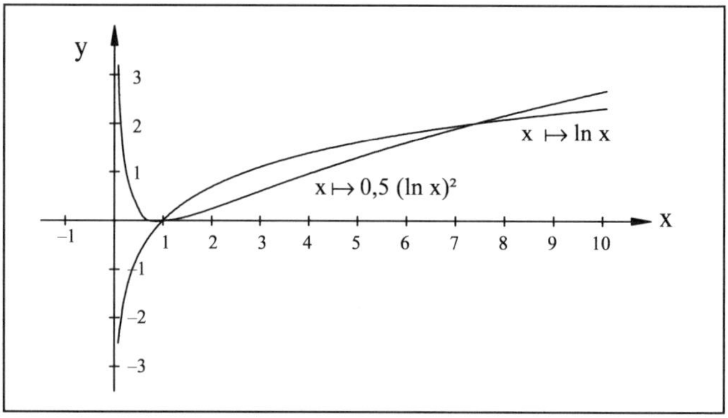

b) $G_f \cap G_g$:

$$0{,}5(\ln x)^2 = \ln x$$
$$\iff 0{,}5(\ln x)^2 - \ln x = 0$$
$$\iff \ln x\,(0{,}5\ln x - 1) = 0$$
$$\iff 0{,}5\ln x - 1 = 0 \iff x = e^2$$

$$A = \int_1^{e^2} \left[\ln x - 0{,}5(\ln x)^2\right] dx = [x\ln x - x]_1^{e^2} - 0{,}5\int_1^{e^2} (\ln x)^2 dx$$

$$= \left[x\ln x - x - 0{,}5\,(x\ln^2 x - 2x\ln x + 2x)\right]_1^{e^2}$$

(siehe Nebenrechnung)

$$= \left[x\ln x - x + x\ln x - \tfrac{x}{2}\ln^2 x - x\right]_1^{e^2}$$

$$= \left[2x\ln x - 2x - \tfrac{x}{2}(\ln x)^2\right]_1^{e^2} = 4e^2 - 2e^2 - 2e^2 + 2 = 2\,[\mathrm{FE}]$$

Nebenrechnung:

$\int (\ln x)^2\,dx = \int \ln x \cdot \ln x\,dx = \ln x\,(x\ln x - x) - \int (x\ln x - x)\cdot \frac{1}{x}\,dx$

$u(x) = \ln x \;\Rightarrow\; u'(x) = \frac{1}{x}$

$v'(x) = \ln x \;\Rightarrow\; v(x) = x\ln x - x$

$= \ln x\,(x\ln x - x) - \int (\ln x - 1)\,dx$

$= x\ln^2 x - x\ln x - x\ln x + x + x + C$

$= x\ln^2 x - 2x\ln x + 2x$

101. **a)** *Schnittpunkt mit der x-Achse:*

$\frac{\ln x}{x} = 0 \;\Leftrightarrow\; x = 1$ Also: N (1 ; 0)

Schnittpunkt mit der y-Achse:

existiert nicht

Extrempunkte:

$$f'(x) = \frac{\frac{1}{x}\cdot x - \ln x}{x^2} = \frac{1 - \ln x}{x^2}$$

$f'(x) = 0$, wo $1 - \ln x = 0 \;\Leftrightarrow\; x = e$

$y = \frac{1}{e}$

$$\left.\begin{array}{ll} f'(x) > 0 & \text{für } 0 < x < e \\ f'(x) < 0 & \text{für } e < x < \infty \\ f'(e) = 0 & \end{array}\right\} \Rightarrow \text{Hochpunkt in } (e\,;\,\tfrac{1}{e})$$

Wendepunkte:

$$f''(x) = \frac{-\frac{1}{x}\cdot x^2 - (1-\ln x)\,2x}{x^4} = \frac{-3x + 2x\ln x}{x^4} = \frac{-3 + 2\ln x}{x^3}$$

$$f''(x) = 0, \text{ wo } -3 + 2\ln x = 0 \;\Leftrightarrow\; x = e^{3/2}$$

$$y = \frac{1{,}5}{e^{3/2}}$$

$$\left.\begin{array}{ll} f''(x) < 0 \text{ für } & 0 < x < e^{3/2} \\ f''(x) > 0 \text{ für } & e^{3/2} < x < \infty \\ f''(e^{3/2}) = 0 & \end{array}\right\} \Rightarrow \begin{array}{l}\text{Wendepunkt in} \\ W\left(e^{3/2} \approx 4{,}5 ; \frac{1{,}5}{e^{3/2}} \approx 0{,}3\right)\end{array}$$

b) Für den Berührpunkt B (x_B ; y_B) gilt:

(1) $f'(x_B) = g'(x_B)$, also $\quad \frac{1-\ln x_B}{x_B^2} = \frac{1}{x_B}$

$$\Leftrightarrow\; 1 - \ln x_B = x_B$$

(2) $f(x_B) = g(x_B)$, also $\quad \frac{\ln x_B}{x_B} = \ln x_B \;\Leftrightarrow\; x_B = 1$

(2) in (1) $\quad 1 - \ln 1 = 1\;$ (w)

Also: B (1 ; 0)

c)

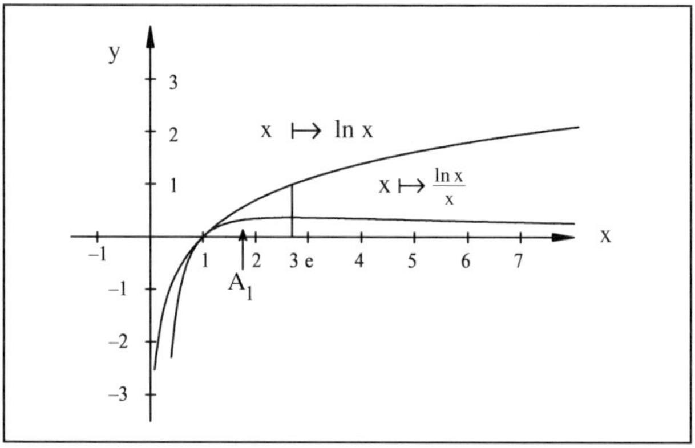

d) $F'(x) = 0{,}5 \cdot 2\ln x \cdot \frac{1}{x} = \frac{\ln x}{x}$

e) $A_1 = \int_1^e \frac{\ln x}{x}\,dx = \left[0{,}5(\ln x)^2\right]_1^e = 0{,}5 - 0{,}5 \cdot 0 = 0{,}5\,[\text{FE}]$

$A_2 = \int_1^e \ln x\,dx = [-x + x\ln x]_1^e = -e + e + 1 = 1\,[\text{FE}]$

$A_2 = 2\,A_1$

102. $A = \int_2^3 \left(-\ln 3 - \ln\frac{x-1}{3x}\right)dx = \int_2^3 \left[-\ln 3 - \ln(x-1) + \ln 3x\right]dx$

$= \int_2^3 \left[-\ln 3 - \ln(x-1) + \ln 3 + \ln x\right]dx = \int_2^3 \left[\ln x - \ln(x-1)\right]dx$

$= \left[x\ln x - x - (x-1)\ln(x-1) + (x-1)\right]_2^3$

$= \left[x\ln x - (x-1)\ln(x-1) - 1\right]_2^3 = 3\ln 3 - 2\ln 2 - 1 - (2\ln 2 - 1)$

$= 3\ln 3 - 4\ln 2 \approx 0{,}52\,[\text{FE}]$

Nebenrechnung:

$\int \ln(x-1)\,dx = \int \ln t\,dt = t\ln t - t + C = (x-1)\ln(x-1) - (x-1) + C$

$t = x - 1 \quad \Rightarrow \quad dt = 1 \cdot dx$

103. a)

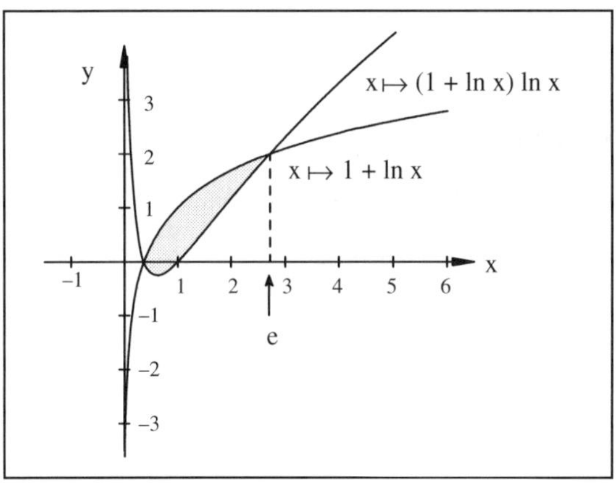

b) $G_f \cap G_g$:

$$(1+\ln x)\ln x = 1+\ln x$$
$$\Leftrightarrow \quad (1+\ln x)\ln x-(1+\ln x)=0$$
$$\Leftrightarrow \quad (1+\ln x)(\ln x-1)=0$$
$$\Leftrightarrow \quad 1+\ln x=0 \quad \vee \quad \ln x-1=0$$
$$\Leftrightarrow \quad x=e^{-1} \quad \vee \quad x=e$$

$$A=\int_{e^{-1}}^{e}\left[1+\ln x-(1+\ln x)\ln x\right]dx$$
$$=\int_{e^{-1}}^{e}(1+\ln x-\ln x-\ln^2 x)\,dx=\int_{e^{-1}}^{e}(1-\ln^2 x)\,dx$$
$$=\left[x-(x\ln^2 x-2x\ln x+2x)\right]_{e^{-1}}^{e}$$
$\uparrow$

siehe Aufgabe 100 b

$$=\left[2x\ln x-x\ln^2 x-x\right]_{e^{-1}}^{e}$$
$$=2e-e-e-(-2e^{-1}-e^{-1}-e^{-1})=4e^{-1}\approx 1{,}5\,[FE]$$

104. a) $A=\int_0^2 \ln(-x^2+3x+4)\,dx=\int_0^2 \ln\left[(x+1)(4-x)\right]dx$

$$=\int_0^2 \ln(x+1)\,dx+\int_0^2 \ln(4-x)\,dx$$
$$=\left[(x+1)\ln(x+1)-(x+1)+(4-x)-(4-x)\ln(4-x)\right]_0^2$$
$$=\left[(x+1)\ln(x+1)-(4-x)\ln(4-x)+3-2x\right]_0^2$$
$$=3\ln 3-2\ln 2+3-4-(-4\ln 4+3)$$
$$=3\ln 3-2\ln 2+8\ln 2-4$$
$$=3\ln 3+6\ln 2-4\approx 3{,}45\,[FE]$$

Nebenrechnung

$$\int \ln(x+1)\,dx = \int \ln t\,dt = t\ln t - t$$

$t = x+1 \Rightarrow dt = dx$

$$= (x+1)\ln(x+1) - (x+1) + C$$

$$\int \ln(4-x)\,dx = -\int \ln t\,dt$$

$t = 4-x \Rightarrow dt = -dx$

$$= -t\ln t + t = (4-x) - (4-x)\ln(4-x) + C$$

b) $G_f \cap G_g$:

$$\ln\frac{4}{4+x^2} = \ln\frac{1}{x(4+x^2)} \Leftrightarrow \frac{4}{4+x^2} = \frac{1}{x(4+x^2)} \Leftrightarrow x = \frac{1}{4}$$

$$A = \int_{0,25}^{2}\left[\ln\frac{4}{4+x^2} - \ln\frac{1}{x(4+x^2)}\right]dx = \int_{0,25}^{2}\ln\frac{\frac{4}{4+x^2}}{\frac{1}{x(4+x^2)}}\,dx$$

$$= \int_{0,25}^{2}\ln(4x)\,dx = \int_{0,25}^{2}\ln 4\,dx + \int_{0,25}^{2}\ln x\,dx = [x\ln 4 + x\ln x - x]_{0,25}^{2}$$

$$= 2\ln 4 + 2\ln 2 - 2 - \frac{1}{4}\ln 4 - \frac{1}{4}\ln\frac{1}{4} + \frac{1}{4}$$

$$= 4\ln 2 + 2\ln 2 - 2 - \frac{1}{2}\ln 2 + \frac{1}{2}\ln 2 + \frac{1}{4} = 6\ln 2 - \frac{7}{4} \approx 2{,}41\,[\text{FE}]$$

105. **a)** $\int_{0}^{1}\ln(3x+2)\,dx = \frac{1}{3}\int_{0}^{1}\ln t\,dt = \frac{1}{3}[t\ln t - t]_2^5$

$t = 3x+2 \Rightarrow dt = 3dx$ $\quad x = 0 \Rightarrow t = 2$

$x = 1 \Rightarrow t = 5$

$$= \frac{1}{3}(5\ln 5 - 5 - 2\ln 2 + 2)$$

$$= \frac{1}{3}(5\ln 5 - 2\ln 2 - 3)$$

$$= \frac{5}{3}\ln 5 - \frac{2}{3}\ln 2 - 1$$

b) $\int_{1}^{e}\ln\frac{x}{5-x}\,dx = \int_{1}^{e}[\ln x - \ln(5-x)]\,dx = \int_{1}^{e}\ln x\,dx - \int_{1}^{e}\ln(5-x)\,dx$

$$= [x\ln x - x - (5-x) + (5-x)\ln(5-x)]_1^e$$

$$= \left[x \ln x + (5-x)\ln(5-x) - 5\right]_1^e$$
$$= e + (5-e)\ln(5-e) - 5 - 4\ln 4 + 5$$
$$= e + (5-e)\ln(5-e) - 8\ln 2 \approx -0{,}9$$

Nebenrechnung:

$$\int \ln(5-x)\,dx = -\int \ln t\,dt = -t\ln t + t + C = (5-x) - (5-x)\ln(5-x) + C$$

$t = 5 - x \;\Rightarrow\; dt = -dx$

c) $$\int_1^e x^2 \ln x\,dx = \left[\frac{x^3}{3}\ln x\right]_1^e - \int_1^e \frac{x^3}{3}\cdot\frac{1}{x}\,dx$$

$u(x) = \ln x \;\Rightarrow\; u'(x) = \frac{1}{x}$

$v'(x) = x^2 \;\Rightarrow\; v(x) = \frac{x^3}{3}$

$$= \left[\frac{x^3}{3}\ln x - \frac{x^3}{9}\right]_1^e = \frac{e^3}{3} - \frac{e^3}{9} + \frac{1}{9} = \frac{2}{9}e^3 + \frac{1}{9} \approx 4{,}57$$

d) $$\int_1^e \frac{1-\ln x}{x^2}\,dx = \left[(1-\ln x)\left(-\frac{1}{x}\right)\right]_1^e - \int_1^e \left(-\frac{1}{x}\right)\left(-\frac{1}{x}\right)dx$$

$u(x) = 1 - \ln x \;\Rightarrow\; u'(x) = -\frac{1}{x}$

$v'(x) = x^{-2} \;\Rightarrow\; v(x) = -\frac{1}{x}$

$$= \left[-\frac{1}{x} + \frac{\ln x}{x}\right]_1^e - \int_1^e \frac{1}{x^2}\,dx = \left[-\frac{1}{x} + \frac{\ln x}{x} + \frac{1}{x}\right]_1^e$$

$$= \left[\frac{\ln x}{x}\right]_1^e = \frac{1}{e} \approx 0{,}37$$

106. a) $\ln(|\ln x|)' = \frac{1}{\ln x}\cdot\frac{1}{x}$

b) $\int \frac{1}{x(1+\ln x)}\,dx = \ln|1 + \ln x| + C$

107. **a)** $\int_{e}^{e^2} \frac{\ln^3 x}{x}\, dx = \left[\frac{1}{4}\ln^4 x\right]_{e}^{e^2} = \frac{1}{4}(16-1) = \frac{15}{4}$

b) $\int_{1}^{e} \frac{1+\ln x}{x^4}\, dx = \left[-\frac{1}{3}x^{-3}(1+\ln x)\right]_1^e + \frac{1}{3}\int_1^e x^{-3}x^{-1}dx$

$u(x) = 1+\ln x \;\Rightarrow\; u'(x) = \frac{1}{x}$

$v'(x) = x^{-4} \;\Rightarrow\; v(x) = -\frac{1}{3}x^{-3}$

$$= \left[\frac{1+\ln x}{-3x^3}\right]_1^e + \left[-\frac{1}{9x^3}\right]_1^e = \left[-\frac{1}{3x^3}\left(\frac{4}{3}+\ln x\right)\right]_1^e$$

$$= -\frac{1}{3e^3}\left(\frac{7}{3}\right) + \frac{1}{3}\cdot\frac{4}{3} = -\frac{7}{9e^3} + \frac{4}{9} = \frac{1}{9}\left(4 - \frac{7}{e^3}\right) \approx 0{,}41$$

108. $f'_a(x) = -\frac{-e^{-x}\cdot(-1)}{a-e^{-x}} = \frac{e^{-x}}{a-e^{-x}}$

Der Zähler e^{-x} ist für alle $x \in \mathbb{R}$ positiv. Der Nenner $(a - e^{-x})$ ist zugleich Argument der ln-Funktion und ist wegen $x \in \mathbb{D}_{f_a} = \{x \mid \ln a < x < \infty \wedge a \in \mathbb{R}^+\}$ stets positiv.

Damit gilt: $f'_a(x) < 0$, d. h. die Graphen der Funktionenschar sind streng monoton fallend. Jede Funktion der Schar besitzt folglich eine Umkehrfunktion.

Gleichung der Umkehrfunktion f_a^{-1}:

$$y = -\ln(a-e^{-x}) \;\Leftrightarrow\; -y = \ln(a-e^{-x})$$

$$\Leftrightarrow\; e^{-y} = a - e^{x} \qquad \Leftrightarrow\; e^{-x} = a - e^{-y} \qquad \Leftrightarrow\; -x = \ln(a-e^{-y})$$

$$\Leftrightarrow\; x = -\ln(a-e^{-y})$$

f_a^{-1}: $x \mapsto -\ln(a-e^{-x})$ mit $-\ln a < x < \infty$.

109. **a)** (1) $\left.\begin{array}{l} \lim\limits_{x\to 1-} \ln\sqrt{\frac{1-x}{1+x}} = -\infty \\ \lim\limits_{x\to -1+} \ln\sqrt{\frac{1-x}{1+x}} = +\infty \end{array}\right\} \Rightarrow \mathbb{W}_f = \mathbb{R}$

$$(2)\quad \left.\begin{array}{l} \lim\limits_{x\to 1-}\left(1+\ln\frac{1-x}{1+x}\right)=-\infty \\ \lim\limits_{x\to -1+}\left(1+\ln\frac{1-x}{1+x}\right)=\infty \end{array}\right\} \Rightarrow \mathbb{W}_f=\mathbb{R}$$

b) (1) $$y=\ln\sqrt{\frac{1-x}{1+x}}$$

$$\Leftrightarrow \quad e^y=\sqrt{\frac{1-x}{1+x}} \quad \Leftrightarrow \quad e^{2y}=\frac{1-x}{1+x}$$

$$\Leftrightarrow \quad e^{2y}+xe^{2y}=1-x \quad \Leftrightarrow \quad x(e^{2y}+1)=1-e^{2y}$$

$$\Leftrightarrow \quad x=\frac{1-e^{2y}}{1+e^{2y}}$$

f^{-1}: $x\mapsto\frac{1-e^{2x}}{1+e^{2x}}$; $\mathbb{D}_{f^{-1}}=\mathbb{W}_f=\mathbb{R}$, $\qquad \mathbb{W}_{f^{-1}}=\mathbb{D}_f=]-1\,;1[$

(2) $$y=1+\ln\frac{1-x}{1+x}$$

$$\Leftrightarrow \quad y-1=\ln\frac{1-x}{1+x} \quad \Leftrightarrow \quad e^{y-1}=\frac{1-x}{1+x}$$

$$\Leftrightarrow \quad e^{y-1}+xe^{y-1}=1-x \quad \Leftrightarrow \quad x(e^{y-1}+1)=1-e^{y-1}$$

$$\Leftrightarrow \quad x=\frac{1-e^{y-1}}{1+e^{y-1}}$$

f^{-1}: $x\mapsto\frac{1-e^{x-1}}{1+e^{x-1}}$; $\mathbb{D}_{f^{-1}}=\mathbb{W}_f=\mathbb{R}$ $\qquad \mathbb{W}_{f^{-1}}=\mathbb{D}_f=]-1\,;1[$

110. $y=\ln\frac{x-1}{3x}$; $x\in\,]-\infty\,;0[\,\cup\,]1\,;\infty[$

$$\Leftrightarrow \quad e^y=\frac{x-1}{3x} \quad \Leftrightarrow \quad 3xe^y=x-1$$

$$\Leftrightarrow \quad x(1-3e^y)=1 \quad \Leftrightarrow \quad x=\frac{1}{1-3e^y}$$

f^{-1}: $x\mapsto\frac{1}{1-3e^x}$; $x\in\mathbb{R}\setminus\{-\ln 3\}$

f^{-1} ist nicht definiert für

$1-3e^x=0 \Leftrightarrow e^x=\frac{1}{3} \Leftrightarrow x=-\ln 3$

111. a) $f'(x) = \frac{1}{\frac{2}{2-x^2}} \cdot \frac{-2(-2x)}{(2-x^2)^2} = \frac{2-x^2}{2} \cdot \frac{4x}{(2-x^2)^2} = \frac{2x}{2-x^2}$

$f'(0) = 0$, $f'(x) > 0$ für $x \in \,]0\,;\sqrt{2}\,[$ $\Rightarrow$ Umkehrfunktion f^{-1} existiert.

b) Aus der Funktion f entsteht durch umgekehrte Zuordnung die Funktion f^{-1}.

Zahlenbeispiel:

f: $1 \mapsto \ln 2$

f^{-1}: $\ln 2 \mapsto 1$

Damit die Graphen G_f und $G_{f^{-1}}$ unterscheidbar sind, werden bei f^{-1} die x-Werte mit den y-Werten vertauscht. In der nebenstehenden Skizze ist dies veranschaulicht.

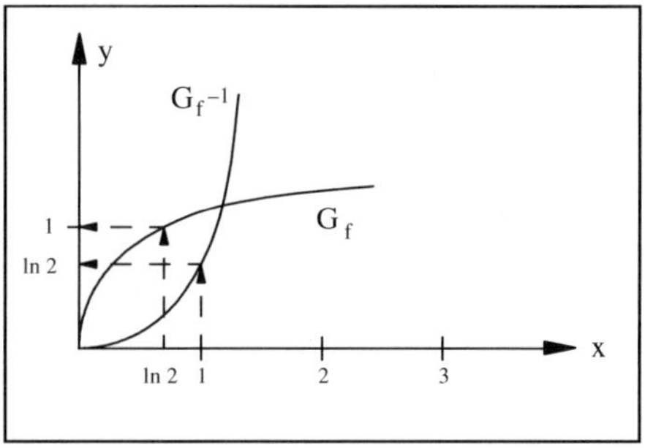

Wir benutzen nun den Zusammenhang:

$$(f^{-1})'(\ln 2) = \frac{1}{f'\left[f^{-1}(\ln 2)\right]}$$

In unserem Beispiel bedeutet dies:

$$(f^{-1})'(\ln 2) = \frac{1}{f'(1)}$$

Anmerkung: Den Zahlenwert 1 hätten wir auch ausrechnen können. Es gilt der Ansatz:

$$\ln 2 = \ln \frac{2}{2-x^2}\,;\; x \in \left[0\,;\sqrt{2}\right]$$

$$\Leftrightarrow \quad 2 = \frac{2}{2-x^2} \quad \Leftrightarrow \quad 4-2x^2 = 2 \quad \Leftrightarrow \quad 2x^2 = 2$$

$$\Leftrightarrow \quad x = 1$$

Also:

$$(f^{-1})'(\ln 2) = \frac{1}{\frac{2\cdot 1}{2-1}} = \frac{1}{2}$$

c) $y = \ln\frac{2}{2-x^2}$; $x \in [0; \sqrt{2}[$

$\Leftrightarrow \; e^y = \frac{2}{2-x^2} \; \Leftrightarrow \; 2e^y - x^2e^y = 2 \; \Leftrightarrow \; x^2e^y = 2e^y - 2$

$\Leftrightarrow \; x^2 = \frac{2e^y - 2}{e^y} \; \Leftrightarrow \; x = \sqrt{\frac{2e^y - 2}{e^y}}$

$f^{-1}: x \mapsto \sqrt{\frac{2e^x - 2}{e^x}}$; $x \in \mathbb{R}_0^+$

$$(f^{-1})'(x) = \frac{1}{2\sqrt{\frac{2e^x - 2}{e^x}}} \cdot \frac{2e^xe^x - (2e^x - 2)e^x}{e^{2x}} = \frac{2e^x}{2\sqrt{\frac{2e^x - 2}{e^x}}} \cdot \frac{1}{e^{2x}}$$

$$= \frac{1}{e^x\sqrt{\frac{2(e^x - 1)}{e^x}}} = \frac{1}{\sqrt{2e^x(e^x - 1)}}$$

$$(f^{-1})'(\ln 2) = \frac{1}{\sqrt{4 \cdot (2-1)}} = \frac{1}{2}$$

112. a) $f(x) = 0$, wo $3x^2 - 18x = 0 \; \Leftrightarrow \; 3x(x-6) = 0$
$\Leftrightarrow \; x = 0 \lor x = 6$

b) $f(x) = 0$, wo $x^2 - 7x + 10 = 0 \; \Leftrightarrow \; (x-5)(x-2) = 0$
$\Leftrightarrow \; x = 5 \lor x = 2$

113. a) Schnittpunkt mit der y-Achse: keiner

Schnittpunkte mit der x-Achse:

$f(x) = 0$, wo $|x| - 2 = 0$
$\Leftrightarrow \; |x| = 2$
$\Leftrightarrow \; x = 2 \lor x = -2$

b) Schnittpunkt mit der y-Achse: $f(0) = \frac{0}{-4} = 0$

Schnittpunkt mit der x-Achse:

$$f(x)=0, \text{ wo } \quad x^3+x^2-6x=0 \;\wedge\; x \in \mathbb{R}\setminus\{-2;2\}$$
$$\Leftrightarrow \quad x(x^2+x-6)=0$$
$$\Leftrightarrow \quad x(x+3)(x-2)=0$$
$$\Leftrightarrow \quad x=0 \;\vee\; x=-3$$

c) Schnittpunkt mit der y-Achse: $f(0) = 2$

Schnittpunkt mit der x-Achse:

$f(x) = 0$, wo $|x + 4| = 0 \;\Leftrightarrow\; x = -4$

114. **a**) $$f(2+h)-2=\frac{1-(2+h)^2}{2[2-(2+h)]}-2=\frac{1-4-4h-h^2}{2(-h)}-2=\frac{-3-4h-h^2+4h}{-2h}$$
$$=\frac{3+h^2}{2h}$$

$$2-f(2-h)=2-\frac{1-(2-h)^2}{2[2-(2-h)]}=\frac{4h-1+4-4h+h^2}{2h}=\frac{3+h^2}{2h}$$

Aus $f(2 + h) - 2 = 2 - f(2 - h)$ folgt, daß der Graph von f punktsymmetrisch zum Punkt Z (2 ; 2) ist.

b) $$f(2+\sqrt{3})=\frac{1-(2+\sqrt{3})^2}{2(2-2-\sqrt{3})}=\frac{1-4-4\sqrt{3}-3}{-2\sqrt{3}}=\frac{-6-4\sqrt{3}}{-2\sqrt{3}}$$
$$=\frac{(3+2\sqrt{3})\sqrt{3}}{\sqrt{3}\cdot\sqrt{3}}=\frac{1}{3}(3\sqrt{3}+6)=2+\sqrt{3}$$

$$f(2-\sqrt{3})=\frac{1-(2-\sqrt{3})^2}{2(2-2+\sqrt{3})}=\frac{1-4+4\sqrt{3}-3}{2\sqrt{3}}=\frac{-6+4\sqrt{3}}{2\sqrt{3}}$$
$$=\frac{(-3+2\sqrt{3})\sqrt{3}}{\sqrt{3}\cdot\sqrt{3}}=\frac{1}{3}(-3\sqrt{3}+6)=2-\sqrt{3}$$

115. **a**) $2x^2 - 2x - 12 = 2(x^2 - x - 6) = 2(x - 3)(x + 2)$

b) $(x^2 - 1)(3x^2 + 12x) = (x - 1)(x + 1)\,3x\,(x + 4)$

116. a) $\frac{x-1}{1-x} = \frac{x-1}{-1(x-1)} = \frac{1}{-1} = -1$; $x \in \mathbb{R} \setminus \{1\}$

b) $\frac{-x^2-1-2x}{x^2+4x+3} = \frac{-(x^2+1+2x)}{(x+1)(x+3)} = \frac{-(x+1)(x+1)}{(x+1)(x+3)} = \frac{-(x+1)}{x+3}$; $x \in \mathbb{R} \setminus \{-1 ; -3\}$

117. a) $\frac{2}{1+x} = \frac{-x}{6} + 1$; $x \in \mathbb{R} \setminus \{-1\}$

$\Leftrightarrow \; 2 \cdot 6 = -x(1+x) + 6(1+x)$

$\Leftrightarrow \; 12 = -x - x^2 + 6 + 6x$

$\Leftrightarrow \; 6 = -x^2 + 5x$

$\Leftrightarrow \; 0 = x^2 - 5x + 6$

$\Leftrightarrow \; 0 = (x-2)(x-3) \Leftrightarrow x = 2 \vee x = 3$

Schnittpunkte: $S_1\left(2 ; \frac{2}{3}\right)$, $S_2\left(3 ; \frac{1}{2}\right)$

b) $\frac{(x+4)^2}{4(x+1)} = x + 1 \quad | \cdot 4(x+1)$; $x \in \mathbb{R} \setminus \{-1\}$

$\Leftrightarrow \; x^2 + 8x + 16 = 4(x^2 + 2x + 1)$

$\Leftrightarrow \; x^2 + 8x + 16 = 4x^2 + 8x + 4$

$\Leftrightarrow \; -3x^2 + 12 = 0 \Leftrightarrow x^2 - 4 = 0 \Leftrightarrow x = 2 \vee x = -2$

Schnittpunkte: S_1 (2 ; 3), S_2 (–2 ; –1)

c) $\frac{-2x-6}{(x+1)^3} x = \frac{2(x+2)}{(x+1)^2} \quad | \cdot (x+1)^3$; $x \in \mathbb{R} \setminus \{-1\}$

$\Leftrightarrow \; -2x^2 - 6x = 2(x+2)(x+1)$

$\Leftrightarrow \; -2x^2 - 6x = 2(x^2 + 3x + 2)$

$\Leftrightarrow \; -2x^2 - 6x = 2x^2 + 6x + 4$

$\Leftrightarrow \; -4x^2 - 12x - 4 = 0$

$\Leftrightarrow \; x^2 + 3x + 1 = 0$

$\Leftrightarrow \; x = \frac{-3 + \sqrt{9-4}}{2} \vee x = \frac{-3 - \sqrt{5}}{2}$

$$\Leftrightarrow \quad x = \frac{-3+\sqrt{5}}{2} \quad \vee \quad x = -\frac{3+\sqrt{5}}{2}$$

$$y = \frac{2\left(\frac{-3+\sqrt{5}}{2}+2\right)}{\left(\frac{-3+\sqrt{5}}{2}+1\right)^2} \qquad y = \frac{2\left(\frac{-3-\sqrt{5}}{2}+2\right)}{\left(\frac{-3-\sqrt{5}}{2}+1\right)^2}$$

$$= \frac{2(-3+\sqrt{5}+4)}{\left(-3+\sqrt{5}+2\right)^2} \qquad = \frac{2\left(-3-\sqrt{5}+4\right)}{\left(-3-\sqrt{5}+2\right)^2}$$

$$= \frac{2\left(1+\sqrt{5}\right)}{\left(-1+\sqrt{5}\right)^2} \qquad = \frac{2\left(1-\sqrt{5}\right)}{\left(-1-\sqrt{5}\right)^2} = \frac{2\left(1-\sqrt{5}\right)}{\left(1+\sqrt{5}\right)^2}$$

Schnittpunkte: $S_1\left(\frac{-3+\sqrt{5}}{2}; \frac{2\left(1+\sqrt{5}\right)}{\left(-1+\sqrt{5}\right)^2}\right)$, $S_2\left(-\frac{3+\sqrt{5}}{2}; \frac{2\left(1-\sqrt{5}\right)}{\left(1+\sqrt{5}\right)^2}\right)$

118. **a**) $x^2 - 4 = (x-2)(x+2)$

b) $2 ; -2$

c) $\mathbb{D}_f = \mathbb{R} \setminus \{2 ; -2\}$

d) N (0 ; 0)

e) f hat in 2 und –2 jeweils einen Pol erster Ordnung mit Zeichenwechsel (siehe Abbildung).

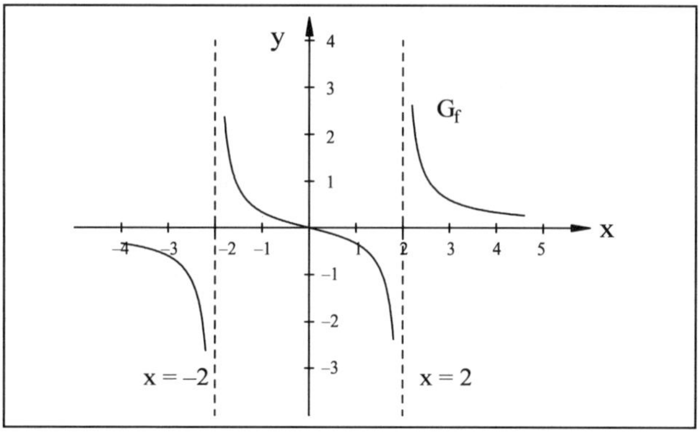

$f: x \mapsto \frac{x}{(x-2)(x+2)} = \frac{x}{x^2-4}$; $x \in \mathbb{R} \setminus \{2 ; -2\}$

119. $\mathbb{D}_f = \mathbb{R} \setminus \{0\}$

$f(x) = 0$, wo $x^2 + x = 0 \iff x(x+1) = 0 \iff x = -1$

f hat in 0 einen Pol erster Ordnung mit Zeichenwechsel.

$$\lim_{x \to 0+} \frac{x^2 + x}{x^2} = \lim_{x \to 0+} \left(1 + \frac{1}{x}\right) = +\infty \Rightarrow \lim_{x \to 0-} \frac{x^2 + x}{x^2} = -\infty$$

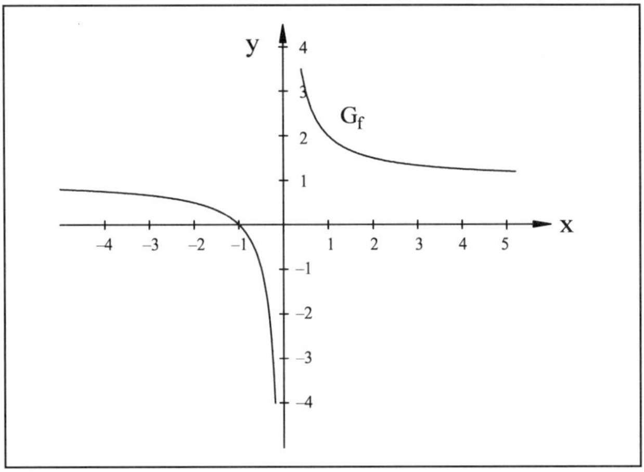

$f\colon x \mapsto \frac{x^2 + x}{x^2}$ mit $x \in \mathbb{R} \setminus \{0\}$

120. **a)** (2) f hat in 1 einen Pol zweiter Ordnung ohne Zeichenwechsel.

b) (1) f hat in 1 einen Pol erster Ordnung mit Zeichenwechsel

c) (3) f in 1 und –1 jeweils einen Pol erster Ordnung mit Zeichenwechsel.

121. **a)** $f\colon x \mapsto \begin{cases} \frac{x}{1+x} & \text{für } x \geq 0 \\ \frac{x}{1-x} & \text{für } x < 0 \end{cases}$

$$\lim_{x\to\infty} f(x) = \lim_{x\to\infty} \frac{x}{1+x} = \lim_{x\to\infty} \frac{1}{\frac{1}{x}+1} = 1$$

$$\lim_{x\to-\infty} f(x) = \lim_{x\to-\infty} \frac{x}{1-x} = \lim_{x\to-\infty} \frac{1}{\frac{1}{x}-1} = -1$$

Die Geraden y = 1 und y = –1 sind horizontale Asymptoten des Graphen von f für $x \to +\infty$ bzw. $x \to -\infty$.

b) $$\lim_{|x|\to\infty} \frac{x^2-4}{x^2+2} = \lim_{|x|\to\infty} \frac{x^2\left(1-\frac{4}{x^2}\right)}{x^2\left(1+\frac{2}{x^2}\right)} = \lim_{|x|\to\infty} \frac{1-\frac{4}{x^2}}{1+\frac{2}{x^2}} = 1$$

Die Gerade y = 1 ist horizontale Asymptote des Graphen von f für $|x| \to \infty$.

122. a) $$(-x^3+6x^2-9x):(x^2-2x+1) = -x+4-\frac{4}{(x-1)^2}$$

$$\begin{array}{l} -(-x^3+2x^2-x) \\ \hline \quad 4x^2-8x \\ \quad -(4x^2-8x+4) \\ \hline \quad\quad -4 \end{array}$$

b) Wir vermuten, daß die Gerade g mit der Gleichung y = –x + 4 Asymptote ist.

Nachweis:

$$\lim_{|x|\to\infty} [f(x)-g(x)] = \lim_{|x|\to\infty} \left[-x+4-\frac{4}{(x-1)^2}-(x+4)\right]$$

$$= \lim_{|x|\to\infty} \left[-\frac{4}{(x-1)^2}\right] = 0$$

Der Graph von f verläuft im gesamten Definitionsbereich unterhalb der Asymptote, falls $f(x) - g(x) < 0$ für alle $x \in \mathbb{D}_f$.

Hier gilt: $f(x) - g(x) = -\frac{4}{(x-1)^2} < 0$ für alle $x \in \mathbb{R}\setminus\{1\}$.

Damit ist die Behauptung bewiesen.

123. $(1 - x^2) : (4 - 2x) = (-x^2 + 1) : (-2x + 4)$

Also:

$$
\begin{array}{l}
(-x^2+1):(-2x+4) = \frac{1}{2}x + 1 + \frac{-3}{-2x+4} \\
\underline{-(-x^2+2x)} \\
\quad -2x+1 \\
\quad \underline{-(-2x+4)} \\
\qquad -3
\end{array}
$$

Die Gerade g mit der Gleichung $y = \frac{1}{2}x + 1$ ist schräge Asymptote des Graphen von f für $|x| \to \infty$.

Nachweis:

$$\lim_{|x|\to\infty} [f(x) - g(x)] = \lim_{|x|\to\infty} \left[\frac{1}{2}x + 1 + \frac{-3}{-2x+4} - \left(\frac{1}{2}x + 1\right)\right]$$

$$= \lim_{|x|\to\infty} \left(-\frac{3}{4-2x}\right) = 0$$

Der Graph von f verläuft oberhalb der Asymptote, falls $f(x) - g(x) > 0$, also $-\frac{3}{4-2x} > 0 \Leftrightarrow 4 - 2x < 0 \Leftrightarrow x > 2$.

124. $$\lim_{|x|\to\infty} \left(\frac{x^2-6x+12}{x-4} - (x-2)\right) = \lim_{|x|\to\infty} \frac{x^2-6x+12-(x-2)(x-4)}{x-4}$$

$$= \lim_{|x|\to\infty} \frac{x^2-6x+12-x^2+6x-8}{x-4}$$

$$= \lim_{|x|\to\infty} \frac{4}{x-4} = 0$$

125. f hat in -1 einen Pol zweiter Ordnung. Die Gerade $x = -1$ ist vertikale Asymptote des Graphen von f.

Polynomdivision:

$$
\begin{array}{l}
(x^3+2):(x^2+2x+1) = x - 2 + \frac{3x+4}{x^2+2x+1} \\
\underline{-(x^3+2x^2+x)} \\
\quad -2x^2-x+2 \\
\quad \underline{-(-2x^2-4x-2)} \\
\qquad 3x+4
\end{array}
$$

Die Gerade y = x – 2 ist schräge Asymptote für | x | → ∞.

Nachweis:

$$\lim_{|x|\to\infty}\left[f(x)-g(x)\right]=\lim_{|x|\to\infty}\left[x-2+\frac{3x+4}{x^2+2x+1}-(x-2)\right]=\lim_{|x|\to\infty}\frac{3x+4}{x^2+2x+1}$$

$$=\lim_{|x|\to\infty}\frac{x^2\left(\frac{3}{x}+\frac{4}{x^2}\right)}{x^2\left(1+\frac{2}{x}+\frac{1}{x^2}\right)}=\frac{0}{1}=0$$

126. **a)** $f'(x)=\frac{2(x-1)-2x\cdot 1}{(x-1)^2}=\frac{-2}{(x-1)^2}$

b) $f'(x)=\frac{3(x^2+1)-(3x+2)\cdot 2x}{(x^2+1)^2}=\frac{3x^2+3-6x^2-4x}{(x^2+1)^2}=\frac{-3x^2-4x+3}{(x^2+1)^2}$

c) $f'(x)=\frac{1\cdot\sqrt{x}-(x+1)\cdot\frac{1}{2\sqrt{x}}}{(\sqrt{x})^2}=\frac{\frac{2x-x-1}{2\sqrt{x}}}{x}=\frac{x-1}{2x\sqrt{x}}$

d) $f'(x)=\frac{1\cdot(x\sin x)-(x+1)(1\cdot\sin x+x\cdot\cos x)}{x^2\sin^2 x}$

$$=\frac{x\sin x-x\sin x-x^2\cos x-\sin x-x\cos x}{x^2\sin^2 x}$$

$$=\frac{-x^2\cos x-\sin x-x\cos x}{x^2\sin^2 x}=\frac{-x\cos x\,(1+x)-\sin x}{x^2\sin^2 x}$$

127. $f'(x)=\frac{1\cdot(x^3+2)-x\cdot 3x^2}{(x^3+2)^2}=\frac{-2x^3+2}{(x^3+2)^2}=2\frac{1-x^3}{(x^3+2)^2}$

$$f''(x)=2\frac{-3x^2(x^3+2)^2-(1-x^3)\,2(x^3+2)\cdot 3x^2}{(x^3+2)^4}$$

$$=2\frac{-3x^2(x^6+4x^3+4)-6x^2(x^3+2-x^6-2x^3)}{(x^3+2)^4}$$

$$=2\frac{-3x^8-12x^5-12x^2-6x^5-12x^2+6x^8+12x^5}{(x^3+2)^4}$$

$$= 2\frac{3x^8-6x^5-24x^2}{(x^3+2)^4} = 6\frac{x^2(x^6-2x^3-8)}{(x^3+2)^4}$$

$$= \frac{6x^2(x^3-4)(x^3+2)}{(x^3+2)^4} = \frac{6x^2(x^3-4)}{(x^3+2)^3}$$

$$f'(1) = 0\,; \quad f''(1) = \frac{6\cdot(-3)}{3^3} < 0$$

Der Graph hat im Punkt $\left(1\,;\frac{1}{3}\right)$ einen Hochpunkt.

128. **a)** $f_a(x) = 2 - a\,x^{-1} + x^{-2}$

$$f_a'(x) = 0 + a\,x^{-2} - 2x^{-3} = \frac{a}{x^2} - \frac{2}{x^3}$$

b) $f_a'(x) = \dfrac{3(ax^2-1)-(3x-a)\cdot 2ax}{(ax^2-1)^2} = \dfrac{3ax^2-3-6ax^2+2a^2x}{(ax^2-1)^2} = \dfrac{-3ax^2+2a^2x-3}{(ax^2-1)^2}$

c) $f_a'(x) = \dfrac{1\cdot(x+a)-x\cdot 1}{(x+a)^2} - \dfrac{1\cdot(x-a)-x\cdot 1}{(x-a)^2}$

$$= \frac{a}{(x+a)^2} + \frac{a}{(x-a)^2} = \frac{a(x-a)^2 + a(x+a)^2}{(x+a)^2(x-a)^2}$$

$$= \frac{a(x^2-2ax+a^2+x^2+2ax+a^2)}{(x+a)^2(x-a)^2} = \frac{a(2x^2+2a^2)}{(x+a)^2(x-a)^2} = \frac{2a(x^2+a^2)}{(x+a)^2(x-a)^2}$$

d) $f_a'(x) = \dfrac{(2x-2a)(x-a)-(x^2-2ax+2a^2)\cdot 1}{(x-a)^2} = \dfrac{2(x-a)^2-x^2+2ax-2a^2}{(x-a)^2}$

$$= \frac{2x^2-4ax+2a^2-x^2+2ax-2a^2}{(x-a)^2} = \frac{x^2-2ax}{(x-a)^2} = \frac{x(x-2a)}{(x-a)^2}$$

129. **a)** $f(x) = \begin{cases} \dfrac{x+4}{x+2} & \text{für} \quad -4 \le x < -2 \ \vee\ -2 < x < \infty \\[2ex] \dfrac{-(x+4)}{x+2} & \text{für} \quad -\infty < x < -4 \end{cases}$

$$\lim_{h\to 0}\frac{f(-4+h)-f(-4)}{h}=\lim_{h\to 0}\frac{\frac{-4+h+4}{-4+h+2}-0}{h}=\lim_{h\to 0}\frac{h}{h(-2+h)}$$

$$=\lim_{h\to 0}\frac{1}{-2+h}=-\frac{1}{2}$$

$$\lim_{h\to 0}\frac{f(-4-h)-f(-4)}{-h}=\lim_{h\to 0}\frac{\frac{-(-4-h+4)}{-4-h+2}}{-h}=\lim_{h\to 0}\frac{\frac{h}{-2-h}}{-h}=\lim_{h\to 0}\frac{h}{-h(-2-h)}$$

$$=\lim_{h\to 0}\frac{1}{-(-2-h)}=\frac{1}{2}$$

Ergebnis: Die Funktion f ist an der Stelle -4 nicht differenzierbar.

b) $$f'(x)=\begin{cases}\dfrac{1\cdot(x+2)-(x+4)\cdot 1}{(x+2)^2}=\dfrac{-2}{(x+2)^2}; & -4<x<-2 \vee -2<x<\infty\\ -\dfrac{1\cdot(x+2)-(x+4)\cdot 1}{(x+2)^2}=\dfrac{2}{(x+2)^2}; & -\infty<x<-4\end{cases}$$

Wir erkennen, daß $f'(x)<0$ für $-4<x<-2 \vee -2<x<\infty$.

Also:

$$\frac{-2}{(x+2)^2}=-1 \Leftrightarrow 2=(x+2)^2$$

$$\Leftrightarrow |x+2|=\sqrt{2}$$

$$\Leftrightarrow x+2=\sqrt{2} \vee -(x+2)=\sqrt{2}$$

$$\Leftrightarrow x=\sqrt{2}-2 \vee x=-\sqrt{2}-2$$

130. **a**) $f'(x)=\dfrac{1\cdot(x^2-4)-x\cdot 2x}{(x^2-4)^2}=\dfrac{-x^2-4}{(x^2-4)^2}=-\dfrac{x^2+4}{(x^2-4)^2}$

f ist im gesamten Definitionsbereich streng monoton abnehmend (siehe Abbildung auf S. 221).

b) $f'(x)=\dfrac{(2x+2)(x^2+1)-(x^2+2x+1)\,2x}{(x^2+1)^2}=\dfrac{2x^3+2x+2x^2+2-2x^3-4x^2-2x}{(x^2+1)^2}$

$$=\frac{-2x^2+2}{(x^2+1)^2}=2\frac{1-x^2}{(x^2+1)^2}$$

$f'(x) = 0$, wo $1 - x^2 = 0 \Leftrightarrow x = 1 \lor x = -1$
$f'(x) < 0$ für $-\infty < x < -1$
$f'(x) > 0$ für $-1 < x < 1$
$f'(x) < 0$ für $1 < x < \infty$

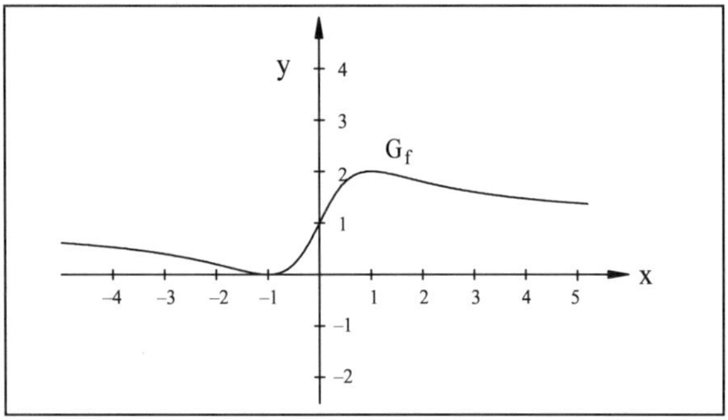

$f: x \mapsto \frac{x^2 + 2x + 1}{x^2 + 1}$; $x \in \mathbb{R}$

c) $f'(x) = \frac{-6}{x^2} + \frac{6}{x^3} = \frac{-6x + 6}{x^3} = \frac{6(1 - x)}{x^3}$

$f'(x) < 0$ für $-\infty < x < 0$ $\quad$ $f'(x) > 0$ für $0 < x < 1$
$f'(x) < 0$ für $1 < x < \infty$

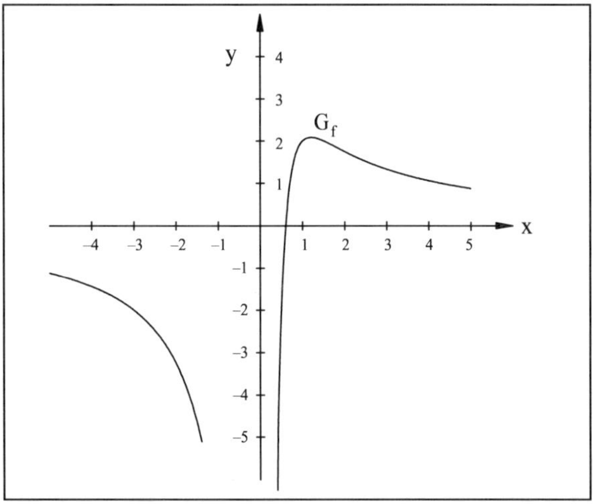

$f: x \mapsto \frac{6}{x} - \frac{3}{x^2}$; $x \in \mathbb{R} \setminus \{0\}$

d) $f'(x) = \frac{-8}{x^3}\ln\frac{1}{x} + \frac{4}{x^2}\,\frac{1}{\frac{1}{x}}\cdot\left(-\frac{1}{x^2}\right) = \frac{-8}{x^3}\ln\frac{1}{x} - \frac{4}{x^3} = -\frac{4}{x^3}\left(1 + 2\ln\frac{1}{x}\right)$

$$f'(x) = 0,\text{ wo } 1 + 2\ln\frac{1}{x} = 0 \iff 2\ln\frac{1}{x} = -1$$
$$\iff \ln\frac{1}{x} = -\frac{1}{2}$$
$$\iff \frac{1}{x} = e^{-0,5}$$
$$\iff x = \frac{1}{e^{-0,5}}$$
$$\iff x = e^{0,5}$$

$f'(x) < 0$ für $0 < x < e^{0,5}$
$f'(x) > 0$ für $e^{0,5} < x < \infty$

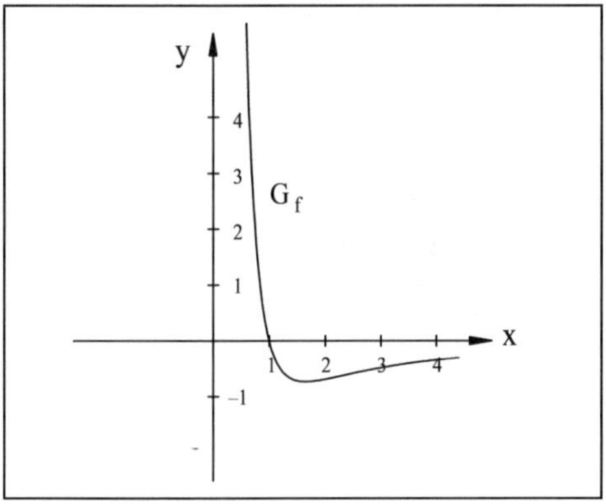

f: $x \mapsto \frac{4}{x^2}\ln\frac{1}{x}$; $x \in \mathbb{R}^+$

131. $f_a'(x) = \frac{(2x-2a)(x-a) - (x^2 - 2ax + 2a^2)\cdot 1}{(x-a)^2}$

$$= \frac{2x^2 - 2ax - 2ax + 2a^2 - x^2 + 2ax - 2a^2}{(x-a)^2}$$

$$= \frac{x^2 - 2ax}{(x-a)^2} = \frac{x(x-2a)}{\underbrace{(x-a)^2}_{>0}}$$

$f_a'(x) = 0$, wo $x(x-2a) = 0 \iff x = 0 \lor x = 2a$

Durch die Nullstellen 0 und 2a wird der Definitionsbereich $]-\infty\,;a[\;\cup\;]a\,;\infty[$ in zwei Bereiche unterteilt, in denen $f_a'(x)$ jeweils einheitliches Vorzeichen hat:

Bereich	Aussage über $f_a'(x)$	Monotonieaussage
$]-\infty\,;0[\;\cup\;]2a\,;\infty[$	$f_a'(x) > 0$	f streng monoton zunehmend
$]0\,;a[\;\cup\;]a\,;2a[$	$f_a'(x) < 0$	f streng monoton abnehmend

132. $f_a'(x) = \dfrac{2ax\cdot(x^2-a)-(ax^2-1)\cdot 2x}{(x^2-a)^2}\;;\;\; a<1$

$$= \frac{2ax^3-2a^2x-2ax^3+2x}{(x^2-a)^2} = \frac{2x(1-a^2)}{\underbrace{(x^2-a)^2}_{>0}}$$

$f_a'(x) = 0$, wo $2x(1-a^2) = 0 \;\Leftrightarrow\; x = 0$

$a < -1$, also $1 - a^2 < 0$

Die Nullstelle $x = 0$ teilt den Definitionsbereich $]-\infty\,;\infty[$ in zwei Bereiche ein, in denen f_a' jeweils einheitliches Vorzeichen hat:

Bereich	Aussage über $f_a'(x)$	Monotonieaussage
$]-\infty\,;0[$	$f_a'(x) > 0$	f streng monoton zunehmend
$]0\,;\infty[$	$f_a'(x) < 0$	f streng monoton abnehmend

$-1 < a < 0$, also $1 - a^2 > 0$

Die Nullstelle $x = 0$ teilt den Definitionsbereich $]-\infty\,;\infty[$ in zwei Bereiche ein, in denen $f_a'(x)$ jeweils einheitliches Vorzeichen hat:

Bereich	Aussage über $f_a'(x)$	Monotonieaussage
$]-\infty\,;0[$	$f_a'(x) < 0$	f streng monoton abnehmend
$]0\,;\infty[$	$f_a'(x) > 0$	f streng monoton zunehmend

0 < a < 1, also $1 - a^2 > 0$

Die Nullstelle x = 0 teilt den Definitionsbereich
$]-\infty\,;-\sqrt{a}\,[\,\cup\,]-\sqrt{a}\,;\sqrt{a}\,[\,\cup\,]\sqrt{a}\,;\infty\,[$ in zwei Bereiche ein, in denen $f_a'(x)$ jeweils einheitliches Vorzeichen hat:

Bereich	Aussage über $f_a'(x)$	Monotonieaussage
$]-\infty\,;-\sqrt{a}\,[\,\cup\,]-\sqrt{a}\,;0\,[$	$f_a'(x) < 0$	f streng monoton abnehmend
$]0\,;\sqrt{a}\,[\,\cup\,]\sqrt{a}\,;\infty\,[$	$f_a'(x) > 0$	f streng monoton zunehmend

a = 0

$f_0(x) = \frac{-1}{x^2}$; $x \in \mathbb{R} \setminus \{0\}$

$f_0'(x) = \frac{2}{x^3} \Rightarrow$

Der Graph G_{f_0} ist achsensymmetrisch zur y-Achse.

Aus $f_0'(x) = \frac{2}{x^3}$ folgt, daß $f_0(x)$ für $-\infty < x < 0$ streng monoton abnehmend und für $0 < x < \infty$ streng monoton zunehmend ist.

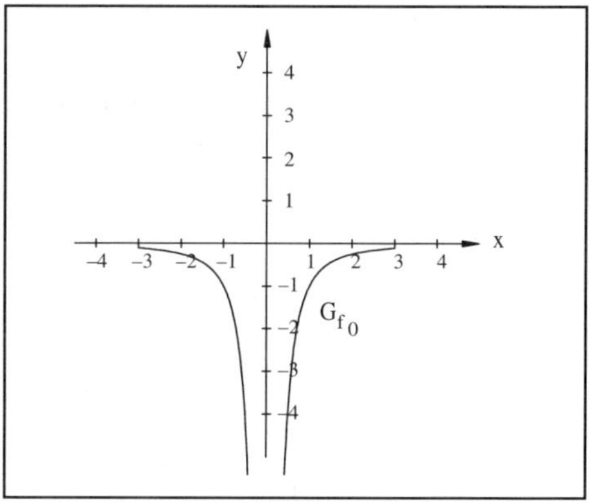

a = 1

$f_1(x) = \frac{x^2-1}{x^2-1} = 1$

mit $x \in \mathbb{R} \setminus \{1\,;-1\}$

Der Graph ist eine Gerade mit der Gleichung y = 1, die an den Stellen x = –1 und x = 1 unterbrochen ist.

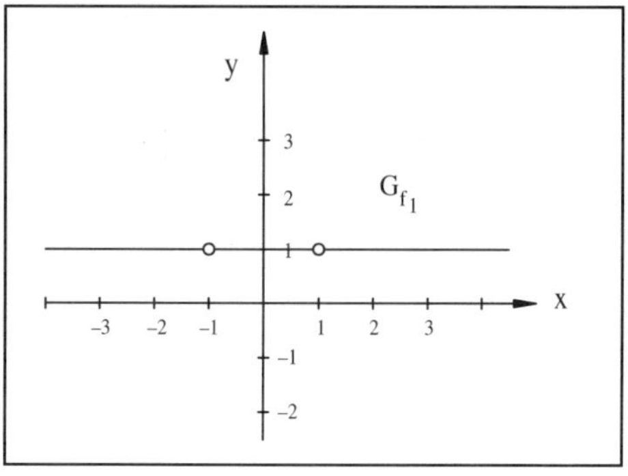

a = –1

$f_{-1}(x) = \frac{-x^2-1}{x^2+1} = \frac{-(x^2+1)}{x^2+1} = -1$

Der Graph $G_{f_{-1}}$ ist eine Gerade mit der Gleichung $y = -1$.

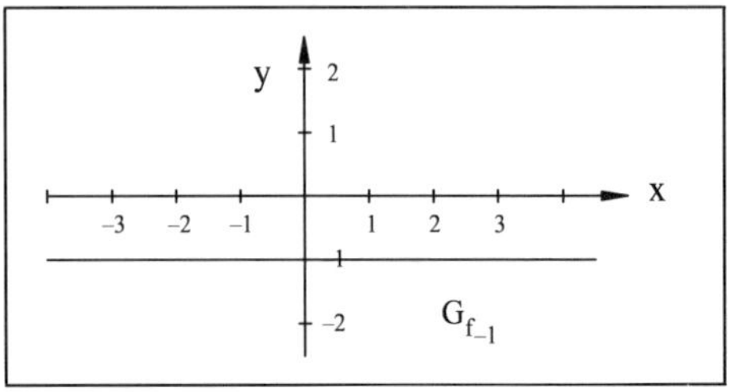

133. **a)** $f'(x) = \frac{8x \cdot (1+x^2) - (4x^2+2) \cdot 2x}{(1+x^2)^2} = \frac{8x + 8x^3 - 8x^3 - 4x}{(1+x^2)^2}$

$= \frac{4x}{(1+x^2)^2} > 0$ für $x \in \mathbb{R}^+$

f ist im gesamten Definitionsbereich differenzierbar, und es gilt dort $f'(x) > 0$ für $x \in \mathbb{R}^+$ und $f'(0) = 0$. Damit existiert zu f die Umkehrfunktion f^{-1}.

b) $(f^{-1})'(3) = \frac{1}{f'[f^{-1}(3)]}$

$f^{-1}(3)$ folgt aus dem Ansatz:

$$3 = \frac{4x^2+2}{1+x^2} \quad \wedge \quad x \geq 0$$

$$\Leftrightarrow \quad 3 + 3x^2 = 4x^2 + 2$$

$$\Leftrightarrow \quad 1 = x^2 \quad \Leftrightarrow \quad x = 1$$

Also:

$$(f^{-1})'(3) = \frac{1}{f'(1)} = \frac{1}{\frac{4 \cdot 1}{(1+1)^2}} = \frac{1}{\frac{4}{4}} = 1$$

c) $y = \frac{4x^2+2}{1+x^2} \wedge x \geq 0$; $\mathbb{W}_f = [\,2\,;\,4\,[$

$\Leftrightarrow \quad y + yx^2 = 4x^2 + 2$

$$\Leftrightarrow \quad x^2(y-4) = 2-y \quad \Leftrightarrow \quad x^2 = \frac{2-y}{y-4}$$

$$\Leftrightarrow \quad |x| = \sqrt{\frac{2-y}{y-4}}$$

$$\Leftrightarrow \quad |x| = \sqrt{\frac{2-y}{y-4}}$$

$$f^{-1}\colon x \mapsto \sqrt{\frac{2-x}{x-4}} \; ; \quad x \in [\,2\,;4\,[$$

$$(f^{-1})'(x) = \frac{1}{2\sqrt{\frac{2-x}{x-4}}} \cdot \frac{-1(x-4)-(2-x)\cdot 1}{(x-4)^2}$$

$$= \frac{1}{2}\sqrt{\frac{x-4}{2-x}} \cdot \frac{-x+4-2+x}{(x-4)^2}$$

$$= \frac{1}{2}\sqrt{\frac{x-4}{2-x}} \cdot \frac{2}{(x-4)^2} = \frac{1}{(x-4)^2}\sqrt{\frac{x-4}{2-x}}$$

$$(f^{-1})'(3) = \frac{1}{(-1)^2}\sqrt{\frac{-1}{-1}} = 1$$

134. **a)** $\mathbb{D}_f = \mathbb{R} \setminus \{1\}$

b) $\mathbb{D}_f = \mathbb{R} \setminus \{0\,;2\}$

c) $\mathbb{D}_f = \mathbb{R} \setminus \{3\,;-1\}$

$x^2 - 2x - 3 = (x-3)(x+1)$

d) $\mathbb{D}_f = \mathbb{R} \setminus \{2\,;-2\}$

e) $\mathbb{D}_f = [\,2\,;4\,[$

$\frac{x-2}{4-x} \geq 0$, falls $\quad x-2 \geq 0 \;\wedge\; 4-x > 0$

$\Leftrightarrow \quad x \geq 2 \;\wedge\; x < 4$

$L = [\,2\,;4\,[$

$$\begin{array}{llll} \text{oder} & x-2 \le 0 & \wedge & 4-x<0 \\ \Leftrightarrow & x \le 2 & \wedge & x>4 \\ & & & L=\{\ \} \end{array}$$

f) $\mathbb{D}_{f_a} = \{x \mid x \in \mathbb{R} \wedge -a < x < a\}$

$a^2 - x^2 > 0 \;\Leftrightarrow\; x^2 < a^2 \;\Leftrightarrow\; |x| < a \;\Leftrightarrow\; -a < x < a$

135. **a)** $f(-x) = -\frac{1}{2}x - \frac{1}{2x} = -f(x)$

Der Graph ist punktsymmetrisch zum Ursprung.

b) $f(-x) = \frac{(-x-1)^2}{1+(-x)^2} = \frac{[-(x+1)]^2}{1+x^2} = \frac{(x+1)^2}{1+x^2}$

Der Graph zeigt kein einfaches Symmetrieverhalten (weder symmetrisch zur y-Achse noch punktsymmetrisch zum Ursprung).

c) $f(-x) = \frac{-x}{1+|-x|} = -\frac{x}{1+|x|} = -f(x)$

Der Graph ist punktsymmetrisch zum Ursprung.

d) $f(-x) = \frac{2|-x|}{1-(-x)^2} = \frac{2|x|}{1-x^2} = f(x)$

Der Graph ist achsensymmetrisch zur y-Achse.

136. $f(1+x) = \frac{3}{(1+x)^2 - 2(1+x)} = \frac{3}{1+2x+x^2-2-2x} = \frac{3}{x^2-1}$

$f(1-x) = \frac{3}{(1-x)^2 - 2(1-x)} = \frac{3}{1-2x+x^2-2+2x} = \frac{3}{x^2-1}$

Aus $f(1+x) = f(1-x)$ folgt, daß der Graph der Funktion f achsensymmetrisch zur Geraden $x = 1$ ist.

137. **a)** $f_a(-x) = \frac{a(-x)}{(-x)^2 - a^2} = -\frac{ax}{x^2 - a^2} = -f_a(x)$

Der Graph G_{f_a} ist punktsymmetrisch zum Ursprung.

b) $f_a(-x) = \frac{4a}{(-x)^2 + a^2} = \frac{4a}{x^2 + a^2} = f_a(x)$

Der Graph G_{f_a} ist achsensymmetrisch zur y-Achse.

c) $f_a(-x) = \frac{(-x)^3}{(-x)^2 + a^2} = -\frac{x^3}{x^2 + a^2} = -f_a(x)$

Der Graph G_{f_a} ist punktsymmetrisch zum Ursprung.

138. **a)** *Definitionsbereich:*

$\mathbb{D}_f = \mathbb{R} \setminus \{1 ; -1\}$

Pole:

f hat in 1 und –1 jeweils einen Pol erster Ordnung (mit Zeichenwechsel). Die Vertikalen durch 1 und –1 sind Asymptoten des Graphen von f.

$$\lim_{x \to 1+} \frac{x^2 - 4}{(x-1)(x+1)} = \lim_{h \to 0} \frac{(1+h)^2 - 4}{(1+h-1)(1+h+1)} = \lim_{h \to 0} \frac{2h + h^2 - 3}{h(2+h)} = -\infty$$

$\lim_{x \to 1-} f(x) = +\infty$; $\lim_{x \to -1+} f(x) = +\infty$ (Achsensymmetrie!)

$\lim_{x \to -1-} f(x) = -\infty$

Symmetrieverhalten:

$$f(-x) = \frac{(-x)^2 - 4}{(-x)^2 - 1} = \frac{x^2 - 4}{x^2 - 1} = f(x)$$

Der Graph ist achsensymmetrisch zur y-Achse.

Gemeinsame Punkte mit den Koordinatenachsen:

$f(0) = 4 \Rightarrow S(0 ; 4)$

$f(x) = 0$, wo $x^2 - 4 = 0 \Leftrightarrow x = 2 \vee x = -2 \Rightarrow N_1(2 ; 0), N_2(-2 ; 0)$

Verhalten für $|x| \to \infty$:

$$\lim_{|x|\to\infty} \frac{x^2\left(1-\frac{4}{x^2}\right)}{x^2\left(1-\frac{1}{x^2}\right)} = 1$$

Die Gerade y = 1 ist horizontale Asymptote von G_f.

Monotonieverhalten:

$$f'(x) = \frac{2x\,(x^2-1)-(x^2-4)\,2x}{(x^2-1)^2} = \frac{6x}{(x^2-1)^2}$$

$f'(x) = 0$, wo $x = 0$

$f'(x) < 0$ für $-\infty < x < -1 \;\vee\; -1 < x < 0$

$f'(x) > 0$ für $0 < x < 1 \;\vee\; 1 < x < \infty$

Tiefpunkt in T (0 ; 4)

Wendestellen:

$$f''(x) = \frac{6\,(x^2-1)^2-6x\cdot 2\,(x^2-1)\,2x}{(x^2-1)^4} = \frac{6\,(x^2-1)\left[(x^2-1)-4x^2\right]}{(x^2-1)^4} = \frac{-6\,(3x^2+1)}{(x^2-1)^3}$$

Daraus folgt, daß keine Wendestellen existieren.

Graph:

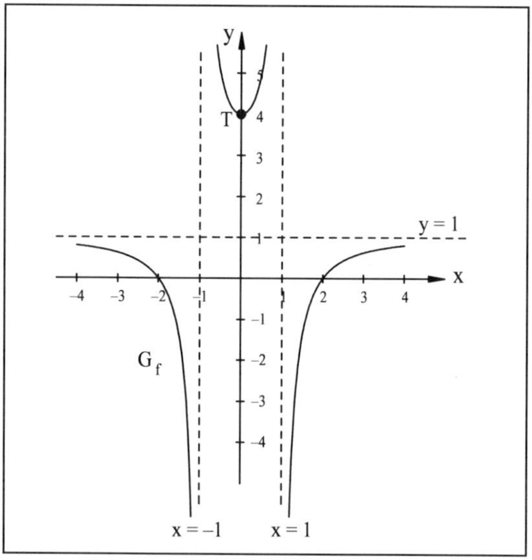

$f: x \mapsto \frac{x^2-4}{x^2-1}$; $x \in \mathbb{R}\setminus\{1\,;-1\}$

b) *Definitionsbereich:*

$\mathbb{D}_f = \mathbb{R}$

Pole: keine

Symmetrieverhalten:

$$f(-x) = \frac{1-(-x)^2}{1+(-x)^2} = \frac{1-x^2}{1+x^2} = f(x)$$

Der Graph ist achsensymmetrisch zur y-Achse.

Gemeinsame Punkte mit den Koordinatenachsen:

$f(0) = 1 \;\Rightarrow\; S\,(0\,;\,1)$

$f(x) = 0$, wo $1 - x^2 = 0 \;\Leftrightarrow\; x = 1 \;\vee\; x = -1 \;\Rightarrow\; N_1\,(1\,;\,0),\ N_2\,(-1\,;\,0)$

Verhalten für $|x| \to \infty$:

$$\lim_{|x|\to\infty} \frac{x^2\left(\frac{1}{x^2}-1\right)}{x^2\left(\frac{1}{x^2}+1\right)} = -1$$

Die Gerade $y = -1$ ist horizontale Asymptote von G_f.

Monotonieverhalten:

$$f'(x) = \frac{-2x\,(1+x^2)-(1-x^2)\,2x}{(1+x^2)^2} = \frac{-2x\,(1+x^2+1-x^2)}{(1+x^2)^2} = \frac{-4x}{(1+x^2)^2}$$

$$\left.\begin{array}{l} f'(x)=0 \;\Rightarrow\; x=0 \\ f'(x)>0 \text{ für } -\infty<x<0 \\ f'(x)<0 \text{ für } \quad 0<x<\infty \end{array}\right\} \Rightarrow \text{Hochpunkt in } H\,(0\,;\,1)$$

Wendestellen:

$$f''(x) = \frac{-4\,(1+x^2)^2+4x\cdot 2\,(1+x^2)\,2x}{(1+x^2)^4} = \frac{-4\,(1+x^2)\left[(1+x^2)-4x^2\right]}{(1+x^2)^4}$$

$$= \frac{-4\,(1-3x^2)}{(1+x^2)^3}$$

$f''(x) = 0$, wo $1 - 3x^2 = 0 \;\Leftrightarrow\; x = \frac{\sqrt{3}}{3} \;\vee\; x = -\frac{\sqrt{3}}{3}$

$f''(x) > 0$ für $-\infty < x < -\frac{\sqrt{3}}{3}$

$f''(x) < 0$ für $-\frac{\sqrt{3}}{3} < x < \frac{\sqrt{3}}{3}$

$f''(x) > 0$ für $\frac{\sqrt{3}}{3} < x < \infty$

$\Rightarrow W_1\left(-\frac{\sqrt{3}}{3}; \frac{1}{2}\right), \quad W_2\left(\frac{\sqrt{3}}{3}; \frac{1}{2}\right)$

Graph:

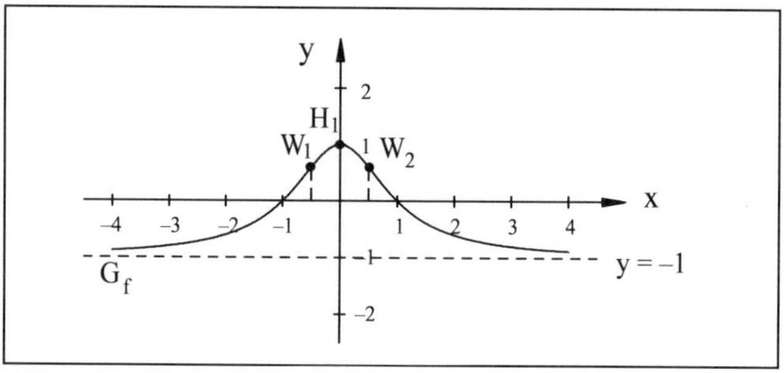

$f: x \mapsto \frac{1-x^2}{1+x^2}$; $x \in \mathbb{R}$

c) *Definitionsbereich:*

$\mathbb{D}_f = \mathbb{R} \setminus \{1\}$

Pole:

In 1 hat f einen Pol zweiter Ordnung (ohne Zeichenwechsel). Die Vertikale x = 1 ist Asymptote von G_f.

$$\lim_{x\to 1+} \frac{x^2-4x}{(x-1)^2} = \lim_{h\to 0} \frac{(1+h)^2-4(1+h)}{(1+h-1)^2} = \lim_{h\to 0} \frac{(1+h)[1+h-4]}{h^2}$$

$$= \lim_{h\to 0} \frac{(1+h)(h-3)}{h^2} = -\infty$$

Analog gilt: $\lim_{x\to 1-} f(x) = -\infty$

Symmetrieverhalten:

$f(-x) = \frac{(-x)^2-4(-x)}{(-x-1)^2} = \frac{x^2+4x}{(x+1)^2} \Rightarrow$ kein einfaches Symmetrieverhalten

Gemeinsame Punkte mit den Koordinatenachsen:

$f(0) = 0$

$f(x) = 0$, wo $x^2 - 4x = 0 \Leftrightarrow x(x-4) = 0 \Leftrightarrow x = 0 \vee x = 4$

$\Rightarrow N_1(0;0), \quad N_2(4;0)$

Verhalten für $|x| \to \infty$:

$$\lim_{|x|\to\infty} \frac{x^2\left(1-\frac{4}{x}\right)}{x^2\left(1-\frac{2}{x}+\frac{1}{x^2}\right)} = 1$$

Die Gerade y = 1 ist horizontale Asymptote von G_f.

Monotonieverhalten:

$$f'(x) = \frac{(2x-4)(x-1)^2-(x^2-4x)\,2(x-1)}{(x-1)^4} = \frac{2(x-1)\left[(x-2)(x-1)-(x^2-4x)\right]}{(x-1)^4}$$

$$= \frac{2(x^2-3x+2-x^2+4x)}{(x-1)^3} = \frac{2(x+2)}{(x-1)^3}$$

$$\left.\begin{array}{l} f'(x)=0 \Rightarrow x=-2 \\ f'(x)>0 \text{ für } -\infty<x<-2 \\ f'(x)>0 \text{ für } -2<x<1 \end{array}\right\} \Rightarrow \text{Hochpunkt in H } (-2\,;\,4/3)$$

$f'(x) > 0$ für $1 < x < \infty$

Wendestellen:

$$f''(x) = 2\,\frac{1(x-1)^3-(x+2)\,3(x-1)^2}{(x-1)^6} = 2\,\frac{(x-1)^2\left[x-1-3(x+2)\right]}{(x-1)^6}$$

$$= 2\,\frac{(-2x-7)}{(x-1)^4} = -2\,\frac{2x+7}{(x-1)^4}$$

$f''(x) = 0$, wo $2x + 7 = 0 \Leftrightarrow 2x = -7 \Leftrightarrow x = -3{,}5$

$f''(x) > 0$ für $-\infty < x < -3{,}5$

$f''(x) < 0$ für $-3{,}5 < x < 1$

$\Rightarrow$ Wendestelle in W $(-3{,}5\,,\ \approx 1{,}3)$

Graph

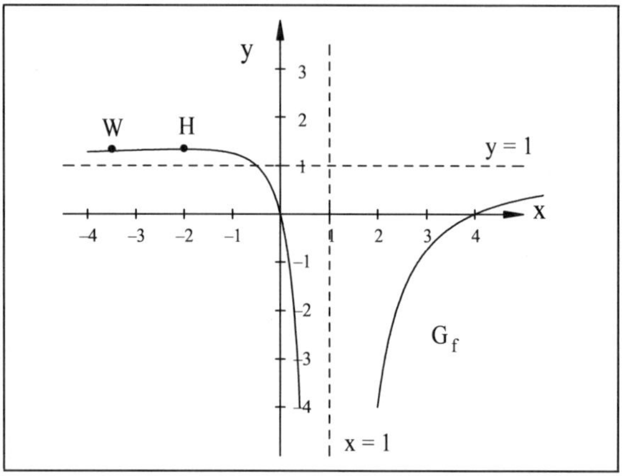

$f: x \mapsto \frac{x^2-4x}{(x-1)^2}$; $x \in \mathbb{R} \setminus \{1\}$

d) *Definitionslücken, Definitionsbereich:*

$$f(x) = \frac{x(x-2)(x+3)}{(x-2)(x+2)} \; ; \quad x \in \mathbb{R} \setminus \{2 \, ; -2\}$$

In 2 hat f eine behebbare Definitionslücke.

Pole:

In –2 hat f einen Pol erster Ordnung (mit Zeichenwechsel). Die Vertikale x = –2 ist Asymptote von G_f.

$$\lim_{x \to -2+} \frac{x(x-2)(x+3)}{(x-2)(x+2)} = \lim_{h \to 0} \frac{(-2+h)(-2+h+3)}{(-2+h+2)}$$

$$= \lim_{h \to 0} \frac{(-2+h)(1+h)}{h} = -\infty$$

Analog gilt: $\lim\limits_{x \to -2-} f(x) = +\infty$

Symmetrieverhalten:

$$f(-x) = \frac{-x(-x-2)(-x+3)}{(-x)^2-4} = \frac{x(x+2)(-x+3)}{x^2-4}$$

Der Graph zeigt kein einfaches Symmetrieverhalten.

Gemeinsame Punkte mit den Koordinatenachsen:

$f(0) = 0$

$f(x) = 0$, wo $x(x-2)(x+3) = 0 \wedge x \in \mathbb{R} \setminus \{2; -2\}$

$\Leftrightarrow x = 0 \vee x = -3$

$\Rightarrow N_1(0; 0), \quad N_2(-3; 0)$

Verhalten für $|x| \to \infty$:

$$\lim_{x\to\infty} f(x) = \infty; \qquad \lim_{x\to-\infty} f(x) = -\infty$$

Der Grad des Zählerpolynoms ist um 1 größer als der Grad des Nennerpolynoms. Es ist möglich, daß G_f eine schiefe Asymptote hat. Wir überprüfen dies durch Ausdividieren:

$$\frac{x(x-2)(x+3)}{(x-2)(x+2)} = \frac{x(x+3)}{x+2}$$

Also:

$$\begin{array}{l} (x^2+3x):(x+2) = x+1-\frac{2}{x+2} \\ \underline{-(x^2+2x)} \\ \quad x \\ \quad \underline{-(x+2)} \\ \quad\quad -2 \end{array}$$

Die Gerade $y = x + 1$ ist schiefe Asymptote des Graphen von f.

Ausführlich:

$$\lim_{x\to\infty} [f(x)-(x+1)] = \lim_{x\to\infty}\left[x+1-\frac{2}{x+2}-(x+1)\right] = \lim_{x\to\infty}\left(-\frac{2}{x+2}\right) = 0$$

Monotonieverhalten:

$$f'(x) = \left[x+1-\frac{2}{x+2}\right]' = 1+\frac{2}{(x+2)^2}; \quad x \in \mathbb{R}\setminus\{-2; 2\}$$

$f'(x) = 0$ nicht erfüllbar $\Rightarrow$ keine Extrempunkte!

$f'(x) > 0$ für $x \in \mathbb{R}\setminus\{-2; 2\}$

Wendestellen:

$$f''(x) = \frac{-4}{(x+2)^3}$$

$f''(x) = 0$ nicht erfüllbar $\Rightarrow$ Es existieren keine Wendestellen.

Graph:

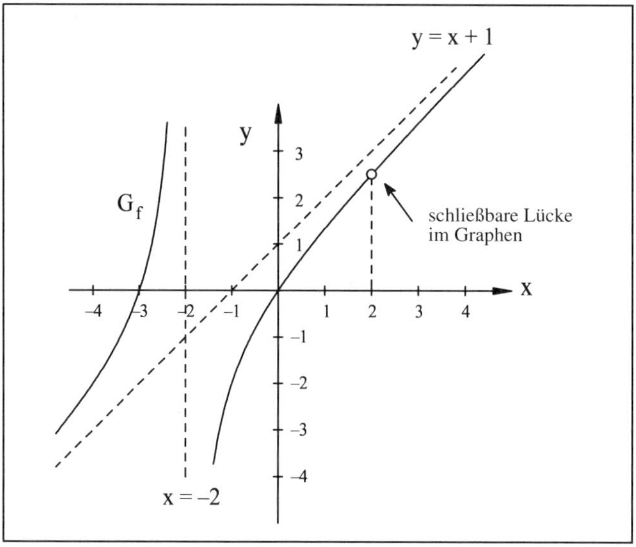

f: $x \mapsto \frac{x(x-2)(x+3)}{x^2-4}$; $x \in \mathbb{R}\setminus\{-2\,;2\}$

e) *Definitionsbereich:*

$\mathbb{D}_f = \mathbb{R}\setminus\{0\}$

Pol:

In 0 hat f einen Pol erster Ordnung (mit Zeichenwechsel). Die y-Achse ist Asymptote von G_f.

$$\lim_{x\to 0+} \frac{|x|-2}{x} = \lim_{x\to 0+} \frac{x-2}{x} = -\infty$$

$$\lim_{x\to 0-} \frac{-x-2}{x} = +\infty$$

Symmetrieverhalten:

$$f(-x) = \frac{|x|-2}{-x} = \frac{|x|-2}{-x} = -f(x)$$

Der Graph ist punktsymmetrisch zum Ursprung.

Nullstellen:

$f(x) = 0,\ \text{wo } |x| - 2 = 0 \Leftrightarrow x = 2 \vee x = -2$

$\Rightarrow N_1\,(-2\,;0),\quad N_2\,(2\,;0)$

Verhalten für $|x| \to \infty$ *:*

$$\lim_{x\to+\infty} \frac{|x|-2}{x} = \lim_{x\to+\infty} \frac{x-2}{x} = \lim_{x\to+\infty} \left(1-\frac{2}{x}\right) = 1$$

$$\lim_{x\to-\infty} \frac{|x|-2}{x} = \lim_{x\to-\infty} \frac{-x-2}{x} = \lim_{x\to-\infty} \left(-1-\frac{2}{x}\right) = -1$$

Die Gerade $y = 1$ ist horizontale Asymptote für $x \to +\infty$.
Die Gerade $y = -1$ ist horizontale Asymptote für $x \to -\infty$.

Monotonieverhalten:

$$f:\ x \mapsto \begin{cases} \dfrac{x-2}{x} & \text{für } x > 0 \\[2mm] \dfrac{-x-2}{x} & \text{für } x < 0 \end{cases}$$

$$f':\ x \mapsto \begin{cases} \dfrac{1\cdot x-(x-2)\cdot 1}{x^2} = \dfrac{2}{x^2} & \text{für } x > 0 \\[2mm] \dfrac{-1\cdot x-(-x-2)\cdot 1}{x^2} = \dfrac{2}{x^2} & \text{für } x < 0 \end{cases}$$

$f'(x) > 0$ im gesamten Definitionsbereich.

G_f hat keine relativen Extrempunkte.

Wendestellen:

$$f'(x) = \frac{2}{x^2}$$

$$f''(x) = \frac{-4}{x^3}$$

$f''(x) = 0$ nicht erfüllbar $\Rightarrow$ Es existieren keine Wendestellen.

Graph:

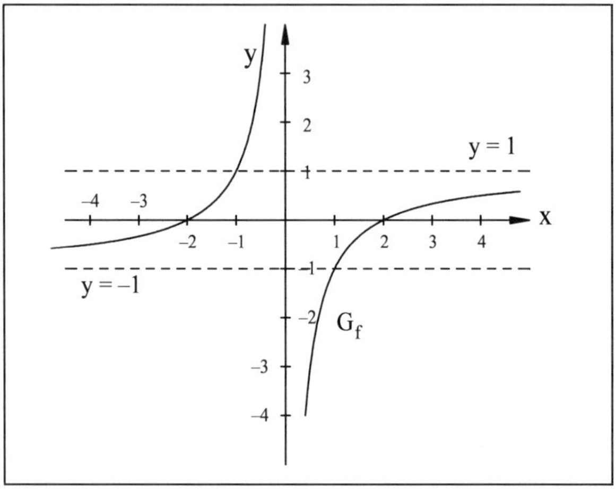

f: $x \mapsto \frac{|x|-2}{x}$; $x \in \mathbb{R}\setminus\{0\}$

f) *Definitionsbereich:*

$\mathbb{D}_f = \mathbb{R}\setminus\{0\}$

Pol:

In 0 hat f einen Pol erster Ordnung (mit Zeichenwechsel). Die y-Achse ist Asymptote von G_f.

$$f\colon x \mapsto \begin{cases} \dfrac{x-2}{x} & \text{für} \quad x > 2 \\ \dfrac{-(x-2)}{x} & \text{für} \quad -\infty < x < 0 \ \vee \ 0 < x < 2 \end{cases}$$

$$\lim_{x \to 0+} f(x) = \lim_{x \to 0+} \frac{2-x}{x} = +\infty$$

$$\lim_{x \to 0-} f(x) = -\infty$$

Symmetrieverhalten:

$$f(-x) = \frac{|-x-2|}{-x} = \frac{|-(x+2)|}{-x} = \frac{|-1||x+2|}{-x} = \frac{|x+2|}{-x}$$

Der Graph zeigt kein einfaches Symmetrieverhalten.

Nullstelle:

$f(x) = 0$, wo $|x-2| = 0 \Leftrightarrow x = 2 \Rightarrow N(2\,;0)$

Verhalten für $|x| \to \infty$:

$$\lim_{x\to+\infty} f(x) = \lim_{x\to+\infty} \frac{x-2}{x} = \lim_{x\to+\infty} \left(1-\frac{2}{x}\right) = 1$$

$$\lim_{x\to-\infty} f(x) = \lim_{x\to-\infty} \frac{2-x}{x} = \lim_{x\to-\infty} \left(\frac{2}{x}-1\right) = -1$$

Die Gerade $y = 1$ ist horizontale Asymptote für $x \to +\infty$. Die Gerade $y = -1$ ist horizontale Asymptote für $x \to -\infty$.

Monotonieverhalten:

$$f'\colon x \mapsto \begin{cases} \dfrac{1\cdot x-(x-2)\cdot 1}{x^2} = \dfrac{2}{x^2} & \text{für} \quad x > 2 \\[2ex] \dfrac{-1\cdot x+(x-2)}{x^2} = \dfrac{-2}{x^2} & \text{für} \quad -\infty < x < 0 \ \vee\ 0 < x < 2 \end{cases}$$

$f'(x) > 0$ für $\quad x > 2$

$f'(x) < 0$ für $\quad -\infty < x < 0 \ \vee\ 0 < x < 2$

Aus $f'(x) < 0$ für $0 < x < 2$ und $f'(x) > 0$ für $x > 2$ folgt, daß G_f in $(2\,;0)$ einen Tiefpunkt hat.

Anmerkung:

f ist an der Stelle $x = 2$ nicht differenzierbar.

$$\lim_{x\to 2+} f'(x) = \lim_{x\to 2+} \frac{2}{x^2} = \frac{1}{2}$$

$$\lim_{x\to 2-} f'(x) = \lim_{x\to 2-} \frac{2-2x}{x^2} = -\frac{1}{2}$$

Wendestellen:

$$f''(x) = \begin{cases} -\dfrac{4}{x^3} & \text{für} \quad x > 2 \\[2ex] \dfrac{4}{x^3} & \text{für} \quad -\infty < x < 0 \ \vee\ 0 < x < 2 \end{cases}$$

$f''(x) = 0$ nicht erfüllbar $\Rightarrow$ Es existieren keine Wendestellen.

Graph:

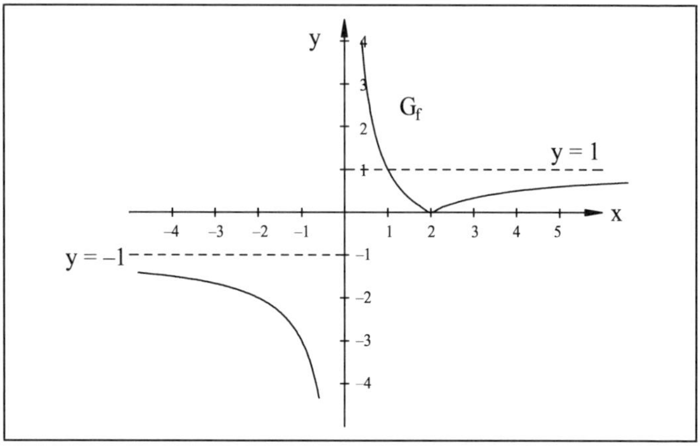

$f: x \mapsto \frac{|x-2|}{x}$; $x \in \mathbb{R}\setminus\{0\}$

139. **a**) *Definitionsbereich:*

$\mathbb{D}_{f_a} = \mathbb{R}\setminus\{a\}$

Pole:

Für x = a wird der Nennerterm Null. Da der Zählerterm an dieser Stelle den Wert $a^2 \neq 0$ annimmt, liegt hier ein Pol erster Ordnung (mit Zeichenwechsel) vor.

$$\lim_{x \to a+} f_a(x) = \lim_{x \to a+} \frac{(x-a)^2 + a^2}{x-a} = +\infty$$

Analog gilt:

$$\lim_{x \to a-} f_a(x) = -\infty$$

Schnittpunkt mit der y-Achse:

$f_a(0) = -2a$

Schnittpunkt mit der x-Achse:

f_a besitzt keine Nullstellen, da der Zählerterm von f_a nirgends Null wird.

$f_a(x) = 0$, wo $\quad x^2 - 2ax + 2a^2 = 0$

$$\Leftrightarrow \quad x = a + \sqrt{a^2 - 2a^2} \quad \vee \quad x = a - \sqrt{-a^2}$$

Verhalten für $|x| \to \infty$:

$$
\begin{array}{l}
(x^2 - 2ax + 2a^2) : (x - a) = x - a + \frac{a^2}{x-a} \\
\underline{-(x^2 - ax)} \\
\quad -ax + 2a^2 \\
\quad \underline{-(-ax + a^2)} \\
\qquad a^2
\end{array}
$$

$$\lim_{|x|\to\infty} [f_a(x) - (x - a)] = \lim_{|x|\to\infty} \left[x - a + \frac{a^2}{x-a} - x + a\right] = 0$$

$y = x - a$ ist schräge Asymptote des Graphen von f_a.

Monotonieverhalten:

$$f_a'(x) = \frac{(2x - 2a)(x - a) - (x^2 - 2ax + 2a^2) \cdot (1)}{(x - a)^2}$$

$$= \frac{2x^2 - 2ax - 2ax + 2a^2 - x^2 + 2ax - 2a^2}{(x - a)^2} = \frac{x^2 - 2ax}{(x - a)^2}$$

$$= \frac{x(x - 2a)}{(x - a)^2}; \quad x \in \mathbb{R} \setminus \{a\}$$

$f_a'(x) = 0$, wo $x = 0 \vee x = 2a$

Das Vorzeichen von $f_a'(x)$ hängt nur vom Zählerterm ab.

Bereich	Aussage über		Aussage über $f_a'(x)$
	x	$x - 2a$	
$]-\infty ; 0[$	< 0	< 0	> 0
$]0 ; a[$	> 0	< 0	< 0
$]a ; 2a[$	> 0	< 0	< 0
$]2a ; \infty[$	> 0	> 0	> 0

Der Graph von f_a hat in $(0 ; -2a)$ einen Hochpunkt und in $(2a ; 2a)$ einen Tiefpunkt.

Wendestellen:

$$f_a''(x) = \frac{2a^2}{(x-a)^3}$$

$f_a''(x)$ wird nirgends Null. Es existieren keine Wendestellen.

Graph:

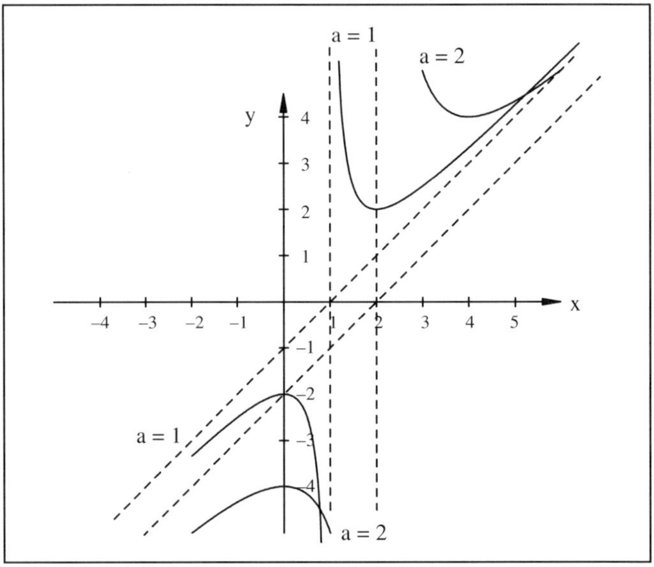

$f_a: x \mapsto \frac{x^2 - 2ax + 2a^2}{x-a}$; $x \in \mathbb{R} \setminus \{a\} \wedge a \in \mathbb{R}^+$

b) *Definitionsbereich:*

$$\mathbb{D}_{f_a} = \mathbb{R} \setminus \{\sqrt{a}\,;-\sqrt{a}\}$$

Pole:

In $\sqrt{a}$ und $-\sqrt{a}$ hat f jeweils einen Pol erster Ordnung.

$$\lim_{x \to \sqrt{a}+} \frac{ax^2-1}{x^2-a} = +\infty \quad \Rightarrow \quad \lim_{x \to \sqrt{a}-} f_a(x) = -\infty$$

$$\lim_{x \to -\sqrt{a}+} f_a(x) = -\infty\,; \qquad \lim_{x \to -\sqrt{a}-} f_a(x) = +\infty$$

Symmetrieverhalten:

$$f_a(-x) = \frac{a(-x)^2 - 1}{(-x)^2 - a} = \frac{a x^2 - 1}{x^2 - a} = f_a(x)$$

Der Graph ist achsensymmetrisch zur y-Achse.

Nullstellen:

$f_a(x) = 0$, wo $ax^2 - 1 = 0 \Leftrightarrow x^2 = \frac{1}{a} \Leftrightarrow x = \frac{1}{\sqrt{a}} \vee x = -\frac{1}{\sqrt{a}}$

Schnittpunkt mit der y-Achse:

$f_a(0) = \frac{1}{a}$

Verhalten für $|x| \to \infty$:

$$\lim_{|x|\to\infty} f_a(x) = \lim_{|x|\to\infty} \frac{x^2\left(a - \frac{1}{x^2}\right)}{x^2\left(1 - \frac{a}{x^2}\right)} = a$$

$y = a$ ist horizontale Asymptote für $|x| \to \infty$.

Monotonieverhalten:

$$f'_a(x) = \frac{2ax \cdot (x^2 - a) - (ax^2 - 1) \cdot 2x}{(x^2 - a)^2} = \frac{2ax^3 - 2a^2x - 2ax^3 + 2x}{(x^2 - a)^2}$$

$$= -\frac{2x(a^2 - 1)}{(x^2 - a)^2}$$

$f'_a(x) > 0$ für $-\infty < x < -\sqrt{a} \quad \vee \quad -\sqrt{a} < x < 0$

$f'_a(x) < 0$ für $0 < x < \sqrt{a} \quad \vee \quad \sqrt{a} < x < \infty$

Der Graph von f_a hat in $(0 ; \frac{1}{a})$ einen Hochpunkt.

Wendestellen:

$$f''_a(x) = \frac{(2a^2 - 2)(3x^2 + a)}{(x^2 - a)^3} \; ; \; x \in \mathbb{R} \setminus \{\sqrt{a} ; -\sqrt{a}\} \wedge a > 1$$

$f''_a(x)$ wird nirgens Null. Es existieren keine Wendestellen.

Graph:

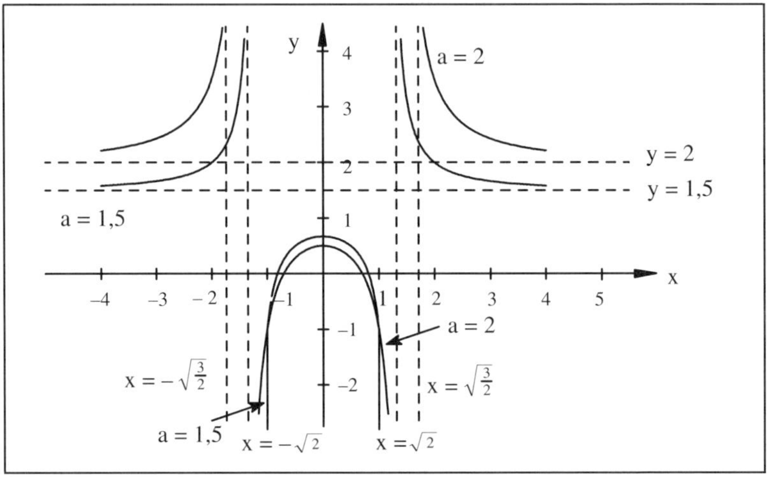

$f_a : x \mapsto \frac{ax^2-1}{x^2-a}$ mit $x \in \mathbb{R} \setminus \{\sqrt{a}\, ; -\sqrt{a}\} \wedge a \in \,]1\, ; \infty[$

140. a) $f'(x) = \frac{1}{2} \cdot \frac{3x^2(x-2)^2 - x^3 \cdot 2(x-2)}{(x-2)^4} = \frac{1}{2} \cdot \frac{x^2[3(x-2)-2x]}{(x-2)^3}$

$$= \frac{1}{2} \cdot \frac{x^2(x-6)}{(x-2)^3} = \frac{1}{2} \frac{x^3 - 6x^2}{(x-2)^3}$$

$$f''(x) = \frac{1}{2} \cdot \frac{(3x^2-12x)(x-2)^3 - x^2(x-6) \cdot 3(x-2)^2}{(x-2)^6}$$

$$= \frac{1}{2} \cdot \frac{3x(x-4)(x-2) - 3x^2(x-6)}{(x-2)^4}$$

$$= \frac{1}{2} \cdot \frac{3x(x^2-6x+8-x^2+6x)}{(x-2)^4} = \frac{12x}{(x-2)^4}$$

$$\left.\begin{array}{l} f''(0) = 0 \\ f''(x<0) < 0 \\ f''(x>0) > 0 \end{array}\right\} \Rightarrow \text{Wendepunkt in } (0\, ;\, 0)$$

b) $f(-x)=\dfrac{-6x}{1+(-x)^2}=-\dfrac{6x}{1+x^2}=-f(x)$

Der Graph ist punktsymmetrisch zum Ursprung. Daraus folgt, daß die drei Wendepunkte auf einer Geraden liegen.

141. Für die Gleichung der Tangente t in einem beliebigen Berührpunkt B (u ; f(u)) mit $u \neq 1$ gilt:

$$t:\quad y=f(u)+f'(u)\cdot(x-u)$$

$$y=\frac{u(u+2)}{(u-1)^2}+\frac{-4u-2}{(u-1)^3}(x-u)$$

Nebenrechnung:

$$f(x)=\frac{x^2+2x}{(x-1)^2}$$

$$f'(x)=\frac{(2x+2)(x-1)^2-(x^2+2x)\cdot 2(x-1)}{(x-1)^4}=\frac{(x-1)[2(x+1)(x-1)-2x^2-4x]}{(x-1)^4}$$

$$=\frac{2x^2-2-2x^2-4x}{(x-1)^3}=\frac{-4x-2}{(x-1)^3}$$

Aus der Bedingung, daß der Ursprung 0 (0 ; 0) auf der Tangente t liegt, folgt:

$$0=\frac{u(u+2)}{(u-1)^2}+\frac{-4u-2}{(u-1)^3}(0-u)\quad |\cdot(u-1)^3$$

$$\Leftrightarrow\quad 0=(u^2+2u)(u-1)+4u^2+2u$$

$$\Leftrightarrow\quad 0=u^3+2u^2-u^2-2u+4u^2+2u$$

$$\Leftrightarrow\quad 0=u^3+5u^2\ \Leftrightarrow\ u^2(u+5)=0\ \Leftrightarrow\ u=0\ \vee\ u=-5$$

Die Gleichungen der Tangenten lauten:

$$t_1:\ y=2x\quad \text{und}\quad t_2:\ y=-\frac{1}{12}x$$

142. $f_a(x)=\dfrac{x^2-a}{x^3}=\dfrac{1}{x}-\dfrac{a}{x^3}\ ;\ x\in \mathbb{R}\setminus\{0\}\ \wedge\ a\in\mathbb{R}^+$

$f'_a(x)=-\dfrac{1}{x^2}+\dfrac{3a}{x^4}=\dfrac{3a-x^2}{x^4}$

$f_a'(x) = 0$, wo $3a - x^2 = 0 \Leftrightarrow x = -\sqrt{3a} \quad \vee \quad x = \sqrt{3a}$

$$y = -\frac{2\sqrt{3a}}{9a} \qquad y = \frac{2\sqrt{3a}}{9a}$$

Wir eliminieren a aus

$$x = -\sqrt{3a},\; y = -\frac{2\sqrt{3a}}{9a} \quad \text{und} \quad x = \sqrt{3a},\; y = \frac{2\sqrt{3a}}{9a}$$

und erhalten in beiden Fällen $y = \frac{2}{3x}$.

143. $(x^3 + a) : (x^2 + 2x + 1) = x - 2 + \frac{3x + 2 + a}{(x+1)^2}$

$$\begin{array}{l} -(x^3 + 2x^2 + x) \\ \hline \quad -2x^2 - x + a \\ \quad -(-2x^2 - 4x - 2) \\ \hline \qquad 3x + 2 + a \end{array}$$

Die Gerade y = x – 2 ist gemeinsame schräge Asymptote aller Scharkurven.
Nachweis:

$$\lim_{|x| \to \infty} [f_a(x) - (x - 2)] = \lim_{|x| \to \infty} \left(x - 2 + \frac{3x + 2 + a}{(x+1)^2} - x + 2 \right)$$

$$= \lim_{|x| \to \infty} \left(\frac{3x + 2 + a}{(x+1)^2} \right) = 0$$

144. $f_a'(x) = \frac{2x \cdot (x+2) - (x^2 + a - 4) \cdot 1}{(x+2)^2} = \frac{2x^2 + 4x - x^2 - a + 4}{(x+2)^2}$

$$= \frac{x^2 + 4x + 4 - a}{(x+2)^2} \; ; \; a \in \mathbb{R}^+$$

$$f_a''(x) = \frac{(2x+4)(x+2)^2 - (x^2 + 4x + 4 - a)\, 2(x+2)}{(x+2)^4}$$

$$= \frac{2(x+2)(x+2) - 2x^2 - 8x - 8 + 2a}{(x+2)^3}$$

$$= \frac{2x^2 + 8x + 8 - 2x^2 - 8x - 8 + 2a}{(x+2)^3} = \frac{2a}{(x+2)^3}$$

$f'_a(x) = 0$, wo $\quad x^2 + 4x + 4 - a = 0$

$$\Leftrightarrow \quad x = \frac{-4 + \sqrt{16 - 4(4-a)}}{2} \vee x = \frac{-4 - \sqrt{4a}}{2}$$

$$\Leftrightarrow \quad x = -2 + \sqrt{a} \quad \vee \quad x = -2 - \sqrt{a}$$

$$f''_a\left(-2+\sqrt{a}\right) = \frac{2a}{\left(-2+\sqrt{a}+2\right)^3} = \frac{2a}{a\sqrt{a}} > 0 \Rightarrow \text{Tiefpunkt}\left(-2+\sqrt{a}\,;\,\frac{2a-4\sqrt{a}}{\sqrt{a}}\right)$$

$$f''_a\left(-2-\sqrt{a}\right) = \frac{2a}{\left(-\sqrt{a}\right)^3} = -\frac{2a}{a\sqrt{a}} < 0 \Rightarrow \text{Hochpunkt}\left(-2-\sqrt{a}\,;\,-\frac{2a+4\sqrt{a}}{\sqrt{a}}\right)$$

$$f_a\left(-2+\sqrt{a}\right) = \frac{\left(-2+\sqrt{a}\right)^2 + a - 4}{-2+\sqrt{a}+2} = \frac{4-4\sqrt{a}+a+a-4}{\sqrt{a}} = \frac{2a-4\sqrt{a}}{\sqrt{a}}$$

$$f_a\left(-2-\sqrt{a}\right) = \frac{\left(-2-\sqrt{a}\right)^2 + a - 4}{-2-\sqrt{a}+2} = \frac{4+4\sqrt{a}+a+a-4}{-\sqrt{a}} = \frac{2a+4\sqrt{a}}{-\sqrt{a}}$$

Wir eliminieren a aus

(1) $\quad x = -2 + \sqrt{a} \;\Leftrightarrow\; \sqrt{a} = x + 2$

und

(2) $\quad y = \dfrac{2a - 4\sqrt{a}}{\sqrt{a}} = \dfrac{\left(2a - 4\sqrt{a}\right)\sqrt{a}}{\sqrt{a}\cdot\sqrt{a}} = \dfrac{2a\sqrt{a} - 4a}{a} = 2\sqrt{a} - 4$

(1) in (2):

$$y = 2(x+2) - 4 = 2x \quad \text{mit } x \in \left]-2\,;\,\infty\right[$$

145. Wir berechnen zunächst den Schnittpunkt der Kurve mit der x-Achse:

$$\frac{4-4x}{x^2-2x+5} = 0 \Leftrightarrow 4 - 4x = 0 \Leftrightarrow x = 1$$

$$A = \int_0^1 \frac{4-4x}{x^2-2x+5}\,dx = 2\int_0^1 \frac{2-2x}{x^2-2x+5}\,dx = -2\int_0^1 \frac{2x-2}{x^2-2x+5}\,dx$$

$$= -2\left[\ln\left(x^2-2x+5\right)\right]_0^1$$

$$\boxed{\int \frac{f'(x)}{f(x)}\,dx = \ln f(x) + C}$$

$$= -2\left(\ln 4 - \ln 5\right) = 2\left(\ln 5 - \ln 4\right) = 2\ln\tfrac{5}{4} \approx 0{,}45\,[\text{FE}]$$

146. $$A = \int_1^6 \left(\frac{x}{8} + \frac{2}{x}\right) dx = \left[\frac{1}{8} \cdot \frac{x^2}{2} + 2\ln x\right]_1^6 = \frac{36}{16} + 2\ln 6 - \frac{1}{16}$$
$$= \frac{35}{16} + 2\ln 6 \approx 5{,}8\,[\text{FE}]$$

147. a) Wir berechnen zunächst die Schnittpunkte der beiden Graphen:
$$\frac{6x}{1+x^2} = \frac{3}{2}x \qquad |\cdot 2\,(1+x^2)$$
$$\Leftrightarrow \quad 12x = 3x\,(1+x^2)$$
$$\Leftrightarrow \quad 12x = 3x + 3x^3$$
$$\Leftrightarrow \quad 0 = 3x^3 - 9x$$
$$\Leftrightarrow \quad 0 = 3x\,(x^2-3) \Leftrightarrow x = 0 \lor x = \sqrt{3} \lor x = -\sqrt{3}$$
$$\Rightarrow S_1\,(0\,;0)\,, \quad S_2\left(\sqrt{3}\,;\frac{3\sqrt{3}}{2}\right), \quad S_3\left(-\sqrt{3}\,;\frac{-3\sqrt{3}}{2}\right)$$

Wegen der Punktsymmetrie gilt:
$$A = 2\int_0^{\sqrt{3}} \left(\frac{6x}{1+x^2} - \frac{3}{2}x\right) dx = 2\left(3\int_0^{\sqrt{3}} \frac{2x}{1+x^2}\,dx - \frac{3}{2}\int_0^{\sqrt{3}} x\,dx\right)$$
$$= 2\left(\left[3\ln(1+x^2)\right]_0^{\sqrt{3}} - \left[\frac{3}{4}x^2\right]_0^{\sqrt{3}}\right) = 2\left(3\ln 4 - \frac{9}{4}\right) \approx 3{,}82\,[\text{FE}]$$

b) $$A = \int_0^2 \left[\frac{x-x^3}{x^2+1} - (-x)\right] dx = \int_0^2 \frac{x - x^3 + x\,(x^2+1)}{x^2+1}\,dx$$
$$= \int_0^2 \frac{2x}{x^2+1}\,dx = \left[\ln\left|x^2+1\right|\right]_0^2 = \ln 5 - \ln 1 = \ln 5\,[\text{FE}]$$

c) Wir berechnen zunächst die Schnittpunkte des Graphen von g mit der Geraden $y = -x$. Also:
$$\frac{4x}{x^2-4} + x = -x\,; \quad x \in \mathbb{R}\setminus\{2\,;-2\}$$
$$\Leftrightarrow \quad \frac{4x}{x^2-4} + 2x = 0$$
$$\Leftrightarrow \quad x\left(\frac{4}{x^2-4} + 2\right) = 0$$

$$\Leftrightarrow \qquad x \cdot \frac{2x^2-4}{x^2-4} = 0$$

$$\Leftrightarrow \quad x = 0 \ \vee \ 2x^2 - 4 = 0$$

$$\Leftrightarrow \qquad x = \sqrt{2} \ \vee \ x = -\sqrt{2}$$

Wegen Punktsymmetrie gilt:

$$A = 2\int_0^{\sqrt{2}} \left[\frac{4x}{x^2-4} + x - (-x)\right] dx = 2\int_0^{\sqrt{2}} \left(\frac{4x}{x^2-4} + 2x\right) dx$$

$$= 2\left[2\int_0^{\sqrt{2}} \frac{2x}{x^2-4}\,dx + 2\int_0^{\sqrt{2}} x\,dx\right]$$

$$= 2\left[2\ln\left|x^2-4\right|\right]_0^{\sqrt{2}} + 4\left[\frac{x^2}{2}\right]_0^{\sqrt{2}}$$

$$= 4(\ln 2 - \ln 4) + 2 \cdot 2$$

$$= 4\ln 2 - 8\ln 2 + 4 = 4 - 4\ln 2\,[\text{FE}] \approx 1{,}23\,[\text{FE}]$$

148. **a**) Wir berechnen zunächst die Schnittpunkte der Geraden y = –x mit den Graphen der Funktionenschar f_k.

$$k\frac{x}{x^2-1} = -x \quad \Leftrightarrow \qquad kx = -x\,(x^2-1)$$

$$\Leftrightarrow \quad x\left[(x^2-1)+k\right] = 0$$

$$\Leftrightarrow \qquad x = 0 \ \vee \ x^2 = 1-k$$

$$\Leftrightarrow \qquad x = 0 \ \vee \ x = \sqrt{1-k} \ \vee \ x = -\sqrt{1-k}$$

Da G_{f_k} punktsymmetrisch zum Ursprung ist, gilt:

$$A(k) = 2\int_0^{\sqrt{1-k}} \left[f_k(x) - (-x)\right] dx = 2\int_0^{\sqrt{1-k}} \left(k\frac{x}{x^2-1} + x\right) dx$$

$$= k\int_0^{\sqrt{1-k}} \frac{2x}{x^2-1}\,dx + \int_0^{\sqrt{1-k}} 2x\,dx = k\left[\ln\left|x^2-1\right|\right]_0^{\sqrt{1-k}} + \left[x^2\right]_0^{\sqrt{1-k}}$$

$$= k(\ln k - \ln 1) + 1 - k = k\ln k + 1 - k$$

b) $\lim\limits_{k \to 0+} (k \ln k + 1 - k) = 1$

$\lim\limits_{k \to 1-} (k \ln k + 1 - k) = 0$

149. a) $x^2 + 3x + 2 = 0 \Leftrightarrow (x+1)(x+2) = 0 \Leftrightarrow x = -1 \vee x = -2$

$\Rightarrow \mathbb{D}_f = \mathbb{R} \setminus \{-1\,;-2\}$

$$f(x) = \frac{x^2(x+1)}{(x+1)(x+2)}$$

Aus dieser Produktdarstellung ersehen wir, daß f in –1 eine behebbare Definitionslücke hat und daß in –2 ein Pol erster Ordnung (mit Zeichenwechsel) vorliegt.

$$\lim_{x \to -2+} \frac{x^2(x+1)}{(x+1)(x+2)} = \lim_{h \to 0} \frac{(-2+h)^2}{(-2+h+2)} = \lim_{h \to 0} \frac{(-2+h)^2}{h} = \infty$$

Analog gilt: $\lim\limits_{x \to -2-} f(x) = -\infty$

$$g\colon x \mapsto \begin{cases} \dfrac{x^2}{x+2} & \text{für } x \in \mathbb{R} \setminus \{-1\,;-2\} \\ 1 & \text{für } x = -1 \end{cases}$$

Nullstelle: 0

senkrechte Asymptote: $x = -2$
schiefe Asymptote: $y = x - 2$

$$\begin{array}{l} x^2 : (x+2) = x - 2 + \dfrac{4}{x+2} \\ \underline{-(x^2 + 2x)} \\ \quad -2x \\ \quad \underline{-(-2x-4)} \\ \qquad\quad 4 \end{array}$$

$$g'(x) = \frac{2x(x+2) - x^2 \cdot 1}{(x+2)^2} = \frac{x^2 + 4x}{(x+2)^2}$$

$g'(x) = 0$, wo $x^2 + 4x = 0 \Leftrightarrow x(x+4) = 0$

$\Leftrightarrow x = 0 \vee x = -4$

$g'(x) > 0$ für $-\infty < x < -4$

$g'(x) < 0$ für $-4 < x < -2 \lor -2 < x < 0$

$g'(x) > 0$ für $0 < x < \infty$

$\Rightarrow$ Hochpunkt in H $(-4\,;-8)$, Tiefpunkt in T $(0\,;0)$.

b)

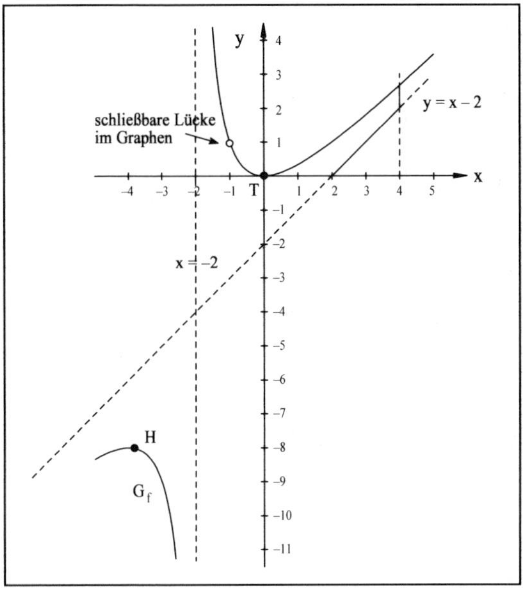

$f\colon x \mapsto \frac{x^3+x^2}{x^2+3x+2}\ ;\quad x \in \mathbb{R} \setminus \{-1\,;-2\}$

c) $$A = \int_0^4 \left[\frac{x^2}{x+2} - (x-2)\right] dx = \int_0^4 \frac{x^2-(x-2)(x+2)}{x+2}\, dx = \int_0^4 \frac{4}{x+2}\, dx$$

$$= 4\left[\ln|x+2|\right]_0^4 = 4(\ln 6 - \ln 2) = 4\ln\frac{6}{2} = 4\ln 3\,[\text{FE}] \approx 4{,}4\,[\text{FE}]$$

150. $$\int_a^0 \frac{8}{9(x+2)}\, dx = \frac{8}{9}\ln 2$$

$$\Leftrightarrow\quad \frac{8}{9}\int_a^0 \frac{1}{x+2}\, dx = \frac{8}{9}\ln 2$$

$$\Leftrightarrow \quad \left[\ln|x+2|\right]_a^0 = \ln 2 \quad \Leftrightarrow \quad \ln|a+2| = 0$$

$$\Leftrightarrow \quad \ln 2 - \ln|a+2| = \ln 2 \quad \Leftrightarrow \quad |a+2| = 1$$

$$\Leftrightarrow \quad a = -1 \ \vee \ a = -3$$

151. a) $\int_0^1 \frac{2x+4}{(x+1)^2}\,dx = \int_0^1 \frac{2x+4}{x^2+2x+1}\,dx = \int_0^1 \frac{2x+2+2}{x^2+2x+1}\,dx$

$$= \int_0^1 \frac{2x+2}{x^2+2x+1}\,dx + \int_0^1 \frac{2}{(x+1)^2}\,dx$$

$$= \left[\ln|x^2+2x+1|\right]_0^1 + \left[-2(x+1)^{-1}\right]_0^1$$

$$= \ln 4 - \ln 1 - 2\left(\tfrac{1}{2} - 1\right) = \ln 4 + 1 = 2\ln 2 + 1$$

b) $\int \frac{x^3-3}{x+2}\,dx = \int\left(x^2 - 2x + 4 - \frac{11}{x+2}\right)dx = \frac{x^3}{3} - x^2 + 4x - 11\ln|x+2| + C$

$$
\begin{array}{l}
(x^3-3):(x+2) = x^2 - 2x + 4 - \frac{11}{x+2} \\
\underline{-(x^3+2x^2)} \\
\quad -2x^2-3 \\
\quad \underline{-(-2x^2-4x)} \\
\qquad\quad 4x-3 \\
\qquad\quad \underline{-(4x+8)} \\
\qquad\qquad -11
\end{array}
$$

c) $\int_0^2 \left[\frac{(x+4)^2}{4(x+1)} - x - 1\right]dx = \int_0^2 \left[\frac{1}{4}x + \frac{7}{4} + \frac{9}{4(x+1)} - x - 1\right]dx$

$$= \int_0^2 \left[-\frac{3}{4}x + \frac{3}{4} + \frac{9}{4(x+1)}\right]dx$$

$$= \left[-\frac{3}{8}x^2 + \frac{3}{4}x + \frac{9}{4}\ln|x+1|\right]_0^2 = \frac{9}{4}\ln 3$$

$$
\begin{array}{l}
(x^2+8x+16):(4x+4)=\frac{1}{4}x+\frac{7}{4}+\frac{9}{4x+4} \\
\underline{-(x^2+x)} \\
\quad 7x+16 \\
\quad \underline{-(7x+7)} \\
\qquad 9
\end{array}
$$

d) $\int \frac{x+2}{x^2-5x+6}\,dx = \int\left(\frac{5}{x-3}-\frac{4}{x-2}\right)dx = 5\ln|x-3| - 4\ln|x-2| + C$

152.

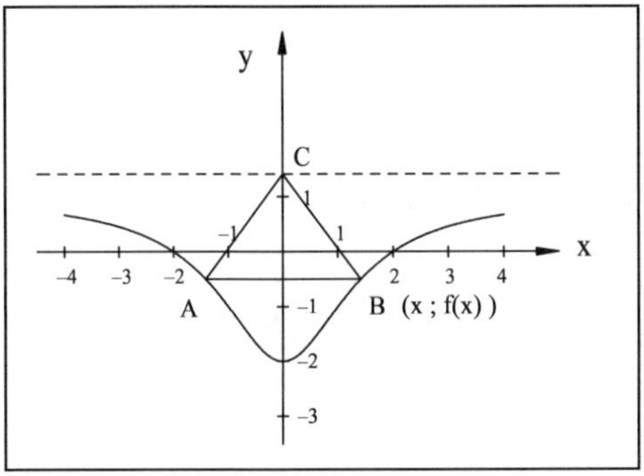

$$A_{\Delta ABC}(x) = x\cdot(1-f(x)) = x\left(1-\frac{x^2-4}{x^2+2}\right) = x\cdot\frac{x^2+2-x^2+4}{x^2+2}$$

$$= \frac{6x}{x^2+2};\ x>0$$

$$A'(x) = \frac{6(x^2+2)-6x(2x)}{(x^2+2)^2} = \frac{12-6x^2}{(x^2+2)^2}$$

$A'(x)=0$, wo $12-6x^2=0 \Leftrightarrow x^2=2 \Leftrightarrow x=\sqrt{2}$

Wir stellen fest:

$A'(x) > 0$ in einer linksseitigen Umgebung von $x=\sqrt{2}$ und
$A'(x) < 0$ in einer rechtsseitigen Umgebung von $x=\sqrt{2}$.

Daraus folgt, daß $A(x)$ an der Stelle $x=\sqrt{2}$ maximal wird.

$A(-\sqrt{2}\ ;-\frac{1}{2})$ und $B(\sqrt{2}\ ;-\frac{1}{2})$ sind die Eckpunkte des Dreiecks mit dem größten Flächeninhalt $A=\frac{3}{2}\sqrt{2}$ [FE].

153. a) $\int\limits_1^\infty \frac{1}{x^2}\,dx = \lim\limits_{b\to\infty} \int\limits_1^b \frac{1}{x^2}\,dx = \lim\limits_{b\to\infty} \left[-\frac{1}{x}\right]_1^b = \lim\limits_{b\to\infty} \left(-\frac{1}{b}+1\right) = 1$

b) $\int\limits_3^\infty \frac{4x}{x^2-4}\,dx = \lim\limits_{b\to\infty} 2\int\limits_3^b \frac{2x}{x^2-4}\,dx = \lim\limits_{b\to\infty} 2\left[\ln|x^2-4|\right]_3^b$

$$= \lim_{b\to\infty} 2\left[\ln(b^2-4)-\ln 5\right] = \lim_{b\to\infty} 2\ln\frac{b^2-4}{5} = \infty$$

Das uneigentliche Integral existiert nicht.

c) $\int\limits_3^\infty \frac{3}{3-x^2}\,dx = \frac{\sqrt{3}}{2}\int\limits_3^\infty \left(\frac{1}{x-\sqrt{3}} - \frac{1}{x+\sqrt{3}}\right)dx$

$$= \frac{\sqrt{3}}{2}\lim_{b\to\infty}\int\limits_3^b \left(\frac{1}{x-\sqrt{3}} - \frac{1}{x+\sqrt{3}}\right)dx$$

$$= \frac{\sqrt{3}}{2}\lim_{b\to\infty}\left[\ln\left|x-\sqrt{3}\right| - \ln\left|x+\sqrt{3}\right|\right]_3^b$$

$$= \frac{\sqrt{3}}{2}\lim_{b\to\infty}\left[\ln\frac{\left|x-\sqrt{3}\right|}{\left|x+\sqrt{3}\right|}\right]_3^b$$

$$= \frac{\sqrt{3}}{2}\lim_{b\to\infty}\left(\ln\left|\frac{b-\sqrt{3}}{b+\sqrt{3}}\right| - \ln\frac{3-\sqrt{3}}{3+\sqrt{3}}\right)$$

$$= \frac{\sqrt{3}}{2}\lim_{b\to\infty}\left(\ln\left|\frac{1-\frac{\sqrt{3}}{b}}{1+\frac{\sqrt{3}}{b}}\right| - \ln\frac{3-\sqrt{3}}{3+\sqrt{3}}\right)$$

$$= \frac{\sqrt{3}}{2}\left(\ln 1 - \ln\frac{3-\sqrt{3}}{3+\sqrt{3}}\right) = -\frac{\sqrt{3}}{2}\ln\frac{3-\sqrt{3}}{3+\sqrt{3}}$$

154. $A(d) = \int\limits_{0,5}^d \left(\frac{2x^3+1}{2x^2} - x\right)dx = \int\limits_{0,5}^d \left(x + \frac{1}{2x^2} - x\right)dx$

$$= \frac{1}{2}\int\limits_{0,5}^d \frac{1}{x^2}\,dx = \frac{1}{2}\left[-\frac{1}{x}\right]_{0,5}^d = \frac{1}{2}\left(-\frac{1}{d}+\frac{1}{0,5}\right) = \frac{1}{2}\left(-\frac{1}{d}+2\right)[FE]$$

$$\lim_{d\to\infty} A(d) = 1[FE]$$

155. **a)** $$\int_0^2 \frac{1}{(x-2)^2}\,dx = \lim_{\varepsilon\to 0}\int_0^{2-\varepsilon} \frac{1}{(x-2)^2}\,dx = \lim_{\varepsilon\to 0}\left[-\frac{1}{x-2}\right]_0^{2-\varepsilon}$$

$$= \lim_{\varepsilon\to 0}\left(-\frac{1}{-\varepsilon}+\frac{1}{-2}\right) = \infty$$

Das uneigentliche Integral existiert nicht.

b) $$\int_0^4 \frac{dx}{\sqrt{x}} = \lim_{\varepsilon\to 0}\int_{0+\varepsilon}^{4} \frac{dx}{\sqrt{x}} = \lim_{\varepsilon\to 0}\left[2\sqrt{x}\,\right]_{0+\varepsilon}^{4} = 4-\lim_{\varepsilon\to 0} 2\sqrt{0+\varepsilon} = 4$$

c) $$\int_{-2}^{0} \frac{x^5+x-1}{x^3}\,dx = \lim_{\varepsilon\to 0}\int_{-2}^{0-\varepsilon} \frac{x^5+x-1}{x^3}\,dx = \lim_{\varepsilon\to 0}\int_{-2}^{0-\varepsilon}\left(x^2+\frac{1}{x^2}-\frac{1}{x^3}\right)dx$$

$$= \lim_{\varepsilon\to 0}\left[\frac{x^3}{3}-\frac{1}{x}+\frac{1}{2x^2}\right]_{-2}^{0-\varepsilon} = \infty$$

Das uneigentliche Integral existiert nicht.

156. $f(x)=\dfrac{x}{1-\sqrt{x+1}}$ mit $x \in [-1\,;0[\ \cup\ ]0\,;\infty[$

Wir erweitern den Nennerterm mit $1+\sqrt{x+1}$:

$$g(x)=\frac{x\left(1+\sqrt{x+1}\right)}{\left(1-\sqrt{x+1}\right)\left(1+\sqrt{x+1}\right)} = \frac{x\left(1+\sqrt{x+1}\right)}{1-x-1} = -\left(1+\sqrt{x+1}\right)$$

$g(0) = -2$

Mit der Festsetzung $f(0) = -2$ erhalten wir als stetige Fortsetzung der Funktion f die Funktion

$$g\colon x \mapsto -1-\sqrt{x+1} \quad \text{mit } x \in [-1\,;\infty[.$$

$$\int_{-1}^{0}\frac{x}{1-\sqrt{x+1}}\,dx = \int_{-1}^{0}\left(-1-\sqrt{1+x}\right)dx = \left[-x-\tfrac{2}{3}(1+x)\sqrt{1+x}\,\right]_{-1}^{0}$$

$$= -\tfrac{2}{3}-(1-0) = -\tfrac{5}{3}$$

157. **a)** $f_k(-x) = \frac{|-x|}{\sqrt{k^2-(-x)^2}} = \frac{|x|}{\sqrt{k^2-x^2}} = f_k(x)$

G_{f_k} ist achsensymmetrisch zur y-Achse.

b) $\lim\limits_{x \to k-} f_k = \infty$; $\lim\limits_{x \to -k-} f_k(x) = \infty$

Die Geraden x = k und x = –k sind vertikale Asymptoten.

c) $f_k(x) = \begin{cases} \frac{x}{\sqrt{k^2-x^2}} & \text{für } x \geq 0 \\ \frac{-x}{\sqrt{k^2-x^2}} & \text{für } x < 0 \end{cases}$

Für $x \geq 0$ gilt:

$$f_k'(x) = \frac{1 \cdot \sqrt{k^2-x^2} - x \frac{-2x}{2\sqrt{k^2-x^2}}}{k^2-x^2} = \frac{k^2-x^2+x^2}{(k^2-x^2)\sqrt{k^2-x^2}} = \frac{k^2}{(k^2-x^2)\sqrt{k^2-x^2}}$$

Für $x < 0$ gilt:

$$f_k'(x) = \frac{-1 \cdot \sqrt{k^2-x^2} - (-x) \cdot \frac{-2x}{2\sqrt{k^2-x^2}}}{k^2-x^2} = \frac{-(k^2-x^2)-x^2}{(k^2-x^2)\sqrt{k^2-x^2}} = \frac{-k^2}{(k^2-x^2)\sqrt{k^2-x^2}}$$

Wir entnehmen daraus, daß

$f_k'(x) < 0$ für alle $-k < x < 0$ und

$f_k'(x) > 0$ für alle $0 < x < k$.

Also: f_k hat bei $x = 0$ ein absolutes Minimum.

d)

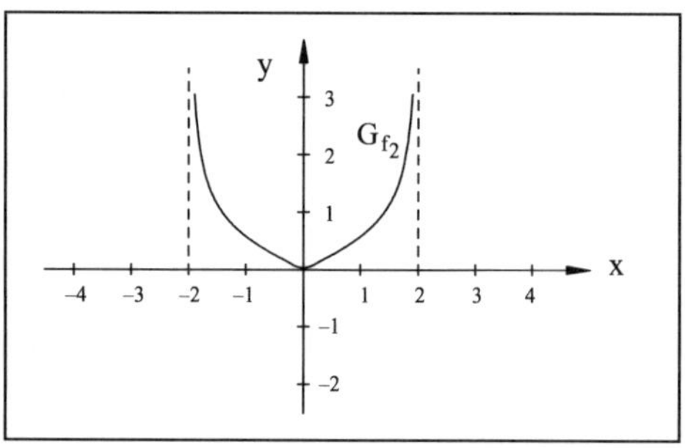

$f_2 : x \mapsto \frac{|x|}{\sqrt{4-x^2}}$; $-2 < x < 2$

e) $A(k) = 2\int_0^k \frac{x}{k^2 - x^2}\,dx$

Wir substituieren:

$$u(x) = \sqrt{k^2 - x^2}$$

$$\Rightarrow du = \frac{-2x}{2\sqrt{k^2 - x^2}}\,dx = \frac{-x}{\sqrt{k^2 - x^2}}\,dx; \quad x = 0 \Rightarrow u = k$$
$$x = k \Rightarrow u = 0$$

$$A(k) = -2\int_k^0 du = -2\lim_{\varepsilon \to 0} \int_{k-\varepsilon}^0 du$$
$$= -2\lim_{\varepsilon \to 0} [u]_{k-\varepsilon}^0 = -2\lim_{\varepsilon \to 0} (0 - k + \varepsilon) = 2k\,[\text{FE}]$$

Stichwortverzeichnis

Ihre Meinung ist uns wichtig !

Ihre Anregungen sind uns immer willkommen. Bitte informieren Sie uns mit diesem Schein über Ihre Verbesserungsvorschläge!

Titel-Nr.	Seite	Vorschlag

Bitte hier abtrennen

Zutreffendes bitte ankreuzen!

Die Absenderin/der Absender ist:

- ☐ Lehrer/in in den Klassenstufen: _____
- ☐ Fachbetreuer/in
  Fächer: _____
- ☐ Seminarlehrer/in
  Fächer: _____
- ☐ Regierungsfachberater/in
  Fächer: _____
- ☐ Oberstufenbetreuer/in
- ☐ Schulleiter/in
- ☐ Referendar/in, Termin 2. Staatsexamen: _____
- ☐ Leiter/in Lehrerbibliothek
- ☐ Leiter/in Schülerbibliothek
- ☐ Sekretariat
- ☐ Eltern
- ☐ Schüler/in, Klasse: _____
- ☐ Sonstiges: _____

Unterrichtsfächer: (Bei Lehrkräften!)

_____

STARK Verlag
Postfach 1852
85318 Freising

16-V1T

Bitte ausfüllen und im frankierten Umschlag an uns einsenden. Für Fensterkuverts geeignet.

Kennen Sie Ihre Kundennummer? Bitte hier eintragen.

Absender (Bitte in Druckbuchstaben!)

Name/Vorname

Straße/Nr.

PLZ/Ort

Telefon privat | **Geburtsjahr**

E-Mail-Adresse

Schule/Schulstempel (Bitte immer angeben!)

Erdkunde

Training Methoden Erdkunde	Best.-Nr. 94901
Erdkunde Relief- und Hydrosphäre · Wirtschaftsprozesse und -strukturen · Verstädterung – Baden-W.	Best.-Nr. 84901
Erdkunde Relief- und Hydrosphäre · Wirtschaftsprozesse und -strukturen · Verstädterung	Best.-Nr. 84901A
Abitur-Wissen GUS-Staaten/Russland	Best.-Nr. 94908
Abitur-Wissen Entwicklungsländer	Best.-Nr. 94902
Abitur-Wissen USA	Best.-Nr. 94903
Abitur-Wissen Europa	Best.-Nr. 94905
Abitur-Wissen Asiatisch-pazifischer Raum	Best.-Nr. 94906
Kompakt-Wissen Abitur Erdkunde Allgemeine Geografie · Regionale Geografie	Best.-Nr. 949010
Lexikon Erdkunde	Best.-Nr. 94904

Deutsch

Training Methoden Deutsch	Best.-Nr. 944062
Dramen analysieren und interpretieren	Best.-Nr. 944092
Erörtern und Sachtexte analysieren	Best.-Nr. 944094
Gedichte analysieren und interpretieren	Best.-Nr. 944091
Epische Texte analysieren und interpretieren	Best.-Nr. 944093
Übertritt in die Oberstufe	Best.-Nr. 90409
Abitur-Wissen Erörtern und Sachtexte analysieren	Best.-Nr. 944064
Abitur-Wissen Textinterpretation	Best.-Nr. 944061
Abitur-Wissen Deutsche Literaturgeschichte	Best.-Nr. 94405
Abitur-Wissen Prüfungswissen Oberstufe	Best.-Nr. 94400
Kompakt-Wissen Rechtschreibung	Best.-Nr. 944065
Lexikon Autoren und Werke	Best.-Nr. 944081

Englisch

Übersetzungsübung	Best.-Nr. 82454
Grammatikübung	Best.-Nr. 82452
Themenwortschatz	Best.-Nr. 82451
Grundlagen der Textarbeit	Best.-Nr. 94464
Sprachmittlung	Best.-Nr. 94469
Textaufgaben Literarische Texte und Sachtexte Baden-Württemberg	Best.-Nr. 94468
Textaufgaben Literarische Texte und Sachtexte	Best.-Nr. 94468
Grundfertigkeiten des Schreibens	Best.-Nr. 94466
Sprechfertigkeit mit CD	Best.-Nr. 94467
Englisch – Übertritt in die Oberstufe	Best.-Nr. 82453
Abitur-Wissen Landeskunde Großbritannien	Best.-Nr. 94461
Abitur-Wissen Landeskunde USA	Best.-Nr. 94463
Abitur-Wissen Literaturgeschichte	Best.-Nr. 94465
Kompakt-Wissen Abitur Themenwortschatz	Best.-Nr. 90462
Kompakt-Wissen Kurzgrammatik	Best.-Nr. 90461

Latein

Abitur-Wissen Lateinische Literaturgeschichte	Best.-Nr. 94602
Wiederholung Grammatik	Best.-Nr. 94601
Wortkunde	Best.-Nr. 94603
Kompakt-Wissen Kurzgrammatik	Best.-Nr. 906011

Französisch

Landeskunde Frankreich	Best.-Nr. 94501
Themenwortschatz	Best.-Nr. 94503
Literatur	Best.-Nr. 94502
Abitur-Wissen Literaturgeschichte	Best.-Nr. 94506
Kompakt-Wissen Abitur Themenwortschatz	Best.-Nr. 945010
Kompakt-Wissen Kurzgrammatik	Best.-Nr. 945011

Wirtschaft/Recht

Betriebswirtschaft	Best.-Nr. 94851
Abitur-Wissen Volkswirtschaft	Best.-Nr. 94881
Abitur-Wissen Rechtslehre	Best.-Nr. 94882
Kompakt-Wissen Abitur Volkswirtschaft	Best.-Nr. 948501

Religion/Ethik

Katholische Religion 1 (gk)	Best.-Nr. 84991
Katholische Religion 2 (gk)	Best.-Nr. 84992
Abitur-Wissen gk ev. Religion Der Mensch zwischen Gott und Welt	Best.-Nr. 94973
Abitur-Wissen gk ev. Religion Die Verantwortung des Christen in der Welt	Best.-Nr. 94974
Abitur-Wissen Glaube und Naturwissenschaft	Best.-Nr. 94977
Abitur-Wissen Jesus Christus	Best.-Nr. 94978
Abitur-Wissen Die Frage nach dem Menschen	Best.-Nr. 94990
Abitur-Wissen Die Bibel	Best.-Nr. 94992
Abitur-Wissen Christliche Ethik	Best.-Nr. 94993
Lexikon Ethik und Religion	Best.-Nr. 94959

Ethik

Ethische Positionen in historischer Entwicklung – gk	Best.-Nr. 94951
Abitur-Wissen Philosophische Ethik	Best.-Nr. 94952
Abitur-Wissen Glück und Sinnerfüllung	Best.-Nr. 94953
Abitur-Wissen Freiheit und Determination	Best.-Nr. 94954
Abitur-Wissen Recht und Gerechtigkeit	Best.-Nr. 94955
Abitur-Wissen Religion und Weltanschauungen	Best.-Nr. 94956
Abitur-Wissen Wissenschaft – Technik – Verantwortung	Best.-Nr. 94957
Abitur-Wissen Politische Ethik	Best.-Nr. 94958
Lexikon Ethik und Religion	Best.-Nr. 94959

Sport

Bewegungslehre (LK)	Best.-Nr. 94981
Trainingslehre (LK)	Best.-Nr. 94982

Kunst

Abitur-Wissen Kunst 1 Grundwissen Malerei	Best.-Nr. 94961
Abitur-Wissen Kunst 2 Analyse/Interpretation	Best.-Nr. 94962

Pädagogik / Psychologie

Grundwissen Pädagogik	Best.-Nr. 92480
Grundwissen Psychologie	Best.-Nr. 92481

16-VIT

Bestellungen bitte direkt an: STARK Verlagsgesellschaft mbH & Co. KG
Postfach 1852 · 85318 Freising · Tel: 08161 / 179-0 · FAX: 08161 / 179-51
Internet: www.stark-verlag.de · E-Mail: info@stark-verlag.de

STARK